高等学校智能科学与技术/人工智能专业教材

人工智能算法
（Python语言版）

胡矿 岳昆 段亮 武浩 编著

清华大学出版社
北京

内 容 简 介

本书以"经典计算机算法—数据挖掘算法—深度学习算法"为主线,将人工智能算法与 Python 程序示例相结合,开发了基于 Git 的在线编程平台和案例库,旨在构建人工智能算法"思想—伪码—分析—实现"四位一体的知识传递和学习框架。各章基于一个经典问题或典型例子介绍各类算法,给出问题背景、算法伪码和程序示例,注重算法设计与分析理念的传递。

本书分基础篇、提高篇和新技术篇:基础篇(第 1～7 章)以分治法、减治法、贪心法、动态规划法、回溯法、分支限界法为代表,介绍经典计算机算法;经典篇(第 8～13 章)以分类、聚类、异常检测、频繁模式挖掘、链接分析和概率推理算法为代表,介绍数据挖掘算法;新技术篇(第 14～18 章)以降维、目标检测、问答系统、图分析算法为代表,介绍深度学习算法。

本书内容的学习,需读者具有计算机程序设计和数据结构的基础知识,以及使用开源平台的基本能力。

本书可作为计算机和电子信息类相关专业本科生、研究生、职校生的算法、人工智能或机器学习等相关课程的教材或主要参考书,也可作为人工智能相关领域研究和开发人员的参考书。教师可根据学生类别、课程性质、学分设置和学习目标等选择不同篇(或章)进行讲解。

图书在版编目(CIP)数据

人工智能算法:Python 语言版/胡矿等编著. —北京:清华大学出版社,2022.8(2025.2 重印)
高等学校智能科学与技术/人工智能专业教材
ISBN 978-7-302-60830-1

Ⅰ.①人… Ⅱ.①胡… Ⅲ.①人工智能—算法—高等学校—教材 ②软件工具—程序设计—高等学校—教材 Ⅳ.①TP18 ②TP311.561

中国版本图书馆 CIP 数据核字(2022)第 080513 号

责任编辑:张 玥 常建丽
封面设计:常雪影
责任校对:焦丽丽
责任印制:曹婉颖

出版发行:清华大学出版社
　　　网　　址:https://www.tup.com.cn,https://www.wqxuetang.com
　　　地　　址:北京清华大学学研大厦 A 座　　　　邮　　编:100084
　　　社 总 机:010-83470000　　　　　　　　　　邮　　购:010-62786544
　　　投稿与读者服务:010-62776969,c-service@tup.tsinghua.edu.cn
　　　质量反馈:010-62772015,zhiliang@tup.tsinghua.edu.cn
　　　课件下载:https://www.tup.com.cn,010-83470236
印 装 者:河北鹏润印刷有限公司
经　　销:全国新华书店
开　　本:185mm×260mm　　　　印　　张:16.25　　　字　　数:397 千字
版　　次:2022 年 9 月第 1 版　　　　印　　次:2025 年 2 月第 5 次印刷
定　　价:59.80 元

产品编号:094607-01

高等学校智能科学与技术/人工智能专业教材

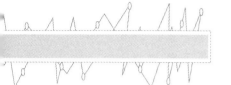

编审委员会

主　任：

陆建华　清华大学电子工程系　　　　　　　　　　　　　　教授
　　　　　　　　　　　　　　　　　　　　　　　　　　　中国科学院院士

副主任：（按照姓氏拼音排序）

邓志鸿　北京大学信息学院智能科学系　　　　　　　　　　副主任/教授
黄河燕　北京理工大学人工智能研究院　　　　　　　　　　院长/特聘教授
焦李成　西安电子科技大学计算机科学与技术学部　　　　　主任/华山领军教授
卢先和　清华大学出版社　　　　　　　　　　　　　　　　常务副总编辑、副社长/编审
孙茂松　清华大学人工智能研究院　　　　　　　　　　　　常务副院长/教授
王海峰　百度公司　　　　　　　　　　　　　　　　　　　首席技术官
王巨宏　腾讯公司　　　　　　　　　　　　　　　　　　　副总裁
曾伟胜　华为云与计算BG高校科研与人才发展部　　　　　　部长
周志华　南京大学人工智能学院　　　　　　　　　　　　　院长/教授
庄越挺　浙江大学计算机学院　　　　　　　　　　　　　　教授

委　员：（按照姓氏拼音排序）

曹治国　华中科技大学人工智能与自动化学院学术委员会　　主任/教授
陈恩红　中国科学技术大学大数据学院　　　　　　　　　　执行院长/教授
陈雯柏　北京信息科技大学自动化学院　　　　　　　　　　副院长/教授
陈竹敏　山东大学计算机科学与技术学院　　　　　　　　　院长助理/教授
程　洪　电子科技大学机器人研究中心　　　　　　　　　　主任/教授
杜　博　武汉大学计算机学院　　　　　　　　　　　　　　副院长/教授
杜彦辉　中国人民公安大学信息网络安全学院　　　　　　　教授
方勇纯　南开大学研究生院　　　　　　　　　　　　　　　常务副院长/教授
韩　韬　上海交通大学电子信息与电气工程学院　　　　　　副院长/教授
侯　彪　西安电子科技大学人工智能学院　　　　　　　　　执行院长/教授
侯宏旭　内蒙古大学计算机学院　　　　　　　　　　　　　副院长/教授
胡　斌　北京理工大学　　　　　　　　　　　　　　　　　教授
胡清华　天津大学人工智能学院院长　　　　　　　　　　　院长/教授
李　波　北京航空航天大学人工智能研究院　　　　　　　　常务副院长/教授
李绍滋　厦门大学信息学院　　　　　　　　　　　　　　　教授
李晓东　中山大学智能工程学院　　　　　　　　　　　　　教授

李轩涯	百度公司	高校合作部总监
李智勇	湖南大学机器人学院	常务副院长/教授
梁吉业	山西大学	副校长/教授
刘冀伟	北京科技大学智能科学与技术系	副教授
刘振丙	桂林电子科技大学计算机与信息安全学院	副院长/教授
孙海峰	华为技术有限公司	高校生态合作高级经理
唐　琎	中南大学自动化学院智能科学与技术专业	专业负责人/教授
汪　卫	复旦大学计算机科学技术学院	教授
王国胤	重庆邮电大学	副校长/教授
王科俊	哈尔滨工程大学智能科学与工程学院	教授
王　瑞	首都师范大学人工智能系	教授
王　挺	国防科技大学计算机学院	教授
王万良	浙江工业大学计算机科学与技术学院	教授
王文庆	西安邮电大学自动化学院	院长/教授
王小捷	北京邮电大学智能科学与技术中心	主任/教授
王玉皞	南昌大学信息工程学院	院长/教授
文继荣	中国人民大学高瓴人工智能学院	执行院长/教授
文俊浩	重庆大学大数据与软件学院	党委书记/教授
辛景民	西安交通大学人工智能学院	常务副院长/教授
杨金柱	东北大学计算机科学与工程学院	常务副院长/教授
于　剑	北京交通大学人工智能研究院	院长/教授
余正涛	昆明理工大学信息工程与自动化学院	院长/教授
俞祝良	华南理工大学自动化科学与工程学院	副院长/教授
岳　昆	云南大学信息学院	副院长/教授
张博锋	上海大学计算机工程与科学学院智能科学系	副院长/研究员
张　俊	大连海事大学信息科学技术学院	副院长/教授
张　磊	河北工业大学人工智能与数据科学学院	教授
张盛兵	西北工业大学网络空间安全学院	常务副院长/教授
张　伟	同济大学电信学院控制科学与工程系	副系主任/副教授
张文生	中国科学院大学人工智能学院	首席教授
	海南大学人工智能与大数据研究院	院长
张彦铎	武汉工程大学	副校长/教授
张永刚	吉林大学计算机科学与技术学院	副院长/教授
章　毅	四川大学计算机学院	学术院长/教授
庄　雷	郑州大学信息工程学院、计算机与人工智能学院	教授

秘书长：

朱　军	清华大学人工智能研究院基础研究中心	主任/教授

秘书处：

陶晓明	清华大学电子工程系	教授
张　玥	清华大学出版社	副编审

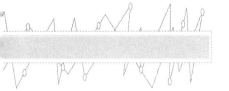 # 出 版 说 明

当今时代,以互联网、云计算、大数据、物联网、新一代器件、超级计算机等,特别是新一代人工智能为代表的信息技术飞速发展,正深刻地影响着我们的工作、学习与生活。

随着人工智能成为引领新一轮科技革命和产业变革的战略性技术,世界主要发达国家纷纷制定了人工智能国家发展计划。2017 年 7 月,国务院正式发布《新一代人工智能发展规划》(以下简称《规划》),将人工智能技术与产业的发展上升为国家重大发展战略。《规划》要求"牢牢把握人工智能发展的重大历史机遇,带动国家竞争力整体跃升和跨越式发展",提出要"开展跨学科探索性研究",并强调"完善人工智能领域学科布局,设立人工智能专业,推动人工智能领域一级学科建设"。

为贯彻落实《规划》,2018 年 4 月,教育部印发了《高等学校人工智能创新行动计划》,强调了"优化高校人工智能领域科技创新体系,完善人工智能领域人才培养体系"的重点任务,提出高校要不断推动人工智能与实体经济(产业)深度融合,鼓励建立人工智能学院/研究院,开展高层次人才培养。早在 2004 年,北京大学就率先设立了智能科学与技术本科专业。为了加快人工智能高层次人才培养,教育部又于 2018 年增设了"人工智能"本科专业。2020 年 2 月,教育部、国家发展改革委、财政部联合印发了《关于"双一流"建设高校促进学科融合,加快人工智能领域研究生培养的若干意见》的通知,提出依托"双一流"建设,深化人工智能内涵,构建基础理论人才与"人工智能 ＋X"复合型人才并重的培养体系,探索深度融合的学科建设和人才培养新模式,着力提升人工智能领域研究生培养水平,为我国抢占世界科技前沿,实现引领性原创成果的重大突破提供更加充分的人才支撑。至今,全国共有超过 400 所高校获批智能科学与技术或人工智能本科专业,我国正在建立人工智能类本科和研究生层次人才培养体系。

教材建设是人才培养体系工作的重要基础环节。近年来,为了满足智能专业的人才培养和教学需要,国内一些学者或高校教师在总结科研和教学成果的基础上编写了一系列教材,其中有些教材已成为该专业必选的优秀教材,在一定程度上缓解了专业人才培养对教材的需求,如由南京大学周志华教授编写、我社出版的《机器学习》就是其中的佼佼者。同时,我们应该看到,目前市场上的教材还不能完全满足智能专业的教学需要,突出的问题主要表现在内容比较陈旧,不能反映理论前沿、技术热点和产业应用与趋势等;缺乏系统性,基础教材多、专业教材少,理论教材多、技术或实践教材少。

为了满足智能专业人才培养和教学需要,编写反映最新理论与技术且系统化、系列化的教材势在必行。早在 2013 年,北京邮电大学钟义信教授就受邀担任第一届"全国高等学校智能科学与技术／人工智能专业规划教材编委会"主任,组织和指导教材的编写工作。2019年,第二届编委会成立,清华大学陆建华院士受邀担任编委会主任,全国各省市开设智能科学与技术／人工智能专业的院系负责人担任编委会成员,在第一届编委会的工作基础上继续开展工作。

编委会认真研讨了国内外高等院校智能科学与技术／人工智能专业的教学体系和课程设置,制定了编委会工作简章、编写规则和注意事项,规划了核心课程和自选课程。经过编委会全体委员及专家的推荐和审定,本套丛书的作者应运而生,他们大多是在本专业领域有深厚造诣的骨干教师,同时从事一线教学工作,有丰富的教学经验和研究功底。

本套教材是我社针对智能科学与技术／人工智能专业策划的第一套规划教材,遵循以下编写原则:

(1)智能科学技术／人工智能既具有十分深刻的基础科学特性(智能科学),又具有极其广泛的应用技术特性(智能技术)。因此,本专业教材面向理科或工科,鼓励理工融通。

(2)处理好本学科与其他学科的共生关系。要考虑智能科学与技术／人工智能与计算机、自动控制、电子信息等相关学科的关系问题,考虑把"互联网＋"与智能科学联系起来,体现新理念和新内容。

(3)处理好国外和国内的关系。在教材的内容、案例、实验等方面,除了体现国外先进的研究成果,一定要体现我国科研人员在智能领域的创新和成果,优先出版具有自己特色的教材。

(4)处理好理论学习与技能培养的关系。对理科学生,注重对思维方式的培养;对工科学生,注重对实践能力的培养。各有侧重。鼓励各校根据本校的智能专业特色编写教材。

(5)根据新时代教学和学习的需要,在纸质教材的基础上融合多种形式的教学辅助材料。鼓励包括纸质教材、微课视频、案例库、试题库等教学资源的多形态、多媒质、多层次的立体化教材建设。

(6)鉴于智能专业的特点和学科建设需求,鼓励高校教师联合编写,促进优质教材共建共享。鼓励校企合作教材编写,加速产学研深度融合。

本套教材具有以下出版特色:

(1)体系结构完整,内容具有开放性和先进性,结构合理。

(2)除满足智能科学与技术／人工智能专业的教学要求外,还能够满足计算机、自动化等相关专业对智能领域课程的教材需求。

(3)既引进国外优秀教材,也鼓励我国作者编写原创教材,内容丰富,特点突出。

(4)既有理论类教材,也有实践类教材,注重理论与实践相结合。

(5)根据学科建设和教学需要,优先出版多媒体、融媒体的新形态教材。

(6)紧跟科学技术的新发展,及时更新版本。

为了保证出版质量,满足教学需要,我们坚持成熟一本,出版一本的出版原则。在每本书的编写过程中,除作者积累的大量素材,还力求将智能科学与技术／人工智能领域的最新成果和成熟经验反映到教材中,本专业专家学者也反复提出宝贵意见和建议,进行审核定稿,以提高本套丛书的含金量。热切期望广大教师和科研工作者加入我们的队伍,并欢迎广大读者对本系列教材提出宝贵意见,以便我们不断改进策划、组织、编写与出版工作,为我国智能科学与技术/人工智能专业人才的培养做出更多的贡献。

我们的联系方式是:

联系人:张玥

联系电话:010-83470175

电子邮件:jsjjc_zhangy@126.com。

清华大学出版社

2020 年夏

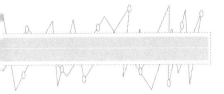 总　　序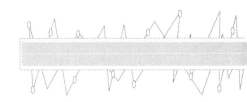

以智慧地球、智能驾驶、智慧城市为代表的人工智能技术与应用迎来了新的发展热潮,世界主要发达国家和我国都制定了人工智能国家发展计划,人工智能现已成为世界科技竞争新的制高点。另一方面,智能科技/人工智能的发展也面临新的挑战,首先是其理论基础有待进一步夯实,其次是其技术体系有待进一步完善。抓基础、抓教材、抓人才,稳妥推进智能科技的发展,已成为教育界、科技界的广泛共识。我国高校也积极行动、快速响应,陆续开设了智能科学与技术、人工智能、大数据等专业方向。截至 2020 年底,全国共有超过 400 所高校获批智能科学与技术或人工智能本科专业,面向人工智能的本、硕、博人才培养体系正在形成。

教材乃基础之基础。2013 年 10 月,"全国高等学校智能科学与技术/人工智能专业规划教材"第一届编委会成立。编委会在深入分析我国智能科学与技术专业的教学计划和课程设置的基础上,重点规划了《机器智能》等核心课程教材。南京大学、西安电子科技大学、西安交通大学等高校陆续出版了人工智能专业教育培养体系、本科专业知识体系与课程设置等专著,为相关高校开展全方位、立体化的智能科技人才培养起到了示范作用。

2019 年 10 月,第二届(本届)编委会成立。在第一届编委会教材规划工作的基础上,编委会通过对斯坦福大学、麻省理工学院、加州大学伯克利分校、卡内基-梅隆大学、牛津大学、剑桥大学、东京大学等国外高校和国内相关高校人工智能相关的课程和教材的跟踪调研,进一步丰富和完善了本套专业规划教材。同时,本届编委会继续推进专业知识结构和课程体系的研究及教材的出版工作,期望编写出更具创新性和专业性的系列教材。

智能科学技术正处在迅速发展和不断创新的阶段,其综合性和交叉性特征鲜明,因而其人才培养宜分层次、分类型,且要与时俱进。本套教材的规划既注重学科的交叉融合,又兼顾不同学校、不同类型人才培养的需要,既有强化理论基础的,也有强化应用实践的。编委会为此将系列教材分为基础理论、实验实践和创新应用三大类,并按照课程体系将其分为数学与物理基础课程、计算机与电子信息基础课程、专业基础课程、专业实验课程、专业选修课程和"智能 +"课程。该规划得到了相关专业的院校骨干教师的共识和积极响应,不少教师/学者也开始组织编写各具特色的专业课程教材。

编委会希望,本套教材的编写,在取材范围上要符合人才培养定位和课程要求,体现学科交叉融合;在内容上要强调体系性、开放性和前瞻性,并注重理论和实践的结合;在章节安排上要遵循知识体系逻辑及其认知规律；在叙述方式上要能激发读者兴趣，引导读者积极思考；在文字风格上要规范严谨，语言格调要力求亲和、清新、简练。

编委会相信，通过广大教师/学者的共同努力，编写好本套专业规划教材，可以更好地满足智能科学与技术/人工智能专业的教学需要，更高质量地培养智能科技专门人才。

饮水思源。在全国高校智能科学与技术/人工智能专业规划教材陆续出版之际，我们对为此做出贡献的有关单位、学术团体、老师/专家表示崇高的敬意和衷心的感谢。

感谢中国人工智能学会及其教育工作委员会对推动设立我国高校智能科学与技术本科专业所做的积极努力；感谢清华大学、北京大学、南京大学、西安电子科技大学、北京邮电大学、南开大学等高校，以及华为、百度、腾讯等企业为发展智能科学与技术/人工智能专业所做出的实实在在的贡献。

特别感谢清华大学出版社对本系列教材的编辑、出版、发行给予高度重视和大力支持。清华大学出版社主动与中国人工智能学会教育工作委员会开展合作，并组织和支持了该套专业规划教材的策划、编审委员会的组建和日常工作。

编委会真诚希望，本套规划教材的出版不仅对我国高校智能科学与技术/人工智能专业的学科建设和人才培养发挥积极的作用，还将对世界智能科学与技术的研究与教育做出积极的贡献。

另一方面，由于编委会对智能科学与技术的认识、认知的局限，本套系列教材难免存在错误和不足，恳切希望广大读者对本套教材存在的问题提出意见和建议，帮助我们不断改进，不断完善。

高等学校智能科学与技术/人工智能专业教材编委会主任

2021年元月

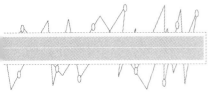 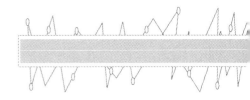

序一

    算法指的是数学和计算机科学中解决问题的具体计算步骤。算法是程序设计的基础,它的优劣决定了智能系统水平的高低。算法知识是信息领域各层次专业人才所应具备的知识体系中不可或缺的组成部分,学好算法知识才能贯通程序设计、数据库、数据挖掘和机器学习等相关专业课程。大数据、智能算法和算力构成人工智能的基础,为数字经济的快速发展奠定了基础。不同于传统的农业经济和工业经济,数字经济的特点是用智能算法对大数据进行分析处理和知识发现,为各行业的资源优化配置和转型升级提供解决方案,促进各行各业融合发展。数据是数字经济的重要要素,算法是实现数据赋能的关键环节。学习和研究算法应该面向实际应用需求,开展产学研深度融合,只有这样才能真正促进新工科的建设和卓越人才的培养。

    编写本书的根本目的在于,使学生通过算法知识的学习,能够建立算法设计与分析的基本理念,理解计算机科学正在发生的以计算为中心到以数据为中心的深刻变化,掌握面向现实应用的智能数据分析技术,实现算法设计能力与程序设计能力同步提升的目标,等等。要实现这些目标,对当前计算机类卓越人才的培养提出了新的挑战,既要培养人工智能算法的设计者,也要培养人工智能算法落地实施的工程实践者。同时,科学与分析、工程与综合,是学术型和工程型两类人才培养的目标,人工智能算法是这两类人才都需具备的专业知识。"有教无类、因材施教"是素质教育和专业教育追求的理想,人工智能算法的教学也概莫能外,不同类别和需求各异的学生,都应从算法知识的学习中有所收获。

    基于以上理解,《人工智能算法(Python 语言版)》特别注重经典方法与前沿技术、理论知识与案例库、算法设计与开源编程实现、算法思想与应用需求相结合。能做到这一点的人工智能算法教材或参考书目前还不多见。本书作者在教学模式、学习资源和内容组织等方面有深入思考,进行过有益的尝试和探索。基于多年以来他们在算法设计与分析、智能数据工程领域的教学体会,以及日常科研工作中的积累,本书以算法伪代码与包括核心代码的 Python 程序示例相结合的方式介绍经典计算机算法、数据挖掘算法和深度学习算法,旨在从思想、伪码、分析和实现这 4 个方面培养人工智能时代学生的算法思维和工程能力。相信本书的出版对人工智能算法的研究和学习会产生积极的作用。

国家杰出青年基金获得者

教育部长江学者特聘教授

华东师范大学副校长

2022 年 3 月

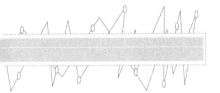

序二

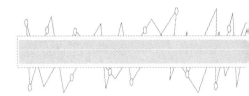

从教师知识传授转变到学生能力培养,从注重结果转变到注重过程,培养学生解决复杂工程问题的能力和思维方式,是计算机和电子信息类专业基于 OBE(成果导向教育)理念推进专业核心课程建设的基本要求。

人工智能成为近年来的热词,进入寻常百姓家,而算法决定了人工智能水平的高低。以计算为中心转变到以数据为中心,是当代计算机发展过程中发生的深刻变化。人工智能时代的算法知识学习,需要面向实际中的智能数据分析需求。学习经典的计算机算法,把握当代人工智能的新思想和新技术,也需要基于开放的架构。使用开源技术对算法进行编程实现和持续集成,真正发挥算法在计算机和电子信息类专业人才核心能力培养中的关键作用,是算法课程建设和改革的重要任务,是从培养人工智能算法"驾驶员"到"造车人"的重要手段。

《人工智能算法(Python 语言版)》正是在上述背景下编写而成,其内容源于作者多年来在算法设计与分析、智能数据工程领域教学和科研工作的积累。本书包括基础篇、提高篇和新技术篇:基础篇介绍分治法、减治法、贪心法、动态规划法、回溯法、分支限界法等经典计算机算法;提高篇介绍分类、聚类、异常检测、频繁模式挖掘、链接分析和概率推理等经典数据挖掘算法;新技术篇介绍降维、目标检测、问答系统、图分析等深度学习算法。

本书考虑了人工智能算法在基础、经典和前沿三方面内容的系统性,聚焦智能数据分析任务,以算法伪代码与包括核心代码的 Python 程序示例相结合的方式,体现了人工智能算法在过去、现在和未来时间轴上技术发展和学习方式演变的延续性。本书包括人工智能算法学习和研究中常用的建模思路和设计技巧,也匹配了已在 GitHub 上开放共享、可供读者免费使用的算法在线编程实现和案例库,旨在培养学生的算法思维和工程能力。

相信本书的出版,可以为计算机和电子信息类相关专业的算法和人工智能等相关课程提供既能从理论层面理解,也能从实践层面实现人工智能算法的教材,为从事人工智能相关领域的研究和开发人员提供参考。

中国人工智能学会会士
IFIP 人工智能专业委员会机器学习和数据挖掘组主席
吴文俊人工智能科学技术成就奖获得者

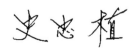

2022 年 3 月

前　言

算法、数据和算力，是人工智能的"三大基石"，算法的优劣直接决定人工智能水平的高低，算法是人工智能项目的"灵魂"，人工智能的本质是算法。从计算机和电子信息类相关专业人才培养的角度，算法设计、分析、实现和应用的能力，是各个层次的专业人才都需具备的核心能力，是程序设计与实践创新能力提升的重要基础，反映了学生解决复杂工程问题、应用信息技术对实际问题进行建模和求解的必要素养。

在信息技术领域专业人才培养的过去、现在和未来，算法始终扮演着核心课程的重要角色。随着互联网、云计算、大数据、人工智能等技术的快速发展和广泛应用，算法的内涵不断演进，外延日益丰富，对算法课程的教学内容和教学模式提出了新的要求。培养学生解决复杂工程问题能力的迫切需求与算法课程的内容设置和教学模式之间，仍存在算法设计和编程实现衔接不够紧密、教学预期成效与学生能力达成不够契合、不同学习阶段算法知识的系统性不够清晰等方面的矛盾。

以计算为中心转变到以数据为中心，是当代计算机发展过程中发生的深刻变化。一方面，人工智能时代算法知识的学习，需要以传统的计算机算法为基础来建立算法设计与分析的基本理念，并面向实际中的智能数据分析需求来学习经典的数据挖掘和深度学习算法，把握当代人工智能模型和方法的基本思路。算法设计能力与程序设计能力的提升相辅相成，真正发挥算法在计算机和电子信息类专业人才核心能力培养中的关键作用，是从培养人工智能算法"驾驶员"到"造车人"的重要手段。另一方面，不同层次的读者对人工智能算法知识的需求也有很大差异，并不存在通用的学习模式、面面俱到的学习内容、一成不变的学习方法；算法理念、设计技巧、实现技术，是希望通过学习获得的最有价值的内容。

围绕以上背景和目标，既要保证人工智能算法知识体系的完整性和系统性，也要保证知识讲解从易到难和从简到繁，不陷入同一类算法的重复应用。本书聚焦智能数据分析任务，以"经典计算机算法—数据挖掘算法—深度学习算法"为主线，以算法伪码与包括核心代码的 Python 程序示例相结合的方式，旨在构建人工智能算法"思想—伪码—分析—实现"四位一体的知识传递和学习框架，达到举一反三、触类旁通的效果，培养学生的算法思维和工程能力。本书基于一个典型例子或经典问题介绍各类算法，给出问题背景、算法伪码和程序示例，注重算法设计与分析理念的传递，而不陷入技术的细节。

本书内容分 3 篇：基础篇、提高篇和新技术篇。

- 基础篇介绍经典计算机算法，具体包括第 1 章的算法设计与分析基础、第 2 章的分治法、第 3 章的减治法、第 4 章的贪心法、第 5 章的动态规划法、第 6 章的回溯法、第 7 章的分支限界法。

- 提高篇介绍数据挖掘算法,具体包括第 8 章的分类算法、第 9 章的聚类算法、第 10 章的异常检测算法、第 11 章的频繁模式挖掘算法、第 12 章的链接分析算法、第 13 章的概率推理算法。
- 新技术篇介绍深度学习算法,具体包括第 14 章的人工神经网络和深度学习概述、第 15 章的降维算法、第 16 章的目标检测算法、第 17 章的问答系统算法、第 18 章的图分析算法。

作者提供了算法执行过程的演示动画,读者可扫描封底刮刮卡注册后再扫描书中二维码观看。此外,作者开发了基于 Git 的在线编程平台和案例库(https://case.artificial-intelligence-algorithm.site/),基于 GitHub 开源项目托管平台、GitPod 在线开发环境和 VS Code 编辑器,给出便于教师和学生使用、Python 语言编写的在线案例(包括示例程序和自测练习),将算法的在线编程、自动测试、开源托管和持续集成无缝对接,可供本书读者免费使用,希望能成为本书内容的有益补充。我们也在不断完善在线案例,希望能在本书的使用过程中不断丰富,为使用本书的读者提供日益丰富的"赠品"。

本书既考虑了人工智能算法在基础、经典和前沿三方面内容的系统性,也考虑了人工智能算法在过去、现在和未来时间轴上技术发展和学习方式演变的延续性;既包括了人工智能算法学习和研究中常用的建模思路和设计技巧,也匹配了可供读者免费使用、基于 Git 平台的算法在线编程实现和案例库。本书的编写和出版,旨在为计算机和电子信息类相关专业本科生、研究生、职校生的算法、人工智能或机器学习等相关课程提供既能从理论层面理解,也能从实践层面实现人工智能算法的教材,可根据学生类别、课程性质、学分设置和学习目标等选择不同篇或章,也可作为人工智能相关领域研究和开发人员的参考书。

本书在策划和编写过程中,高等学校智能科学与技术/人工智能专业教材编委会专家、华东师范大学周傲英教授和周烜教授、中国科学院计算技术研究所史忠植研究员为本书提出了许多宝贵的意见和建议。清华大学出版社责任编辑张玥老师对本书的编辑出版工作给予了大力的指导和支持,付出了辛勤的劳动。云南大学信息学院、云南省智能系统与计算重点实验室为本书的编写提供了良好的设备和工作环境,云南大学数据与知识工程课题组的十余名教师和研究生给予了很多有益的帮助。在此,谨向每一位关心和支持本书编写工作的各方面人士一并表示衷心的感谢。

由于作者的知识和水平有限,对算法的理解和观点可能不够全面,书中错误和疏漏之处难免,恳请各位专家和读者批评指正,使本书不断改进。

作　者
2022 年 1 月

目　录

CONTENTS

基础篇　经典计算机算法

第1章　算法设计与分析基础 ……………………………………… 3
　1.1　概述 ……………………………………………………… 3
　1.2　算法的基本概念 ………………………………………… 3
　1.3　算法效率分析 …………………………………………… 5
　　1.3.1　渐进时间的概念 …………………………………… 5
　　1.3.2　渐进时间的符号 …………………………………… 6
　　1.3.3　渐进符号的性质 …………………………………… 7
　1.4　算法的最坏和平均情况分析 …………………………… 8
　1.5　算法运行时间估计 ……………………………………… 9
　1.6　小结 ……………………………………………………… 11
　习题 ………………………………………………………… 11

第2章　分治法 …………………………………………………… 13
　2.1　分治法概述 ……………………………………………… 13
　2.2　合并排序 ………………………………………………… 14
　2.3　Python 程序示例 ……………………………………… 19
　2.4　小结 ……………………………………………………… 20
　习题 ………………………………………………………… 20

第3章　减治法 …………………………………………………… 22
　3.1　减治法概述 ……………………………………………… 22
　3.2　拓扑排序 ………………………………………………… 24
　3.3　Python 程序示例 ……………………………………… 27
　3.4　小结 ……………………………………………………… 27
　习题 ………………………………………………………… 28

第4章　贪心法 …………………………………………………… 29
　4.1　贪心法概述 ……………………………………………… 29
　4.2　哈夫曼编码 ……………………………………………… 30

C O N T E N T S

目 录

4.2.1　前缀码 ·· 31

4.2.2　算法步骤 ·· 31

4.2.3　算法正确性证明 ·································· 32

4.3　Python 程序示例 ··· 34

4.4　小结 ·· 35

习题 ·· 35

第 5 章　动态规划法 ··· 37

5.1　动态规划概述 ··· 37

5.2　0-1 背包问题 ·· 38

5.2.1　最优子结构性质 ·································· 38

5.2.2　递推式 ·· 39

5.2.3　算法步骤 ·· 39

5.3　Python 程序示例 ··· 43

5.4　小结 ·· 44

习题 ·· 44

第 6 章　回溯法 ·· 46

6.1　回溯法概述 ·· 46

6.2　n-后问题的回溯算法 ····································· 48

6.2.1　问题描述 ·· 48

6.2.2　算法步骤 ·· 48

6.3　Python 程序示例 ··· 51

6.4　小结 ·· 52

习题 ·· 52

第 7 章　分支限界法 ··· 53

7.1　分支限界法概述 ··· 53

7.2　0-1 背包问题的分支限界算法 ···························· 55

7.2.1　广度优先搜索分支限界算法 ···················· 55

目　录

CONTENTS

　　　7.2.2　优先队列式分支限界算法 ·············· 57

7.3　Python 程序示例 ················· 60

7.4　小结 ························· 62

习题 ··························· 63

提高篇　数据挖掘算法

第 8 章　分类算法 ····················· 67

8.1　分类算法概述 ·················· 67

8.2　决策树 ······················ 67

　　　8.2.1　基本概念 ················· 68

　　　8.2.2　构造算法 ················· 68

　　　8.2.3　分类规则的提取 ············· 71

8.3　支持向量机 ··················· 71

　　　8.3.1　基本概念 ················· 72

　　　8.3.2　训练算法 ················· 72

　　　8.3.3　核函数 ·················· 75

8.4　贝叶斯分类 ··················· 75

　　　8.4.1　基本思想 ················· 76

　　　8.4.2　朴素贝叶斯分类算法 ··········· 77

8.5　Python 程序示例 ················ 79

8.6　小结 ······················· 85

思考题 ························· 86

第 9 章　聚类算法 ····················· 87

9.1　聚类算法概述 ·················· 87

9.2　k-均值算法 ··················· 89

　　　9.2.1　基本思想 ················· 89

　　　9.2.2　算法步骤 ················· 90

9.3　基于 MapReduce 的 k-均值并行聚类算法 ···· 91

　　　9.3.1　基本思想 ················· 91

CONTENTS

目 录

9.3.2 算法步骤 91

9.4 Python 程序示例 93

9.5 小结 95

思考题 96

第 10 章 异常检测算法 97

10.1 异常检测概述 97

10.2 局部异常因子算法 97

10.2.1 基本思想 98

10.2.2 算法步骤 100

10.3 基于聚类的局部异常因子算法 103

10.3.1 基本思想 103

10.3.2 算法步骤 103

10.4 Python 程序示例 107

10.5 小结 111

思考题 112

第 11 章 频繁模式挖掘算法 113

11.1 频繁模式挖掘概述 113

11.2 Apriori 算法 114

11.2.1 基本概念 114

11.2.2 基本思想 115

11.2.3 算法步骤 116

11.2.4 关联规则的生成 118

11.3 Python 程序示例 119

11.4 小结 121

思考题 122

第 12 章 链接分析算法 123

12.1 链接分析概述 123

目　录

C O N T E N T S

12.2　PageRank 算法 ……………………………………………………… 124
　　12.2.1　基本思想 …………………………………………………… 124
　　12.2.2　算法步骤 …………………………………………………… 125
12.3　基于 MapReduce 的 PageRank 算法 …………………………… 127
　　12.3.1　基本思想 …………………………………………………… 127
　　12.3.2　算法步骤 …………………………………………………… 128
12.4　Python 程序示例 ………………………………………………… 130
12.5　小结 ………………………………………………………………… 131
思考题 ……………………………………………………………………… 131

第 13 章　概率推理算法 ………………………………………………… 132
13.1　概率推理概述 ……………………………………………………… 132
13.2　贝叶斯网的构建 …………………………………………………… 133
　　13.2.1　基本概念 …………………………………………………… 133
　　13.2.2　学习算法 …………………………………………………… 133
13.3　基于贝叶斯网的概率推理 ………………………………………… 138
　　13.3.1　精确推理算法 ……………………………………………… 138
　　13.3.2　近似推理算法 ……………………………………………… 141
13.4　Python 程序示例 ………………………………………………… 143
13.5　小结 ………………………………………………………………… 148
思考题 ……………………………………………………………………… 148

新技术篇　深度学习算法

第 14 章　人工神经网络和深度学习概述 …………………………… 153
14.1　人工神经网络 ……………………………………………………… 153
　　14.1.1　神经元模型 ………………………………………………… 153
　　14.1.2　感知机 ……………………………………………………… 154
　　14.1.3　多层神经网络 ……………………………………………… 156
14.2　深度学习 …………………………………………………………… 159
14.3　小结 ………………………………………………………………… 160

C O N T E N T S

目　录

思考题　…………………………………………………………………… 161

第 15 章　降维算法 ……………………………………………………… 162

　　15.1　降维算法概述 ………………………………………………… 162

　　15.2　自编码器概述 …………………………………………………… 163

　　　　　15.2.1　自编码器 ……………………………………………… 164

　　　　　15.2.2　自编码器的改进 …………………………………… 166

　　15.3　变分自编码器 …………………………………………………… 168

　　15.4　生成对抗网络 …………………………………………………… 171

　　15.5　Python 程序示例 ……………………………………………… 174

　　15.6　小结 ……………………………………………………………… 182

　　思考题　………………………………………………………………… 183

第 16 章　目标检测算法 ………………………………………………… 184

　　16.1　目标检测算法概述 ……………………………………………… 184

　　16.2　卷积神经网络 …………………………………………………… 185

　　　　　16.2.1　模型结构 ……………………………………………… 185

　　　　　16.2.2　模型训练和预测 ……………………………………… 187

　　16.3　YOLO 算法 …………………………………………………… 190

　　16.4　Python 程序示例 ……………………………………………… 194

　　16.5　小结 ……………………………………………………………… 197

　　思考题　………………………………………………………………… 198

第 17 章　问答系统算法 ………………………………………………… 199

　　17.1　问答系统概述 …………………………………………………… 199

　　17.2　面向问答系统的深度学习算法 ………………………………… 200

　　　　　17.2.1　循环神经网络 ………………………………………… 200

　　　　　17.2.2　长短期记忆网络 ……………………………………… 203

　　17.3　基于 LSTM 的问答系统构建 ………………………………… 207

　　17.4　Python 程序示例 ……………………………………………… 210

目 录

C O N T E N T S

17.5 小结 ……………………………………………………… 216

思考题 ……………………………………………………… 217

第 18 章 图分析算法 ………………………………………… 218

18.1 图分析概述 ………………………………………… 218

18.2 图神经网络 ………………………………………… 219

18.3 基于图卷积网络的图节点分类 …………………… 220

18.4 Python 程序示例 ………………………………… 224

18.5 小结 ……………………………………………… 227

思考题 ……………………………………………… 227

附录 A 在线编程平台和案例库使用指南 ………………………… 228

参考文献 ……………………………………………………… 233

基　础　篇
经典计算机算法

随着计算机软硬件的升级演进和计算机技术的广泛应用,计算的需求无处不在,人们对计算方法及性能的要求日益提高;计算技术的不断改变和信息技术的快速增长,得益于许多巧妙的算法设计,造就了日益复杂和多样化的计算机程序,使信息化、数字化和智能化成为可能。针对不同的实际问题,许多算法的设计思路和技巧是相同的,通常按照算法采用的方法或思路对其进行分类;学习各类算法,应把握各类算法的适用情形、基本思想、设计技巧和分析方法。以分治法、减治法、贪心法、动态规划法、回溯法、分支限界法等为代表的几类经典的计算机算法,对当代计算机科学产生了重要的影响,至今仍被广泛应用和研究,也在人们探索新算法和研发新技术中发挥着重要的作用。

基础篇介绍经典计算机算法,为学习本书后续章节的数据挖掘算法和深度学习算法奠定了基础。第 1 章介绍算法设计与分析基础,第 2 章以合并排序为例介绍分治法,第 3 章以拓扑排序为例介绍减治法,第 4 章以哈夫曼编码为例介绍贪心法,第 5 章以 0-1 背包问题的求解为例介绍动态规划法,第 6 章以 n-后问题的求解为例介绍回溯法,第 7 章以 0-1 背包问题的求解为例介绍分支限界法;各章给出了相应的习题。

第1章　算法设计与分析基础

1.1　概　　述

从原始文明、农业文明、工业文明到信息文明和人类未来的发展,都伴随着对数据的收集、理解、分析、认知和利用,各种问题的解决,推动了人类文明的进程,也促进了算法的研究和发展。以互联网、大数据、人工智能和机器人为代表的新一轮信息革命,带来全球生产力和生产关系质的飞跃,算法设计与分析在科学研究、科技创新、产品开发、社会治理等方面发挥着越来越重要的作用。

计算机科学的每个领域都高度依赖于有效算法的设计,正如 Donald Knuth 所说"计算机科学就是算法的研究",算法设计与分析一直是计算机科学的核心主题,是计算机相关领域各类工作的重要支撑。20 世纪早期,尤其 20 世纪 30 年代,人们广泛关注能否用一种有效的过程(相当于现在所说的算法)来求解问题,聚焦在问题的可解或不可解的分类上。这一阶段,人们提出了一系列计算模型,认为若一个问题在其中一个模型上是可解的,那么该问题在其他所有模型上都是可解的。数字计算机出现后,人们对于可解问题研究的要求越来越多,随着对有限可用资源和开发复杂度的日益关注,人们不再满足于使用简单程序在其需要时间内求解特定问题而不考虑计算资源,提出了设计尽量少使用计算资源的有效算法的需求。一方面,许多实际中的问题由于需耗费巨量资源,在特定时间内是不可解的;另一方面,人们已设计出一些有效的算法来解决许多问题,提出了解决某一问题的最优算法。可计算性理论、经典算法设计与分析的思路和结果,为实际问题的解决提供了可使用或参考的理念、思路和方法,也为适应不断涌现的新需求和日益复杂的应用流程有机结合不同算法和模型、适配不同存储和算力设施的新技术研究,提供了拓展创新和演进迭代的基础。

本章介绍算法设计与分析基础,包括算法的基本概念,算法执行渐进时间的概念、符号和性质,算法的最坏和平均情况分析,以及非递归和递归算法运行时间的估计方法。

1.2　算法的基本概念

算法是一系列解决问题的步骤,也就是说,对于符合一定规范或约束的输入,能在有限时间内得到所要求的输出。算法用伪代码(Pseudocode)描述,具有如下特点。

(1) 有穷性:算法在有限时间内完成。

（2）确定性：算法的每一步必须是确定的，不能有二义性的解释。

（3）可行性：算法中的每一步必须是有意义的，且能达到预期目的。

（4）输入：输入的值域必须仔细定义。

（5）输出：得到问题的解。

（6）同一问题可能存在几种不同的算法，执行效率也会有所差异。

下面以计算两个正整数的最大公约数为例，说明算法的概念和性质。

例 1.1 正整数 m 和 n 存在最大公约数（即能整除 m 和 n 的最大正整数），记为 $\gcd(m, n)$，可使用欧几里得、连续整数检测和质因数分解等不同算法进行求解。

- 欧几里得算法重复计算 $\gcd(m, n) = \gcd(n, m \bmod n)$，直到 $m \bmod n$ 等于 0，m 最后的取值即为 m 和 n 的最大公约数。例如，$\gcd(60, 24) = \gcd(24, 12) = \gcd(12, 0) = 12$。对于输入的正整数 m 和 n，每次循环都会使 $m \bmod n$ 变为一个更小的非负整数，若存在最大公约数，则 $m \bmod n$ 等于 0 时算法停止，输出该最大公约数。

- 连续整数检测算法首先令 t 为 m 和 n 中的较小值，检查 t 是否能整除 m 和 n，若能整除，t 就是 m 和 n 的最大公约数；若不能，就将 t 减 1 后继续尝试。例如，对于 60 和 24，首先尝试 $t = 24$，此时 t 不能整除 60，则继续尝试 23，一直尝试到 12 时算法结束。

- 根据素数定理，若不小于 1 的正整数 a 不能被不超过 $\sqrt{a}$ 的任一素数整除，则 a 是素数。从第一个素数 2 开始到 $\sqrt{a}$，将其所有倍数标记为非素数，从而可以分别得到 m 和 n 的所有质因数，将检测范围从 $2 \sim a - 1$ 缩小到 $2 \sim \sqrt{a}$。质因数分解算法首先求出 m 的所有质因数，再求出 n 的所有质因数，然后从第一步和第二步的质因数分解中找出所有的公因数，最后将找出的公共质因数相乘，即为 m 和 n 的最大公约数。例如，对于 60 和 24，60 的质因数为 2、2、3、5，24 的质因数为 2、2、3、2，公共质因数为 2、2、3，则 $\gcd(60, 24) = 2 \times 2 \times 3 = 12$。

不难看出，可使用不同的算法解决同一问题，不同算法的执行效率也可能不同。同时，算法设计和使用时需考虑输入和待解决问题的特点，例如，需考虑以上不同的最大公约数算法是否支持 m 和 n 无公约数、m 和 n 中有一个值为 1 等情形。

下面以经典的插入排序算法为例，给出算法的伪代码描述，其也作为本章后续内容讨论的示例。

例 1.2 对列表 $A[1:n]$ 按照非降序排序。插入排序算法的基本思想是：从长度为 1 的子列表 $A[1]$（已排好序）开始，依次将 $A[i]$ 插入已按非降序排好序的列表 $A[1:i-1]$（$2 \leqslant i \leqslant n$）的合适位置，从而实现列表的排序。这一过程中，当插入元素 $A[i]$ 时，依次将 $A[i]$ 与从 $i-1$ 至 1 位置的元素进行比较，当找到一个小于或等于 $A[i]$ 的元素，或前面已排序列表中的元素都已比较过，将 $A[i]$ 插入到该位置。上述思想见算法 1.1。

算法 1.1 insertionsort //插入排序

输入：

　　$A[1:n]$：待排序列表

输出：

　　按非降序排序后的列表 A

步骤：

1. For $i=2$ To n Do
2. 　　　$x \leftarrow A[i]$
3. 　　　$j \leftarrow i-1$
4. 　　　While $j>0$ And $A[j]<x$ Do
5. 　　　　　$A[j+1] \leftarrow A[j]$
6. 　　　　　$j \leftarrow j-1$
7. 　　　End While
8. 　　　$A[j+1] \leftarrow x$
9. End For
10. Return A

1.3　算法效率分析

1.3.1　渐进时间的概念

　　算法的运行时间和存储空间，是算法分析的两个维度。围绕效率因素的算法运行时间，是算法复杂度分析的首要因素。为了得到不依赖于程序运行软硬件环境和编程语言等因素且具有一般性的算法效率分析结果，选择算法中最重要（对算法运行时间的贡献最大）的操作（称为基本操作），通过计算基本操作的执行次数来衡量算法的时间复杂度。算法中的基本操作，通常为算法最内层循环中最费时的操作，例如，大多数排序算法基于列表中元素的比较而实现，选择元素比较作为基本操作；矩阵乘法基于乘法运算和加法运算实现，而乘法运算在大多数计算机上比加法运算更耗时，因此选择乘法作为基本操作。算术运算（如加、减、乘、除）、比较和逻辑运算、赋值运算（如遍历图或为树的指针赋值），是几类常见的基本操作。算法效率分析，就是对于输入规模为 n 的算法，计算其基本操作的执行次数（表示为 n 的函数）。

　　从算法效率分析的目的看，我们希望将一个算法与解决同一问题的其他算法，甚至是解决其他问题的算法进行比较，因此，估计的运行时间是相对的，而不是绝对的；我们关心随着输入规模的增加，算法执行时间变化的趋势，因此，最关心的是算法针对较大规模输入实例的运行情况，而不是关心小规模输入时的运行情况。精确计算基本操作的执行次数，在许多算法的分析中比较困难，从执行时间变化趋势的角度看也没有必要，因此，针对较大规模的输入，我们讨论运行时间的增长率或增长的阶（Order）。例如，对规模为 n 的输入，若算法运行时间为 cn^2，随着 n 的增大，正常量 c 的作用逐渐降低；当与其他运行时间为 dn^3 的算法相比，常量 c 并没有多大作用。若算法运行时间为 $n^2\log n+3n^2+5n$，n 越大，低阶项 $3n^2+5n$ 对算法效率的影响就越小。因此可以说，以上算法的运行时间是 n^2 阶、n^3 阶和 $n^2\log n$ 阶的。通常将去除了低阶项和首项系数后的算法运行时间函数称为算法运行的渐进时间，用渐进时间来表示算法的时间复杂度。

　　常见的几种算法运行时间函数包括 $\log n$、n、n^2 和 n^3 等，分别称为对数函数、线性函数、平方函数和立方函数；n^c 和 $n^c\log n(0<c<1)$ 称为次线性函数；$n\log n$ 和 $n^{1.5}$ 称为次平方函

数；这些运行时间函数为多项式函数，运行时间随着问题规模 n 的增加呈多项式增长。2^n 称为指数函数，运行时间随着问题规模 n 的增加而爆炸性增长。

以算法 1.1 为例，元素比较是其基本操作，元素比较操作的执行次数取决于待排序列表中元素的顺序。不难看出，当待排序列表中的元素已按非降序排列时，每个元素 $A[i]$（$2 \leqslant i \leqslant n$）只需与 $A[i-1]$ 作一次比较即可找到合适的插入位置，此时算法 1.1 只需执行 $n-1$ 次元素比较操作即可完成对列表 A 的排序，元素比较的次数最少。当待排序列表中的元素按降序排列时，每个元素 $A[i]$ 总要与从 $i-1$ 至 1 位置的所有元素进行比较，插入列表第一个位置，此时算法 1.1 执行的元素比较次数最多，具体如下。

$$\sum_{i=2}^{n}(i-1)=\frac{n(n-1)}{2}=\frac{n^2-n}{2} \tag{1-1}$$

1.3.2　渐进时间的符号

通常使用 O、Ω 和 Θ 符号准确地描述算法运行的渐进时间。

1. O 符号

以算法 1.1 为例，当待排序列表长度不小于某个阈值 n_0 时，则对于某个正常数 c，算法运行时间至多是 cn^2；即使在列表规模很大的时候，算法运行时间也未必恰好是 cn^2。因此，O 符号描述的可能并不是算法的实际运行时间，而提供了一个运行时间的上界。例如，当待排序列表中的元素已按非降序排好序时，算法 1.1 的运行时间为 $O(n)$。

一般地，一个算法的运行时间为 $O(g(n))$，是指当输入规模不小于某个阈值 n_0 时，该算法的运行时间上界是 $g(n)$ 的 c 倍，其中 c 为正常数。O 符号的形式化定义如下。

定义 1.1　令 $f(n)$ 和 $g(n)$ 是从自然数集到非负实数集的两个函数，若存在一个自然数 n_0 和一个正常数 c，使得

$$\text{对所有的 } n \geqslant n_0,\quad f(n) \leqslant cg(n)$$

则称 $f(n)$ 为 $O(g(n))$，记为 $f(n) \in O(g(n))$ 或 $f(n)=O(g(n))$。

因此，若 $\lim\limits_{n \to \infty}\dfrac{f(n)}{g(n)}$ 存在，则 $\lim\limits_{n \to \infty}\dfrac{f(n)}{g(n)} \neq \infty$ 蕴含着 $f(n)=O(g(n))$。也就是说，$f(n)$ 没有 $g(n)$ 的某个常数倍增长得快。

2. Ω 符号

以算法 1.1 为例，当待排序列表长度不小于某个阈值 n_0 时，则对于某个正常数 c，算法运行时间至少是 cn；与 O 符号相同的是，这并不意味着算法运行时间总像 cn 那么小。因此，Ω 符号描述的可能并不是算法的实际运行时间，只是描述了一个运行时间的下界。例如，对于任意长度为 n、按降序排序的列表，算法 1.1 的运行时间为 $\Omega(n^2)$。

一般地，一个算法的运行时间为 $\Omega(g(n))$，是指当输入规模不小于某个阈值 n_0 时，该算法的运行时间下界是 $g(n)$ 的 c 倍，其中 c 为正常数。Ω 符号的形式化定义如下。

定义 1.2　令 $f(n)$ 和 $g(n)$ 是从自然数集到非负实数集的两个函数，若存在一个自然数 n_0 和一个正常数 c，使得

$$\text{对所有的 } n \geqslant n_0,\quad f(n) \geqslant cg(n)$$

则称 $f(n)$ 为 $\Omega(g(n))$，记为 $f(n) \in \Omega(g(n))$ 或 $f(n)=\Omega(g(n))$。

因此,若 $\lim\limits_{n\to\infty}\dfrac{f(n)}{g(n)}$ 存在,则 $\lim\limits_{n\to\infty}\dfrac{f(n)}{g(n)}\neq 0$ 蕴含着 $f(n)=\Omega(g(n))$。也就是说,$f(n)$ 的增长至少与 $g(n)$ 的某个常数倍一样快。

3. Θ 符号

一般地,一个算法的运行时间为 $\Theta(g(n))$,是指当输入规模不小于某个阈值 n_0 时,该算法的运行时间在下界 $c_1 g(n)$ 和上界 $c_2 g(n)$ 之间($0 < c_1 \leqslant c_2$)。Θ 符号描述了算法运行时间的精确阶,即算法的运行时间有确切界限。Θ 符号的形式化定义如下。

定义 1.3 令 $f(n)$ 和 $g(n)$ 是从自然数集到非负实数集的两个函数,若存在一个自然数 n_0 和两个正常数 c_1 和 c_2,使得

$$\text{对所有的 } n \geqslant n_0,\quad c_1 g(n) \leqslant f(n) \leqslant c_2 g(n)$$

则称 $f(n)$ 为 $\Theta(g(n))$,记为 $f(n)\in\Theta(g(n))$ 或 $f(n)=\Theta(g(n))$。

因此,若 $\lim\limits_{n\to\infty}\dfrac{f(n)}{g(n)}$ 存在,则 $\lim\limits_{n\to\infty}\dfrac{f(n)}{g(n)}=c$ 蕴含着 $f(n)=\Theta(g(n))$,其中 c 为正常数。$f(n)=\Theta(g(n))$ 当且仅当 $f(n)=O(g(n))$ 且 $f(n)=\Omega(g(n))$。

例 1.3 若 $f(n)=n+2\sqrt{n}$,$g(n)=n^2$,则 $f(n)=O(g(n))$,$g(n)=\Omega(f(n))$;若 $f(n)=n+\log n$,$g(n)=\sqrt{n}$,则 $f(n)=\Omega(g(n))$,$g(n)=O(f(n))$;若 $f(n)=10n^2+2n$,$g(n)=30n^2$,则 $f(n)=\Omega(g(n))$。

上述 O、Ω 和 Θ 符号具有一般意义,不仅可用来描述算法的时间复杂度,还可用来描述算法空间复杂度等其他维度的渐进表现。算法时间复杂度分析时一些常用的结论包括:

- $\sum\limits_{i=0}^{k} a_i n^i = \Theta(n^k)$

- $\log n^k = \Theta(\log n)$

- $\log n! = \sum\limits_{i=1}^{n} \log i = \Theta(n\log n)$

- $\sum\limits_{i=1}^{n} \dfrac{n}{i} = \Theta(n\log n)$

1.3.3 渐进符号的性质

上述 O、Ω 和 Θ 符号的一些性质,可简化算法时间复杂度的分析。例如,分析由两个连续执行部分组成的算法时,可使用以下性质:

$$O(f(n))+O(g(n))=O(\max\{f(n),g(n)\}) \tag{1-2}$$

证明:令 $F(n)=O(f(n))$,$G(n)=O(g(n))$。根据 O 的定义,存在正常数 c_1 和非负整数 n_1,使得对所有的 $n\geqslant n_1$,有 $F(n)\leqslant c_1 f(n)$;同理,存在正常数 c_2 和非负整数 n_2,使得对所有的 $n\geqslant n_2$,有 $G(n)\leqslant c_2 g(n)$。

令 $c_3=\max\{c_1,c_2\}$,$n_3=\max\{n_1,n_2\}$,$h(n)=\max\{f(n),g(n)\}$,则对所有的 $n\geqslant n_3$,有

$$F(n)\leqslant c_1 f(n)\leqslant c_1 h(n)\leqslant c_3 h(n)$$

同理有

$$G(n) \leqslant c_2 g(n) \leqslant c_2 h(n) \leqslant c_3 h(n)$$

因此

$$O(f(n)) + O(g(n)) = F(n) + G(n) \leqslant c_3 h(n) + c_3 h(n)$$
$$= 2c_3 h(n) = O(h(n)) = O(\max\{f(n), g(n)\})$$

证毕。

式(1-2)意味着，算法的整体效率取决于具有较大渐进时间（即效率较低）的部分。例如，使用某种具有 $O(n^2)$ 时间复杂度的排序算法对给定列表进行排序，再使用具有 $O(n)$ 时间复杂度的算法对列表中的元素依次扫描并搜索是否包含指定元素。根据式(1-2)可知，算法的整体效率为 $O(\max\{n^2, n\}) = O(n^2)$。

类似地，可证明性质 $O(f(n)) + O(g(n)) = O(f(n) + g(n))$。此外，分析由两个嵌套执行部分组成的算法时，可使用性质 $O(f(n))O(g(n)) = O(f(n)g(n))$（该性质的证明留给读者作为习题完成）。渐进符号的其他性质，这里不逐一罗列。

1.4　算法的最坏和平均情况分析

在两个 $n \times n$ 的整数矩阵相加的算法中，加法的执行次数只取决于 n 的大小，而与矩阵中元素具体的值无关，也就是说，算法的执行时间只与问题的规模有关，而与输入值无关。对长度为 n 的列表进行插入排序的算法（算法 1.1），元素比较的执行次数在 $n-1$ 和 $n(n-1)/2$ 之间，这说明算法的执行时间不但取决于输入问题的规模 n，也取决于输入列表的形式（即列表中元素的初始顺序）。由以上两个例子可知，不可能找到一个既能体现问题规模也能体现输入形式的渐进时间函数，只能忽略后一个因素。因此，对应输入形式对算法时间复杂度产生影响的几种情形，有 3 种分析算法运行时间的方法：最坏情况分析、平均情况分析和最优情况分析；最后一种方法无法有效描述算法在一般情况下的时间复杂度，实际中一般不予考虑，所以这里不详细介绍。

1. 最坏情况分析

算法最坏情况的时间复杂度，是指当输入规模为 n 时算法的最长运行时间。首先，在规模为 n 的所有可能输入中确定导致基本操作执行次数最大的输入类型，然后计算这个最大值。该值为算法运行时间的上界，对于任意输入实例，算法的运行时间不会超过这个值。例如，当待排序列表中的元素按降序排列时，算法 1.1 需要执行 $n(n-1)/2$ 次元素比较操作，我们说算法 1.1 在最坏情况下的时间复杂度为 $O(n^2)$。

2. 平均情况分析

算法平均情况的时间复杂度，是指所有规模为 n 的输入的平均运行时间。实际上，考虑以计算时间为依据的不同输入类（计算时间意义上的等价类），计算所有不同输入类的平均运行时间。例如，将元素 $A[i]$ 插入已按非降序排序的列表 $A[1:i-1]$ 中，$A[i] < A[1]$ 代表了一类需要执行 $i-1$ 次元素比较操作的输入实例。在分析算法平均情况的时间复杂度时，首先需预知输入类的分布（即所有输入类出现的概率），在许多情形下，为了简化分析过程，假设所有输入类以等概率出现。下面以算法 1.1 的平均情况分析为例，介绍算法平均情况时间复杂度的分析方法。

例 1.4 算法 1.1 的运行时间,取决于逐个将当前元素插入已排序的子列表中所需的元素比较操作次数。将元素 $A[i]$ 插入已排序的列表 $A[1:i-1]$,共有 i 个可能的位置,每个可能位置对应一个元素比较操作次数,假设每个可能位置的概率相等(即概率为 $1/i$)。

若将元素 $A[i]$ 插入 $A[i-1]$ 之后,需执行 1 次元素比较;将元素 $A[i]$ 插入 $A[i-1]$ 之前、$A[i-2]$ 之后,需执行 2 次元素比较;……;将元素 $A[i]$ 插入 $A[2]$ 之前、$A[1]$ 之后,需执行 $i-1$ 次元素比较;将元素 $A[i]$ 插入 $A[1]$ 之前,需执行 $i-1$ 次元素比较。因此,将元素 $A[i]$ 插入有序子列表 $A[1:i-1]$ 时所需的平均比较次数为

$$\frac{1}{i}[1+2+\cdots+(i-1)+(i-1)] = \frac{1}{i}\sum_{j=2}^{i}(i-j+1)+\frac{i-1}{i}$$

$$= \sum_{j=2}^{i}\frac{i-j+1}{i}+\frac{i-1}{i} = \sum_{j=1}^{i-1}\frac{j}{i}+\frac{i-1}{i} = 1-\frac{1}{i}+\frac{i-1}{2} = \frac{i}{2}-\frac{1}{i}+\frac{1}{2}$$

因此,算法 1.1 的平均元素比较次数为

$$\sum_{i=2}^{n}\left(\frac{i}{2}-\frac{1}{i}+\frac{1}{2}\right) = \frac{n(n+1)}{4}-\frac{1}{2}-\sum_{i=2}^{n}\frac{1}{i}+\frac{n-1}{2}$$

$$= \frac{n^2}{4}+\frac{3n}{4}-\sum_{i=1}^{n}\frac{1}{i}$$

基于 1.3.1 节中给出的结论,$\sum_{i=1}^{n}\frac{1}{i}\leqslant \log n$,则平均比较次数为

$$\frac{n^2}{4}+\frac{3n}{4}-\log n = O(n^2)$$

因此,算法 1.1 的平均情况时间复杂度为 $O(n^2)$,元素比较操作的具体执行次数约为最坏情况的一半。

1.5 算法运行时间估计

1. 非递归算法运行时间估计

非递归算法运行时间,按以下步骤进行分析估计。

(1)确定描述输入规模的参数。

(2)确定算法的基本操作。

(3)考查基本操作的执行次数是否仅取决于输入的规模。若还与输入形式有关,则需分别估计最坏情况和平均情况的时间复杂度。

(4)建立一个以输入规模为自变量、描述基本操作执行次数的函数。

(5)使用数学运算法则和常用结论,建立执行次数增长的阶。

本章 1.1~1.4 节以算法 1.1 的分析为例,详细讨论了非递归算法运行时间的估计方法,本节不再赘述。

2. 递归算法运行时间估计

递归算法运行时间的估计,不像非递归算法那样直观。下面以计算非负整数阶乘的算法为例,讨论递归算法运行时间估计的步骤。

例 1.5 对于任意非负整数 n，阶乘函数为

$$F(n) = \begin{cases} 1, & n = 0 \\ (n-1)! \times n, & n \geq 1 \end{cases}$$

使用以下递归算法计算 $F(n)$。

算法 1.2 F //计算阶乘

输入：n：非负整数

输出：$n!$的值

步骤：

If $n = 0$ Then Return 1

Else Return $F(n-1) \times n$

为了表示方便，用 $M(n)$ 表示算法 1.2 运行时乘法操作次数，那么 $M(n)$ 需满足

$$\text{当 } n \geq 1 \text{ 时}, \quad M(n) = M(n-1) + 1$$

其中，$M(n-1)$ 为计算 $F(n-1)$ 时所需乘法操作次数，$F(n-1) \times n$ 的计算需执行一次乘法操作。

该等式以递归的方式定义了需计算出其取值的 $M(n)$ 的序列，但并没有明确地定义 n 的函数，通常将其称为递推关系（Recurrence Relation）或递推式。递推式不仅在递归算法的分析中扮演着重要角色（如分治法），也是许多算法设计的关键（如动态规划法）。使用递推式来描述递归算法的时间复杂度，而通过求解递推式得到以 n 为自变量的闭合公式，从而估计递归算法的运行时间。

可使用迭代法、差消法、递归树法、主定理法和特征根法等经典方法求解递推式。迭代法不断用递推式的右部替换左部；递推式右边依赖于前很多项时，差消法先把高阶递推式进行差消，再进行迭代；递归树法通过每次迭代将函数项作为孩子、非函数项作为根的值来建立递归树；主定理法对主定理所描述的 3 种情况的每一种，通过比较函数的大小来确定递推式的解；特征根法根据递推式是线性还是非线性来求解特征方程，根据特征方程的解是两个不同实根、两个相等实根、虚根等写出通解，最终得出递推式的解。对于例 1.6 中的递推式，采用迭代法可得到

$$\begin{aligned} M(n) &= M(n-1) + 1 \\ &= [M(n-2) + 1] + 1 = M(n-2) + 2 \\ &= [M(n-3) + 1] + 2 = M(n-3) + 3 \end{aligned}$$

不难看出，$M(n) = M(n-i) + i = M(n-n) + n = n$。

总结以上计算非负整数阶乘的递归算法的分析过程，递归算法运行时间按以下步骤进行分析估计。

（1）确定描述输入规模的参数。

（2）确定算法的基本操作。

（3）考查基本操作的执行次数是否仅取决于输入的规模。若还与输入形式有关，则需分别估计最坏情况和平均情况的时间复杂度。

（4）建立一个描述基本操作执行次数的递推式（包括相应的初始条件）。

（5）求解递推式，或至少确定其解的增长的阶。

1.6　小　　结

本章从算法及效率的概念出发，给出从算法伪代码、基本操作、渐进时间、最坏和平均情况、非递归和递归算法运行时间估计的一般性思路和方法，为后续经典算法的设计与分析的学习、使用现有算法给出特定问题解决方法、针对计算机领域前沿问题提出创新思想和关键技术等奠定基础。

习　　题

1. 指出下列各算法的基本操作。

（1）计算 n 个数的和。

（2）计算 $n!$。

（3）找出包含 n 个数字的列表中的最大值。

（4）两个 n 位十进制整数相乘。

2. 对输入 $\{4,3,12,5,6,7,2,9\}$，算法 1.1(insertionsort)执行了多少次元素比较操作？

3. 按照算法运行时间函数的阶从低到高的顺序，给出下列函数的次序：

$$(n-2)!,5\log(n+100),2^{n^2},0.001n^4+2n^3+1,\log^2 n,\sqrt[3]{n},3^n$$

4. 对于如下每一对 $f(n)$ 和 $g(n)$，要么 $f(n)=O(g(n))$，要么 $g(n)=O(f(n))$，但不可能两者都成立，确定 $f(n)$ 和 $g(n)$ 在 O 渐进意义下的关系。

（1）$f(n)=n+2\sqrt{n}$，$g(n)=n^2$

（2）$f(n)=n+n\log n$，$g(n)=n\sqrt{n}$

（3）$f(n)=n+\log n$，$g(n)=\sqrt{n}$

（4）$f(n)=2(\log n)^2$，$g(n)=\log n+1$

5. 根据 O 的定义，证明 $O(f(n))O(g(n))=O(f(n)g(n))$。

6. 有如下的排序算法：

算法　bubblesort

输入：待排序列表 $A[1:n]$

输出：按非降序排序后的列表 A

步骤：

1.　　$i\leftarrow 1$；$Sorted\leftarrow$FALSE

2.　　While $i\leqslant n-1$ And Not Sorted Do

3.　　　　$Sorted\leftarrow$TRUE

4.　　　　For $j=1$ Downto $i+1$ Do

5.　　　　　　If $A[j]<A[j-1]$ Then

6.   Swap($A[j]$, $A[j-1]$) //交换 $A[j]$ 和 $[j-1]$

7.   *Sorted* ← FALSE

8.   End If

9.   End For

10. $i \leftarrow i+1$

11. End While

12. Return A

（1）执行该算法,元素比较操作最少执行多少次？什么情形达到最小值？

（2）执行该算法,元素比较操作最多执行多少次？什么情形达到最大值？

（3）执行该算法,元素赋值操作最少执行多少次？什么情形达到最小值？

（4）执行该算法,元素赋值操作最多执行多少次？什么情形达到最大值？

（5）使用 O 符号和 Ω 符号表示该算法的运行时间。

7. 设计时间复杂度分别为 $O(n)$ 和 $\Omega(n\log n)$ 的算法,找出包含 n 个整数的列表 $A[1:n]$ 中的最大值。

8. 有如下的递归算法:

算法 $Q(n)$ //输入正整数 n

步骤：

If $n=1$ Then Return 1

Else Return $Q(n-1)+2n-1$

（1）给出该算法执行时乘法运算次数的递推式并求解。

（2）给出该算法执行时加减运算次数的递推式并求解。

9. 求解以下递推式:

（1）$T(n)=3T(n-1)-15, T(1)=8$

（2）$T(n)=T(n-1)+n-1, T(1)=3$

第2章 分 治 法

2.1　分治法概述

计算机程序设计中,长整型(Long int)变量的取值范围是$-2147483648\sim 2147483647$,若用长整型变量做乘法运算,乘积最多不能超过 10 位数,即便用双精度(Double)变量,也仅能保证 16 位有效数字的精度。因此,在计算机中不能直接对长整型数字进行逐位乘法运算。对此,人们提出先分别对两个长整型数字进行对半分割,再对分割后的数字进行乘法运算的方法,这样适当增加加法次数可减少乘法次数,使计算复杂度大大降低。在实际应用中,随着飞机数量的增加,飞机安全控制需求日益迫切,需要预知空中哪两架飞机之间具有最大碰撞危险,从而预先通知飞行员进行安全飞行,避免碰撞发生。可将飞机飞行位置映射到坐标空间,将 n 架飞机的位置分为两半,通过 $n/2$ 架飞机的最近位置对来判断具有最大碰撞危险的两架飞机,使用这种一分为二的策略进行分割,从而简化对具有最大碰撞危险的飞机的判断。上述方法体现了经典的分治法(Divide and Conquer)思想。

分治法顾名思义"分而治之",就是把一个难以解决的大问题分解为多个规模较小但形式相同的子问题,再把子问题分解为规模更小的子问题,直到最后的子问题可简单地直接求解,合并子问题的解,进而得到原问题的解。分治法是快速排序、合并排序、快速傅里叶变换等许多高效算法的基础,也是广泛用于解决大规模问题的常用思路。

对于排序问题,按照分治法的思想,可将给定列表划分为两个规模尽可能均等的子列表,直到只有两个元素时逐步合并有序子列表,从而直观高效地实现排序。然而,从问题分解和规模减小的角度看,基于斐波那契数列的定义 $f(n)=f(n-1)+f(n-2)$,也可直观地将规模为 n 的斐波那契数计算问题分解为规模分别为 $n-1$ 和 $n-2$ 的两个子问题,规模为 $n-1$ 的子问题又可分解为规模分别为 $n-2$ 和 $n-3$ 的子问题,直到规模为 0 和 1 时逐步合并各子问题的解。根据理论分析结论,使用分治法计算斐波那契数需指数时间,这与斐波那契数子问题规模,以及合并子问题解时所需计算开销并不吻合,其原因在于子问题大量重叠而导致相同子问题大量重复计算,因此,分治法并不适合计算斐波那契数。

使用分治法解决问题时,问题的规模缩小到一定程度就可以容易地解决,且需满足以下两个条件。

(1) 最优子结构性质。原问题可分解为若干个规模较小、形式相同的子问题,且原问题的最优解包含其子问题的最优解,可通过合并子问题的解得到原问题的解。

(2) 子问题相互独立。子问题之间不包括公共子问题,子问题不重复计算。

分治法中,子问题往往是原问题的较小模式,这为使用递归技术实现分治法提供了便利。在该情形下,反复使用分治手段,可使子问题与原问题类型一致而其规模不断缩小,最终使子问题缩小到容易求解,因此,很自然地使用递归的思想来设计分治算法。一般地,分治法包括如下 3 个基本步骤:①将原问题分解为若干个规模较小、相互独立、与原问题形式相同的子问题;②若子问题规模较小而容易被解决,则直接求解,否则递归地求解各个子问题;③将各个子问题的解合并为原问题的解。

分治算法的递归特点,使其不像非递归算法那样通过直观地计算算法运行的渐进时间来分析其时间复杂度,通常使用递推关系分析分治法的时间复杂度。一个规模为 n 的问题,每次被分解为 k 个子问题,每个子问题规模为 n/m,用 $T(n)$ 表示该分治算法的计算时间,常量 c 表示直接求解子问题(规模为 n_0)的时间,$f(n)$ 表示子问题分解和子问题解合并的时间,则递推关系如下:

$$T(n) = \begin{cases} c, & n \leqslant n_0 \\ kT(n/m) + f(n), & n > n_0 \end{cases} \tag{2-1}$$

大量实践表明,设计分治算法时,应尽可能使子问题的规模大致相同,也就是将原问题分解为大小相等的 k 个子问题,这种策略通常称为"平衡子问题"。例如,使用分治法解决排序问题时往往取 $k=2$。

分治法采用分而治之、逐个击破的思想,用于解决难以直接求解的复杂大问题。本章以排序问题为代表,介绍合并排序算法的基本思想和主要步骤,并分析算法的时间复杂度。

2.2　合　并　排　序

合并排序又称归并排序,即通过合并两个有序列表来实现排序。若列表长度缩小到 2 时,可将其看作容易解决的"将两个长度为 1 的有序列表进行合并"的子问题,因此,合并排序可用分治法解决。若待排序的列表长度为 n,那么长度为 $n/2$ 和 $n/4$ 的子列表……直至长度为 2 的子列表,都是形式相同的子问题,且分解得到的子问题相互独立。将分解得到的长度为 1 的有序列表两两进行合并,得到长度为 2 的有序列表,再将长度为 2 的有序列表两两进行合并,得到长度为 4 的有序列表,以此类推,到最后两个最长的有序子列表合并成一个有序列表,得到给定列表的排序结果。

若需对包含 n 个元素的列表按非降序排序,合并排序算法采用分治策略,其基本思想是:将待排序列表分成规模大致相同的两个子列表,分别对两个子列表进行排序,最终将排好序的子列表合并为排好序的列表。其中,长度为 1 的子列表本身就是有序的,不需做任何处理;最小规模子问题是将两个长度为 1 的有序列表进行合并。

例 2.1　对于列表{8,5,3,9,11,6,4,1,10,7,2},图 2.1 展示了合并排序的运行过程,每对实线箭头代表"分"操作,每对虚线箭头代表"合"操作;"分"操作执行完成后,即开始进行两两有序子列表的"合"操作,最终得到有序列表。

下面分别介绍以递归和非递归方式实现的合并排序算法,给出算法思想、算法描述和时间复杂度分析,进一步通过对两种形式的合并排序算法进行比较,讨论递归与非递归分治算法的选择,加深对分治思想和分治算法的理解。

1. 递归的合并排序算法

算法 2.1 给出了递归的合并排序算法。首先获取列表的中间位置,将列表分为左、右两个子列表,再分别对左、右子列表进行"分"操作的递归调用,当列表分解为一个个仅包含一个元素的子列表时,进行"治"操作,完成有序子序列的合并,最后得到完整的有序列表。

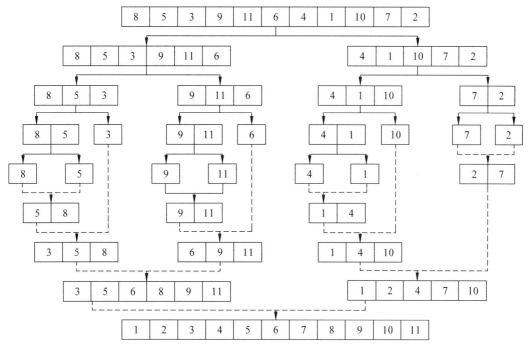

图 2.1 合并排序的运行过程

算法 2.1 mergesort //递归的合并排序

输入:

　　$A[low:high]$:待排序列表

输出:

　　排序后的有序列表 A

步骤:

1. If $low < high$ Then　　　　　　//列表中至少还有两个元素,需要进行"分"操作
2. 　　$mid \leftarrow (low + high)/2$　　　　//获得中间位置
3. 　　mergesort(A, low, mid)　　　　//"分"操作:对左半部分的子列表递归调用
4. 　　mergesort$(A, mid+1, high)$　　//"分"操作:对右半部分的子列表递归调用
5. 　　merge$(A, low, mid, mid+1, high)$
　　　　//"治"操作:使用 merge 算法合并两个有序子列表
6. End If

算法 2.2　merge //合并有序子列表,使其按非降序排序

输入：

　　$list[start1:end1]$：第一个有序子列表；

　　$list[start2:end2]$：第二个有序子列表

输出：

　　$result$：合并后的有序列表

步骤：

1.　$indexC \leftarrow 1; finalStart \leftarrow start1; finalEnd \leftarrow end2$

2.　While $start1 \leqslant end1$ And $start2 \leqslant end2$ Do

3.　　If $list[start1] \leqslant list[start2]$ Then

4.　　　$result[indexC] \leftarrow list[start1]$

5.　　　$start1 \leftarrow start1 + 1$

6.　　Else

7.　　　$result[indexC] \leftarrow list[start2]$

8.　　　$start2 \leftarrow start2 + 1$

9.　　End If

10.　　$indexC \leftarrow indexC + 1$

11. End While

12. If $start1 \leqslant end1$ Then

13.　　For $i = strat1$ To $end1$ Do

14.　　　$result[indexC] \leftarrow list[i]$

15.　　　$indexC \leftarrow indexC + 1$

16.　　End For

17. Else

18.　　For $i = strat2$ To $end2$ Do

19.　　　$result[indexC] \leftarrow list[i]$

20.　　　$indexC \leftarrow indexC + 1$

21.　　End For

22. End If

23. For $i = finalStart$ To $finalEnd$ Do

24.　　$list[i] \leftarrow result[indexC]$

25.　　$indexC \leftarrow indexC + 1$

26. End For

27. Return $result$

例 2.2　表 2.1 展示了例 2.1 中列表{8,5,3,9,11,6,4,1,10,7,2}的排序过程。

表 2.1　使用算法 2.1 进行排序的过程

8	5	3	9	11	6	4	1	10	7	2
5	8	3	9	11	6	4	1	10	7	2
3	5	8	9	11	6	4	1	10	7	2
3	5	8	6	9	11	4	1	10	7	2

续表

3	5	6	8	9	11	4	1	10	7	2
3	5	6	8	9	11	1	4	10	7	2
3	5	6	8	9	11	1	4	10	2	7
3	5	6	8	9	11	1	2	4	7	10
1	2	3	4	5	6	7	8	9	10	11

合并步骤中的元素比较,是合并排序算法的基本操作;合并排序算法是计算开销取决于"合"操作,而非"分"操作的典型代表。下面给出算法 2.1 的时间复杂度分析。

① 最优情况时间复杂度。

使用算法 2.2 合并分别包含 $n/2$ 个元素的两个子列表(记为 X 和 Y),所有元素比较都来源于第 3 行中的操作 $list[start1] \leqslant list[start2]$,当 X 中元素均不大于 Y 中任意元素时,执行算法 2.2,仅需执行 $n/2$ 次比较就可将 X 中元素全部放入 $result$ 中,而 Y 中元素无须执行比较操作就可直接放入 $result$ 中,此时元素比较次数最少,即算法 2.2 达到最优情况。若 $n=1$ 时,算法 2.1 不执行任何元素的比较操作;当输入待排序列表已按照非降序排好序时,算法 2.1 运行时每次执行算法 2.2 都达到最优情况,此时执行算法 2.1 所需元素比较次数最少、达到最优情况,时间复杂度用如下递推式表示。

$$T(n) = \begin{cases} 0, & n=1 \\ 2T(n/2)+n/2, & n>1 \end{cases} \tag{2-2}$$

解此递推式可得 $T(n)=O(n\log n)$。

② 最坏情况时间复杂度。

与最优情况相反,当 X 和 Y 中元素的大小交叉排列时,执行算法 2.2,每个元素(除了最后一个元素)都在执行一次元素比较后才放入 $result$ 中,需执行 $n-1$ 次元素比较,此时元素比较次数最多,即算法 2.2 达到最坏情况,此时执行算法 2.1 所需元素比较次数最多、达到最坏情况,时间复杂度用如下递推式表示。

$$T(n) = \begin{cases} 0, & n=1 \\ 2T(n/2)+(n-1), & n>1 \end{cases} \tag{2-3}$$

解此递推式可得 $T(n)=O(n\log n)$。

由式(2-2)和式(2-3)知,算法 2.1 的平均时间复杂度也为 $O(n\log n)$。对于未必是 2 的幂的任意正整数 n,算法 2.1 的时间复杂度可统一描述为

$$T(n) = \begin{cases} 0, & n=1 \\ 2T(n/2)+O(n), & n>1 \end{cases} \tag{2-4}$$

解此递推式可得 $T(n)=O(n\log n)$,达到排序问题的计算时间下界,因此,算法 2.1 是最优的排序算法。

显然,算法 2.2 为了实现两个有序子列表的合并,需 $O(n)$ 的额外空间。算法 2.1 的递归调用也需 $O(n)$ 的额外空间,因此,算法 2.1 的空间复杂度为 $O(n)$。

2. 非递归的合并排序算法

从包括"分"与"合"操作的递归合并排序算法可以看出,对给定列表排序的过程,实际上

就是首先将每一对元素合并得到长度为 2 的有序列表,再合并这些长度为 2 的有序列表,得到长度为 4 的有序列表,重复执行有序列表的合并,直到只有一个有序列表为止,这一思想可使用非递归方式实现。具体而言,用 k 表示合并的趟次,用 t 表示每趟合并后的序列长度($t=2^k$),若合并后的序列长度 t 不小于实际元素个数 n,则循环结束,其中,每趟合并中元素比较次数与列表长度 n 及合并前后的列表长度有关。算法 2.3 给出了上述非递归的合并排序算法。对例 2.1 中的列表,算法 2.3 的执行过程如图 2.2 所示,包括了长短不对称合并的情形。

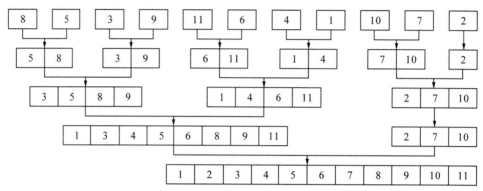

图 2.2　非递归的合并排序算法执行过程

算法 2.3　bottomupsort //非递归的合并排序算法

输入:
　　$A[1:n]$:待排序列表
输出:
　　排序后的有序列表 A

步骤:

1. $t \leftarrow 1$　　　　　　　　　　　　　　　　　//每趟合并后的列表长度
2. While $t < n$ Do
3. 　$s \leftarrow t; t \leftarrow t^2; i \leftarrow 0$　　　　　　　　　//s 记录合并前序列的长度
4. 　While $i + t \leqslant n$ Do　　　　　　　　//合并有序子列表
5. 　　merge($A, i+1, i+s, i+s+1, i+t$)　//算法 2.2
6. 　　$i \leftarrow i + t$
7. 　End While
8. 　If $i + s < n$ Then　　　　　　　　　　//判断是否有剩下的元素待处理
9. 　　merge($A, i+1, i+s, i+s+1, n$)　　//算法 2.2
10. 　End If
11. End While
12. Return A

算法 2.3 的内外两层循环的次数为 $\log n$,每次执行算法 2.2 的时间复杂度为 $O(n)$,因此,算法 2.3 的时间复杂度为 $O(n \log n)$。

与算法 2.1 相比,算法 2.3 无须额外地递归调用空间开销,而具有与算法 2.1 相同的时间复杂度。那么,自然会有这样的问题:既然能利用算法 2.3 这样非递归的算法实现合并排序,尤其是考虑因递归算法使用栈而需额外的空间开销,以及由递归调用本身所需开销带来的额外计算时间时,为什么还需要使用算法 2.1 那样的递归算法呢?从实际应用的角度看,递归算法具有对问题描述简洁直观,设计方便快捷,易于描述、理解和分析等优点;尤其是针对具有较大规模的输入时,这一优点更加显著。然而,形如算法 2.3 的非递归算法,需要花费更多的时间调试和理解代码的含义,这为算法的设计者带来了启示,可先从求解问题的递归框架着手,若可能,再将其转化为一个非递归的迭代算法。

2.3　Python 程序示例

本节给出 Python 程序示例,实现递归合并排序(算法 2.1),其中 merge_sort() 函数对输入列表进行递归合并排序,merge() 函数将两个有序子列表合并为一个有序列表。

程序示例 2.1

```
1.  def merge(s1, s2, s):
2.      i = j = 0
3.      while i + j < len(s):
4.          if j == len(s2) or (i < len(s1) and s1[i] < s2[j]):
5.              s[i + j] = s1[i]
6.              i += 1
7.          else:
8.              s[i + j] = s2[j]
9.              j += 1
10.
11.
12. def merge_sort(s):
13.     n = len(s)
14.     if n < 2:
15.         return
16.
17.     mid = n // 2
18.     s1 = s[0:mid]
19.     s2 = s[mid:n]
20.
21.     #对子列表进行递归合并排序
22.     merge_sort(s1)
23.     merge_sort(s2)
24.
25.     #合并
26.     merge(s1, s2, s)
27.
```

```
28.
29. if __name__ == '__main__':
30.     s = [8, 5, 3, 9, 11, 6, 4, 1, 10, 7, 2]
31.     print(f'original list: {s}')
32.     merge_sort(s)
33.     print(f'sorted list: {s}')
```

运行结果：

```
original list: [8, 5, 3, 9, 11, 6, 4, 1, 10, 7, 2]
sorted list: [1, 2, 3, 4, 5, 6, 7, 8, 9, 10, 11]
```

2.4 小　　结

作为最著名的通用算法技术之一，分治法是计算机领域中许多重要、有效算法的基础，使用分治法往往可高效地求解大规模的复杂问题。划分、治理、合并 3 个步骤组成分治算法，即分治范式。划分步骤通常将当前问题划分为两个子问题；治理步骤的关键是确定问题可直接求解的阈值；合并步骤将多个递归调用的结果进行合并，而得到预期的输出结果，通常包括合并、排序、搜索、找最大值或最小值、矩阵加法等操作。从分治算法时间复杂度的角度看，划分步骤在大多数分治算法中几乎是不变的，往往需 $O(1)$ 或 $O(n)$ 时间；算法的计算开销主要取决于合并步骤，高效合并算法的设计是分治算法设计的关键。但是，也有一些分治算法（例如快速排序），其计算开销主要取决于划分步骤，而非合并步骤。

由于分治法中子问题之间相互独立，各个子问题可由不同处理器同时计算。因此，分治思想也是对许多并行计算设计的基础，对于使用分治法设计的串行算法，可将各个独立子问题并行求解，最后合并成整个问题的解，从而转化为并行算法。

习　　题

1. 给出使用算法 2.1(mergesort) 对序列 $\{A, N, E, X, A, M, P, L, E\}$ 按字母顺序排序的过程。

2. 给出一个整数列表，使其满足：

(1) 算法 2.1(mergersort) 和算法 2.3(bottomupsort) 执行相同的元素比较次数；

(2) 算法 2.1(mergersort) 执行的元素比较次数大于算法 2.3(bottomupsort)；

(3) 算法 2.1(mergersort) 执行的元素比较次数小于算法 2.3(bottomupsort)。

3. 设计一个分治算法，同时找出包含 n 个元素的列表中的最大值和最小值。

(1) 假设 $n = 2^k$，为该算法的元素比较次数建立递推关系式并进行求解。

(2) 请将设计的算法与求解该问题的蛮力算法进行比较。

4. 设计一个算法对包含 n 个整数的列表进行重新排列，使得所有的负元素都位于正元

素之前,并分析算法的时间复杂度。

5. 设 S 是包含平面上 n 个点的集合,找出 S 中满足以下性质的两个点 $p_1=(x_1,y_1)$, $p_2=(x_2,y_2)$,使它们之间的欧几里得距离 $d(p_1,p_2)=\sqrt{(x_1-x_2)^2+(y_1-y_2)^2}$ 在所有 S 中点对间距离为最小。使用算法 2.1(mergersort)设计一个找出 S 中最近点对的算法,要求时间复杂度为 $\Theta(n\log n)$。

第3章 减 治 法

3.1 减治法概述

在席卷全球的新冠肺炎病毒感染检测和疫情防控中，由于人口众多，如果对每个人的核酸检测样本逐一检测以确诊感染病毒，实施难度较大。对此，针对40人以内的待检测人员群体，可将被检测人员根据人数平均分为两组进行核酸混样检测，也就是将每组检测人员的全部样本放到一起统一检测。若为阴性，则表明该组被检人员均不是病毒感染患者；若为阳性，则表明该组被检人员中存在病毒感染患者。然后对该组人员做进一步分组，继续进行核酸混样检测，循环往复，直至找出患者。上述寻找新冠肺炎病毒感染患者的方法体现了减治法的算法思想。

减治法(Decrease And Conquer)，即减而治之，是一种一般性的算法设计技术。对于一个规模为 n 的原问题，减治法利用原问题的解与较小规模子问题（通常为 $n/2$）的解之间的关系，以自顶向下（递归）或自底向上（非递归）的方式求解原问题。该关系通常表述为原问题的解只存在于其中一个较小规模的子问题中，或原问题的解与其中一个较小规模子问题的解之间有某种对应关系。

由于原问题的解与较小规模的子问题的解之间存在上述关系，所以只需求解其中一个较小规模的子问题，就可得到原问题的解。针对寻找新冠肺炎患者的问题，由于所寻找的患者只需存在于一个更小规模的分组中，因此根据减治法的思想，可将规模为 n 的寻找病毒感染患者问题分解为规模为 $n/2$ 的两个子问题。

减治法作为一类经典算法，在实际中有许多应用，如折半查找、二叉树查找、堆排序、拓扑排序等，这些问题的求解都通过减小问题规模、在规模更小的子问题中获得。减治法和分治法适合解决的问题不同，减治法只针对其部分子问题进行求解就可得到原问题的解，无须像分治法那样合并各子问题的解。减治法通常有3种变种：减去一个常量(Decrease by a Constant)的减治法、减去一个常量因子(Decrease by a Constant Factor)的减治法、减去可变规模(Variable Size Decrease)的减治法。

1. 减去一个常量的减治法

这类减治法在每次迭代中将当前问题规模减去一个规模相同的常量，这个常量通常为1，也称为减一技术。图3.1(a)描述了常量为1的减治法思想。下面以求解指数函数为例，介绍减一技术的基本思想。给定一个正整数 a，a 的指数函数可表述为 $f(n)=a^n$，该问题实例的解和规模为$(n-1)$的实例的解之间存在如下关系：

$$f(n)=\begin{cases} a, & n=1 \\ f(n-1)\times a, & n>1 \end{cases} \tag{3-1}$$

以自顶向下的方式使用减治法求解指数函数，或以自底向上的方式将 a 自乘$(n-1)$次，从而得到指数函数 a^n 的值。

2. 减去一个常量因子的减治法

这类减治法在每次迭代过程中总是将问题规模减去一个相同的常量因子，这个常量因子通常为 2，基本思想如图 3.1(b)所示。下面以求解指数函数为例，介绍常量因子为 2 时的减治法的基本思想。对于问题规模为 n 的指数函数 $f(n)=a^n$，该问题规模减半的实例就是计算 $a^{n/2}$ 的值。n 为奇数时，首先采取偶数对策来计算 a^{n-1}，再将结果乘以 a 来最终求解指数函数。因此，对于规模为 n 的指数函数，该问题实例的解和规模为 $n/2$ 的实例的解之间存在如下关系。

$$a^n=\begin{cases} a, & n=1 \\ (a^{n/2})^2, & n>1 \text{ 且 } n \text{ 为偶数} \\ (a^{(n-1)/2})^2\times a, & n>1 \text{ 且 } n \text{ 为奇数} \end{cases} \tag{3-2}$$

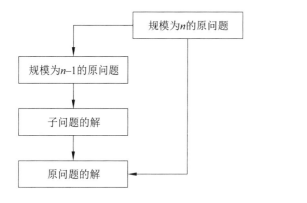
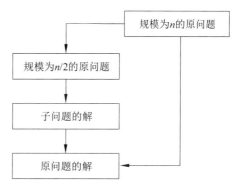

(a) 常量为1的减治法思想　　　　　　　　　　　　(b) 常量因子为2的减治法思想

图 3.1　减治法的基本思想

使用减治法通过式(3-2)计算得到 a^n，时间复杂度可由如下递推式表示。

$$T(n)=\begin{cases} 0, & n=1 \\ T(n/2)+1, & n>1 \end{cases} \tag{3-3}$$

求解递推式(3-3)可得到 $T(n)=O(\log n)$，即常量因子为 2 的减治法的时间复杂度为 $O(\log n)$。由于减治法只对一个子问题求解，因此可根据乘法次数来度量减治法的效率。

若用分治法求解指数函数，则首先将 a^n 递归分解成若干个 $a^{n/2}\times a^{n/2}$ 的子问题，再通过合并子问题的解得到 a^n 的解，描述如下。

$$a^n=\begin{cases} a, & n=1 \\ a^{n/2}\times a^{n/2}, & n>1 \end{cases} \tag{3-4}$$

容易得到，求解指数函数的分治法的时间复杂度为 $O(n\log n)$，代价高于减治法。

3. 减去可变规模的减治法

这类减治法在每次迭代过程中对于问题规模的减小都是不同的。例如，给定的两个自然数 u 和 $v(u>v)$，利用欧几里得算法来计算 u 和 v 的最大公约数，方法如下。

$$\gcd(u,v) = \gcd(v, u \bmod v) \tag{3-5}$$

若 $u=80$、$v=44$，根据式(3-5)求解最大公约数的迭代过程为

$$\gcd(80,44) = \gcd(44,36) = \gcd(36,12) = \gcd(12,0) = 12$$

从第二次迭代开始到第四次迭代，每次 u 的减小方式既不是以常量也不是以常量因子减小的，其减小规模都是变化的，因此这类算法称为减去可变规模的减治法。

减治法作为一种基础算法，广泛应用于实际问题的求解中。例如，拓扑排序是图论中的重要基础算法，也是减治法的一个经典案例，常用于确定一个依赖关系集中事物发生的顺序，以解决有向图的依赖解析问题。本章以拓扑排序为例，介绍减治法设计的主要步骤。

3.2 拓 扑 排 序

选课系统要求学生完成必要的先修课程后，才可选修后续课程，需规划选课的顺序，以保证学生在选课过程中避免出现拟修课程的先修课程未完成的问题。例如，开设"高等数学""工程数学""数据结构""算法""机器学习""智能数据工程"等课程，课程修读的先后次序为："工程数学"的先修课程是"高等数学"，"数据结构"的先修课程是"工程数学"；"算法"的先修课程是"数据结构"和"高等数学"；"机器学习"的先修课程是"算法"和"工程数学"；最后，"智能数据工程"的先修课程是"机器学习"和"算法"，如图 3.2 所示。若用图来表示上述具有修读先后次序的课程之间的关系，每门课程作为图中的一个顶点，课程之间的先修关系抽象为有向边，从顶点 A 指向顶点 B 表示"修完课程 A，才能选修课程 B"。

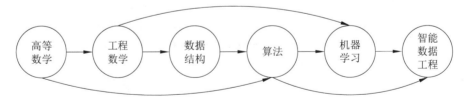

图 3.2　课程修读的先后次序

如何按照先后次序选修这些课程，才能保证不会因某些先修课程未完成而导致后续课程无法选修，该过程称为拓扑排序。拓扑排序结果为一个有向无环图（Directed Acyclic Graph，DAG）的所有顶点的线性序列，须满足条件：①每个顶点出现且只出现一次；②若 A 在序列中排在 B 之前，则在图中不存在从 B 到 A 的路径。

拓扑排序从有向无环图中选取一个没有前驱（即入度为 0）的顶点，并输出该顶点，然后从图中删去该顶点及所有以它为尾的边；重复上述两步，直至图为空或找不到无前驱的顶点为止。具体而言，首先，采用邻接表存储有向图，基于减一技术，每次寻找一个入度为 0 的顶

点并将其加入队列,并按序输出这些顶点;同时将被加入队列顶点的所有邻接顶点入度减一,若存在新的入度为 0 的顶点,则也加入队列;反复进行这两步操作,直到队列为空。若同时有多个入度为 0 的顶点,则任意选择一个,顶点入队的次序即为一个拓扑排序的结果。若在所有顶点遍历结束前已不存在入度为 0 的顶点,则算法停止,认为给定的图不存在拓扑序列。算法 3.1 给出了基于减一技术的拓扑排序的主要步骤,算法的实质是遍历图 G 的所有顶点及相关边,时间复杂度为 $O(n \times m)$。

算法 3.1　基于减一技术的拓扑排序

输入:

　　G:给定 n 个顶点、m 条边的有向无环图

输出:

　　$List$ 或 False:输出存储拓扑序列顶点的列表,或不存在拓扑序列

步骤:

1.　初始化队列 Q,用于存储入度为 0 的顶点
2.　For $i = 0$ To $n-1$ Do　　　　　　//遍历图 G 中的顶点
3.　　　If $Indegree[i] = 0$ Then　　　　//将入度为 0 的顶点加入队列
4.　　　　　Enqueue(i, Q)
5.　　　End If
6.　End For
7.　$List \leftarrow \varnothing$　　　　　　　　　//初始化用于存储输出顶点的列表
8.　While $Q \neq \varnothing$ Do
9.　　　Dequeue(e, Q)　　　　　　　//按入队顺序输出队列 Q 中的顶点 e
10.　　$List \leftarrow List \bigcup \{e\}$
11.　　For 每一个与 e 邻接的 u Do　　//将 e 顶点的每个邻接顶点 u 的入度减 1
12.　　　　$Indegree[u] \leftarrow Indegree[u] - 1$
13.　　　　If $Indegree[u] = 0$ Then　　//若邻接顶点 u 的入度减一后为 0,则将该顶点加入队列
14.　　　　　　Enqueue(u, Q)
15.　　　　End If
16.　　End For
17.　End While
18.　If $|List| = n$ Then
19.　　Return $List$　　　　　　　　//按序输出列表中的顶点,作为拓扑排序结果
20.　Else
21.　　Return False　　　　　　　　//图 G 不是有向无环图,不存在拓扑排序
22.　End If

　　例 3.1　针对学生选课问题,基于算法 3.1 求解选课序列。图 3.3 为基于减一技术的拓扑排序示例,结果为"高等数学→工程数学→数据结构→算法→机器学习→智能数据工程"。

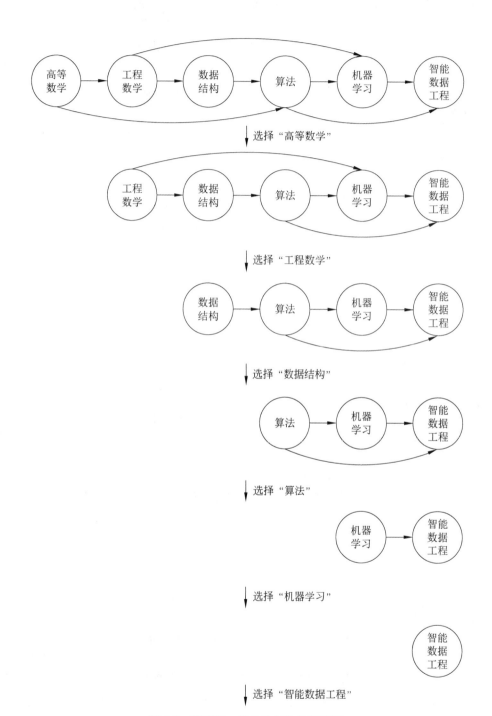

图 3.3　基于减一技术的拓扑排序示例

3.3　Python 程序示例

本节给出 Python 程序示例，topsort() 函数用于实现拓扑排序（算法 3.1）。

程序示例 3.1

```
1.  def topsort(G):
2.      #对图 G 中的每个节点匹配一个入度的属性
3.      in_degrees = dict((u, 0) for u in G)
4.      for u in G:
5.          for v in G[u]:
6.              in_degrees[v] += 1
7.
8.      #定义用于存储图 G 中入度为 0 的节点队列 Q
9.      Q = [u for u in G if in_degrees[u] == 0]
10.
11.     #S 是存储拓扑序列顶点的列
12.     S = []
13.     while Q:
14.         #输出该入度为 0 的节点
15.         u = Q.pop()
16.         S.append(u)
17.
18.         for v in G[u]:
19.             in_degrees[v] -= 1
20.             if in_degrees[v] == 0:
21.                 Q.append(v)
22.
23.     if len(S) == len(G):
24.         return S
25.     else:
26.         return False
27.
28.
29. if __name__ == '__main__':
30.     G = {'a': 'bd', 'b': 'ce', 'c': 'd', 'd': 'ef', 'e': 'f', 'f': ''}
31.     print(topsort(G))
```

运行结果：

```
['a', 'b', 'c', 'd', 'e', 'f']
```

3.4　小　　结

减治法与分治法都是通过逐步缩小问题规模来求得问题的解，不同的是，分治法将问题划分成多个子问题，通过求解子问题并将子问题的解合并，得到原问题的解；减治法将问题

规模不断缩小到一个规模最小的问题，求解这个最小的问题来得到原问题的解。

减治法的优点在于，针对原问题的解与较小规模子问题的解之间存在一定关系的特殊场景时，它不需重复合并子问题解的过程，相比分治法能有效降低时间复杂度。减治法的缺点也在于应用场景有限，只有在使用一个子问题的解就可得到原问题解的特殊场景中，才能发挥其优势，并保证算法执行的高效性。

<h1 style="text-align:center">习　　题</h1>

1. 图的深度优先查找和广度优先查找，可看作减一技术在图上的应用。分别设计使用深度优先查找和广度优先查找方法求得一个图的连通分量的算法。

2. 一个包含 n 个顶点的有向图，最多会有多少个不同的拓扑排序结果？

3. 对图 3.4，给出使用算法 3.1 来求解拓扑排序的过程。

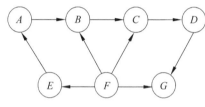

图 3.4　有向图

第4章 贪 心 法

4.1 贪心法概述

近年来,主播带货已成为一种新的产品推销手段。为响应国家脱贫攻坚和乡村振兴战略,边远山区的地方政府也采取主播带货的方式推广农产品。例如,假设一批农产品想被大众熟知,则其影响因子需要达到 1.3,现有 3 类主播,其中 A 类主播可帮助农产品提高 0.4 的影响因子,B 类主播可帮助农产品提高 0.3 的影响因子,C 类主播可帮助农产品提高 0.1 的影响因子。那么,应该如何安排主播带货,能够在最少的主播数量下使得该农产品被大众熟知? 直观的方案是尽量选择影响因子高的主播,即选择 3 名 A 类主播和 1 名 C 类主播,就可在最少的主播数量下让这批农产品的影响因子达到期望值。以上的主播选择方法体现了经典的贪心法思想。

贪心法(Greedy Algorithm)在求解问题时总是做出在当前看来最好的选择,希望通过多步的局部最优选择来实现最终的全局最优选择,但是并不能保证得到最优解。也就是说,贪心法不是对问题从全局最优上加以考虑,而是仅做出从某种意义上的局部最优选择,这个局部最优解是否为全局最优解还需其他辅助证明。贪心思想与我们平时解决问题时的思考方式类似,使用简单、直观,且具有较高的效率。针对上述直播带货问题,若 A、B、C 3 类主播能帮助农产品提高的影响因子分别为 0.5、0.4 和 0.1,则按照贪心思想做出的选择为:2 名 A 类主播和 3 名 C 类主播,一共需要 5 名主播。贪心法通过一系列贪心选择来得到问题的解,而贪心选择指的是当前状态下的局部最优选择,这样的贪心选择未必能够得到问题的最优解,但是其最终结果是最优解的较好近似解。针对上述直播带货问题,存在这样一种方案:3 名 B 类主播和 1 名 C 类主播,一共需要 4 名主播,所需人数比前述贪心选择的方案少。因此,贪心法不是对所有问题都能得到整体最优解,但对相当广的范围内的许多问题能产生整体最优解。贪心法能得到问题的可行解,但这个可行解不一定是该问题的最优解。

贪心法能否解决最优解问题一般包含两个基本要素:贪心选择性质和最优子结构性质。

(1) 贪心选择性质,是指问题的全局最优解能够通过一系列的局部最优选择而获得。为了实现全局最优选择,在问题求解过程中,每一步都做出当前众多选择中的最优选择,且贪心法在做出最优选择的时候,只考虑选择之前已做出最优选择得到的结果,不考虑之后会做出什么选择,更不会因为后续选择而更改当前选择。换句话说,当考虑做何种选择时,只考虑对当前问题最佳的选择,而不考虑其子问题的结果。因此,贪心法采用自顶向下的方

式,以迭代的方式做出相继的贪心选择,减小问题的规模。对于一个具体问题,要确定它是否具有贪心选择性质,必须证明每一步所作的贪心选择最终导致问题的整体最优解。

（2）最优子结构性质,是指问题的最优解包含其子问题的最优解,是问题能否采用贪心法求解的关键特性。使用贪心法时往往使用更加直接的最优子结构,即假定通过对原问题进行一次贪心选择即可得到子问题,此时只需要论证原问题的最优解能通过子问题的最优解和贪心选择组合而成,即归纳证明对子问题的贪心选择能获得原问题的最优解。

贪心法设计的关键是贪心策略的选择,贪心策略适用的前提是局部最优解能产生全局最优解。贪心法一般包括以下 3 个步骤:①从某个初始解出发;②以迭代的方式,采用贪心选择得到局部最优解,减小问题规模;③合并所有中间解,得到原问题的解。

本章将介绍哈夫曼编码算法的基本思想和主要步骤,并分析算法的时间复杂度。

4.2　哈夫曼编码

在存储图片、文本或其他类型的文件时,随着文件中内容的增加,其空间开销变大,若能减少较大文件所需存储空间,则可在同样大小的物理空间中存储更多、更大的文件。采用压缩技术,是解决该类问题的重要途径,具体实现时通过压缩编码可减少信息冗余,从而节省存储空间。例如,存储一张 1024×1024 像素的真彩色图片（每一个像素点对应的颜色编码是 24 位的 0 或 1）,需要 $1024 \times 1024 \times 24\text{bit} = 3\text{MB}$ 的物理空间,若需保存多张相同类型的图片,则需更大的存储空间开销;若希望在空间受限的条件下存储更多的图片,则可通过改变图片像素的颜色编码来实现。

例 4.1　一组图片中包含的颜色有红色(a)、橙色(b)、黄色(c)、绿色(d)、蓝色(e)和紫色(f),各种颜色出现的频率分别为 18、9、24、4、30 和 15,采用以下两种方案为出现的颜色编码,结果见表 4.1。

表 4.1　颜色编码表

颜色	a	b	c	d	e	f
出现频率	18	9	24	4	30	15
方案 1（定长编码）	000	001	010	011	100	101
方案 2（变长编码）	00	1001	01	1000	11	101

方案 1 采用定长编码,对每种颜色采用相同长度的二进制位表示,则所需存储空间为 $(18+9+24+4+30+15) \times 3 = 300\text{bit}$;方案 2 采用变长编码,对不同颜色采用不等长的二进制位表示,存储图片所需空间为 $(18 \times 2 + 9 \times 4 + 24 \times 2 + 4 \times 4 + 30 \times 2 + 15 \times 3) = 241\text{bit}$,压缩效率约为 20%,即采用这种变长编码来表示图片可节省约 20% 的存储空间。最后,把颜色替换为字符或其他表示数据的基本单位,从而完成对数据的压缩。可见,在某些情况下,使用变长编码比使用定长编码能实现对数据文件的有效压缩,提高存储空间利用率。

哈夫曼编码(Huffman Coding)是一种代表性的变长编码方法,又称为霍夫曼编码,该算法根据字符在文件中出现的频率表来建立一个用 0 和 1 构成的位串,以最优的方式表示各

字符,表 4.1 中的方案 2 即为哈夫曼编码。哈夫曼编码广泛用于数据文件压缩,压缩效率为 20%～90%,其策略是频率较高的字符采用较短的编码,频率较低的字符采用较长的编码, 从而有效缩短总的码长。

4.2.1　前缀码

对文件采用的编码方式要求任何字符不能是除该字符外的任意字符的前缀码,即没有 一个字符的编码是另一个编码的前缀。编码的前缀性质可使译码方法较简单,由于任一字 符的代码都不是其他字符代码的前缀,从编码文件中不断取出代表某一字符的前缀码并转 换为原字符,即可逐个译出文件中的所有字符。例如,采用表 4.1 中的哈夫曼编码对颜色 abcdef 进行编码,对于给定的编码 10011111101 可被唯一地分解为 1001、11、11、101,因而其 译码为 beef,即橙色、蓝色、蓝色、紫色。

鉴于前缀码的特点,选择二叉树作为其数据结构(二叉树从根节点到达叶子节点仅存在 唯一有效路径)。用二叉树的叶子节点来代表字符,规定到达左孩子的边标记为"0",到达右 孩子的边标记为"1"(或规定到达左孩子的边标记为"1",到达右孩子的边标记为"0"),即从 根节点到达叶子节点的路径为该叶子节点所表示字符的编码。

假设给定编码字符集为 C,其频率分布为 f,即 C 中任意字符 c 以频率 $f(c)$ 在数据文件 中出现。C 的一个前缀码编码方案对应于一棵二叉树 T,字符 c 在树 T 中的深度记为 $d(c)$, $d(c)$ 也是字符 c 的前缀码长。该编码方案的平均码长定义为 $B(T)=\sum\limits_{c\in C}f(c)d_T(c)$,使平 均码长达到最小的前缀码编码方案称为 C 的最优前缀码,表示最优前缀码的二叉树总是一 棵完全二叉树。

4.2.2　算法步骤

哈夫曼编码算法采用自底向上的方式构造表示最优前缀码的二叉树 T(称为哈夫曼 树),其构造方法如下:n 个待编码元素对应 n 个节点,每一个节点初始都是一棵二叉树,记 为 $T_1,T_2,\cdots,T_n$,权值分别表示为 $w_1,w_2,\cdots,w_n$,将其放入最小堆优先队列 Q 中,然后在 Q 中选取两棵权值最小的根节点构造一棵新的二叉树,该二叉树的根节点的权值等于这两 棵二叉树的权值之和,并将这两棵二叉树从 Q 中删除,再将新生成的二叉树添加到 Q 中。 重复以上操作,直至 Q 中只有一棵二叉树 T 为止。上述思想见算法 4.1。

算法 4.1　Huffman //哈夫曼编码

输入:

　C:n 个元素及其权值的集合

输出:

　T:哈夫曼树

步骤:

1.　$Q\leftarrow$PriorityQueue(C)　　　　　　　　//对集合 C 按照元素权值初始化最小堆优先队列 Q

2.　$T.weight\leftarrow 0$,$T.left\leftarrow\varnothing$,$T.right\leftarrow\varnothing$　//初始化哈夫曼树

3.　For $i=1$ To $n-1$ Do

4.	$T.left \leftarrow Q$ 中权值最小的元素 X	
5.	$Q.DeleteMin(X)$	//从优先队列 Q 中删除权值最小的元素 X
6.	$T.right \leftarrow Q$ 中权值最小的元素 Y	
7.	$Q.DeleteMin(Y)$	//从优先队列 Q 中删除权值最小的元素 Y
8.	$T.weight \leftarrow X.weight + Y.weight$	
9.	$Q.Add(T)$	//将 T 插入优先队列 Q 中，权值为 $T.weight$
10.	End For	
11.	Return T	

算法 4.1 中,初始构造优先队列的执行时间为 $O(n)$,优先队列 Q 的插入和删除操作的执行时间为 $O(\log n)$,则二叉树的 $(n-1)$ 次迭代构造时间复杂度为 $O(n\log n)$,因此,算法 4.1 的时间复杂度为 $O(n\log n)$。

例 4.2 对于表 4.1 中的元素,相应哈夫曼树的构造过程如图 4.1 所示,其中矩形框表示叶子节点,代表待编码的元素和对应的权值;圆形表示非叶子节点,权值为其左孩子节点和右孩子节点的权值之和。

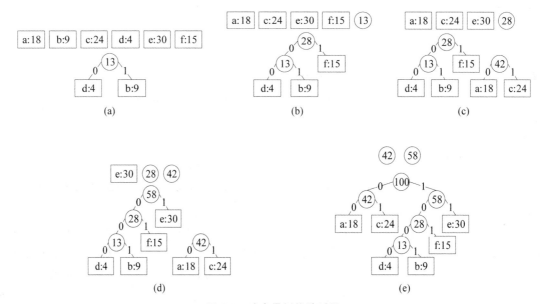

图 4.1 哈夫曼树构造过程

4.2.3 算法正确性证明

哈夫曼编码算法的实质是在构造一棵带权的完全二叉树时使得各叶子节点的深度乘以权值之和最小。从这一思路出发,哈夫曼编码算法的正确性证明,就是要证明构造带权路径之和最小的完全二叉树问题具有贪心选择性质和最优子结构性质。

1. 贪心选择性质

设 x 和 y 是 C 中具有最小频率的两个字符且 $f(x) \leqslant f(y)$,则存在 C 的最优前缀码 x 和 y 具有相同码长且仅最后一位编码不同。

证明：假设 a 和 b 为字符集 C 的任意最优前缀编码树 T 中的深度最深兄弟叶子节点，且设 $f(a) \leqslant f(b)$，那么由已知条件 x 和 y 频率最小且 $f(x) \leqslant f(y)$ 可知，$f(x) \leqslant f(a)$，$f(y) \leqslant f(b)$。在 T 中交换 x 和 a，生成编码树 T_1；在 T_1 中交换 y 和 b，生成编码树 T_2，如图 4.2 所示。

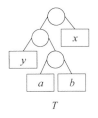 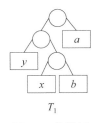 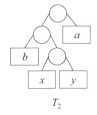

图 4.2　编码树

那么，编码树 T 和编码树 T_1 的平均编码长度之差为

$$
\begin{aligned}
B(T) - B(T_1) &= \sum_{c \in C} f(c) d_T(c) - \sum_{c \in C} f(c) d_{T_1}(c) \\
&= f(a) d_T(a) + f(x) d_T(x) - f(a) d_{T_1}(a) - f(x) d_{T_1}(x) \\
&= f(a) d_T(a) + f(x) d_T(x) - f(a) d_T(x) - f(x) d_T(a) \\
&= (f(a) - f(x))(d_T(a) - d_T(x))
\end{aligned}
$$

由于 $f(x) \leqslant f(a)$ 且 a 为最深叶子节点，所以 $f(a) - f(x) \geqslant 0$，$d_T(a) - d_T(x) \geqslant 0$，则 $B(T) - B(T_1) \geqslant 0$，即 $B(T) \geqslant B(T_1)$。同时，由于 T 是最优前缀编码树，则 $B(T) \leqslant B(T_1)$。综上，$B(T) = B(T_1)$，同理可得 $B(T) = B(T_2)$。那么，T_2 所代表的编码树为最优前缀编码树，且有 x 和 y 为最深兄弟叶子节点，即 x 和 y 有相同码长且仅最后一位编码不同。命题得证。

2. 最优子结构性质

设 C 是编码字符集，C 中字符 c 的频率为 $f(c)$，x 和 y 是 C 中具有最小频率的两个字符。令 C' 为 C 去掉 x 和 y、加入新字符 z 后得到的新字符集，且有 $f(z) = f(x) + f(y)$，即 $C' = C - \{x, y\} \bigcup \{z\}$。令 T_1 为 C' 的任意一个最优前缀编码树，那么将 T_1 中的 z 替换为左、右孩子分别为 x 和 y 的节点，得到编码树 T，即字符集 C 的最优前缀编码树。

证明：对任意 $c \in C - \{x, y\}$，有 $d_T(c) = d_{T_1}(c)$。同时，$d_T(x) = d_T(y) = d_{T_1}(z) + 1$，则

$$
\begin{aligned}
f(x) d_T(x) + f(y) d_T(y) &= (f(x) + f(y))(d_{T_1}(z) + 1) \\
&= f(z) d_{T_1}(z) + f(x) + f(y)
\end{aligned}
$$

因此，$B(T) = B(T_1) + f(x) + f(y)$，$B(T_1) = B(T) - f(x) - f(y)$。

假设编码树 T 不是字符集 C 的最优前缀编码树，则存在编码树 T_2 为字符集 C 的最优前缀编码树，且 $B(T_2) < B(T)$，那么 T_2 包含兄弟节点 x 和 y。令 T_3 为将 T_2 中的 x 和 y 及其父节点替换为叶子节点 z 后得到的编码树，且 $f(z) = f(x) + f(y)$，则

$$
B(T_3) = B(T_2) - f(x) - f(y) < B(T) - f(x) - f(y) = B(T_1)
$$

这与 T_1 为 C' 的一个最优前缀编码树矛盾。因此，编码树 T 为字符集 C 的最优前缀编码树。

4.3 Python 程序示例

本节给出 Python 程序示例，实现哈夫曼编码（算法 4.1），其中 get_huffmantree（）函数得到哈夫曼树的根节点，encode（）函数生成各元素的哈夫曼编码，get_code（）函数输出各元素的哈夫曼编码。

程序示例 4.1

```
1.  class Node(object):
2.      def __init__(self, name=None, value=None):
3.          self.name = name
4.          self.value = value
5.          self.left = None
6.          self.right = None
7.
8.
9.  class HuffmanTree(object):
10.     def __init__(self, c):
11.         self.queue = [Node(part[0], part[1]) for part in c]
12.         while len(self.queue) != 1:
13.             self.queue.sort(key=lambda node: node.value, reverse=True)
14.             t = Node(value=(self.queue[-1].value + self.queue[-2].value))
15.
16.             # t 的左孩子是 queue 中权值最小的节点
17.             t.left = self.queue.pop(-1)
18.
19.             # t 的右孩子是 queue 中权值最小的节点
20.             t.right = self.queue.pop(-1)
21.
22.             # 将新节点 t 加入 queue 中
23.             self.queue.append(t)
24.
25.             # root 表示哈夫曼树的根节点
26.             self.root = self.queue[0]
27.             self.b = list(range(6))
28.
29.     def get_huffmantree(self):
30.         return self.root
31.
32.     def encode(self, tree, length):
33.         node = tree
34.         if (not node):
35.             return
36.         elif node.name:
37.             x = str(node.name) + '的编码为:'
```

```
38.            for i in range(length):
39.                x += str(self.b[i])
40.
41.            print(x)
42.            return
43.
44.        self.b[length] = 0
45.        self.encode(node.left, length + 1)
46.        self.b[length] = 1
47.        self.encode(node.right, length + 1)
48.
49.    def get_code(self):
50.        self.encode(self.root, 0)
51.
52.
53. if __name__ == '__main__':
54.     C = [('a', 18), ('b', 9), ('c', 24), ('d', 4), ('e', 30), ('f', 15)]
55.     tree = HuffmanTree(C)
56.     tree.get_code()
57.     huffmantree = tree.get_huffmantree()
```

运行结果：

a 的编码为：00
c 的编码为：01
d 的编码为：1000
b 的编码为：1001
f 的编码为：101
e 的编码为：11

4.4　小　　结

贪心法从问题的某一个初始解出发逐步逼近给定目标，从而尽可能高效地求得更好的解。当算法中的某一步不能再继续执行时，算法停止。贪心法总是做出在当前看来最好的选择，不从整体最优上加以考虑，得到的是在某种意义上的局部最优解。贪心法不是对所有问题都能得到整体最优解，关键在于贪心策略的选择。贪心法的优点是无须考虑当前决策的后续情况，具有较优的时间复杂度，得到的解往往是最优解的近似解。

习　　题

1. 若字符 A、B、C、D、E 出现的频度分别为 0.4、0.1、0.2、0.15、0.15，

（1）给出使用算法 4.1(Huffman)进行哈夫曼编码的过程。

（2）使用（1）中的编码方法对文本 $ABACABAD$ 进行编码。

（3）使用（1）中的哈夫曼树对编码 100010111001010 进行解码。

2. 找零问题。以待找零金额 n 和硬币面额 $d_1 > d_2 > \cdots > d_m$ 作为输入，使找零硬币数最小。设计一个贪心算法，求解找零问题，给出算法的伪代码描述，并分析算法的时间复杂度。

3. 设 $A_1, A_2, \cdots, A_m$ 为 m 个已按非降序排列的整数列表，每个列表 A_i 中包含 n_i 个元素。希望用类似算法 2.2（merge）的方式把 m 个列表合并为一个有序列表。例如，若 $m = 3$，则可以合并 A_1 和 A_2 得到 A_4，然后合并 A_3 和 A_4 得到 A；或者合并 A_2 和 A_3 得到 A_4，然后合并 A_1 和 A_4 得到 A；或者合并 A_1 和 A_3 得到 A_4，然后合并 A_2 和 A_4 得到 A。设计一个类似算法 4.1 的贪心算法，使所有合并中元素的比较总次数最少，并分析算法的时间复杂度。

第5章 动态规划法

5.1 动态规划概述

假设某公司有一条数据需从设备 A 传到设备 E，又需经过 B、C、D 3 种设备的确认和处理，其中 B_1、B_2 和 B_3 为 B 类设备，C_1、C_2 和 C_3 为 C 类设备，D_1 和 D_2 为 D 类设备，边上权重代表设备之间传递并处理数据需花费的时间，如图 5.1 所示。一条消息需在最短时间内从设备 A 传递到设备 E，那么应该如何规划数据传输路径？

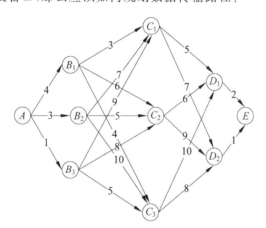

图 5.1 数据传输处理时间图

消息要从 A 到达 E，可分为 AB、BC、CD 和 DE 4 个阶段，要想获得最短花费时间，可从最后一段开始计算其最短耗时。

（1）DE 阶段：从 D_1 到 E 的最小耗时 $T(D_1E)=2$；从 D_2 到 E 的最小耗时 $T(D_2E)=1$。

（2）CE 阶段：从 C_1 到 E 的最小耗时 $T(C_1E)=\min\{T(C_1D_1)+T(D_1E),T(C_1D_2)+T(D_2E)\}=7$；从 C_2 到 E 的最小耗时 $T(C_2E)=8$；从 C_3 到 E 的最小耗时 $T(C_3E)=9$。

（3）BE 阶段：从 B_1 到 E 的最小耗时 $T(B_1E)=\min\{T(B_1C_1)+T(C_1E),T(B_1C_2)+T(C_2E),T(B_1C_3)+T(C_3E)\}=10$；从 B_2 到 E 的最小耗时 $T(B_2E)=13$；从 B_3 到 E 的最小耗时 $T(B_3E)=14$。

（4）AE 阶段：从 A 到 E 的最小耗时 $T(AE)=\min\{T(AB_1)+T(B_1E),T(AB_2)+T(B_2E),T(AB_3)+T(B_3E)\}=14$。

从上述计算过程可看出，以 $AB_1C_1D_1E$ 的路径传递消息，花费最少耗时为 14，该方法通过将原问题拆分为重叠子问题，然后组合这些重叠子问题的解来获得原问题的解，体现了经典的动态规划思想。

动态规划法（Dynamic Programming）通常用来解决最优化问题，即找出问题的最优解。在最优化问题的求解过程中，可能会得到多个可行解，希望从这些解中可找到具有最优值的解。一般地，只要实际问题可划分为规模更小的子问题，且原问题的最优解中包含了子问题的最优解，则可考虑用动态规划法求解。动态规划法的基本思想是：将原问题分解成多个子问题（子问题之间并不独立），先计算出子问题的解，再结合这些子问题的解得到原问题的解。动态规划算法包括 4 个基本步骤：刻画最优解的结构特征，递归定义最优解的值，自底向上计算最优解的值，基于最优值构造最优解。

使用动态规划法求解最优化问题，应满足以下两个性质：最优子结构性质；重叠子问题性质。

（1）最优子结构性质，是指原问题的最优解包含其子问题的最优解。动态规划法通常自底向上地使用最优子结构性质，首先将原问题划分成若干子问题，求得子问题的最优解，从而逐步构造出原问题的最优解。

（2）重叠子问题性质，是指在自顶向下求解问题时，每次产生的子问题并不总是新问题，某些子问题会被重复计算多次。动态规划算法利用重叠子问题性质，对每一个子问题只计算一次，其计算结果保存在一个表格中，当再次需要计算已计算过的子问题时，只需要在表格中简单地查找结果，从而避免每次求解子问题时的重复计算，保证算法的高效性。

本章以 0-1 背包问题为代表，介绍动态规划算法的基本思想和主要步骤，并分析算法的时间复杂度。

5.2   0-1 背包问题

给定 n 种物品和一个背包，物品 i 的质量为 w_i，物品对应的价值为 v_i，背包的总容量为 c。应如何选择物品装入背包，使得装入背包中物品的总价值达到最大？

在选择装入背包的物品时，对每种物品 i 只有两种选择方式，即装入背包或不装入背包。规定每个物品 i 不能装入背包多次，也不能将物品 i 切割后装入背包中。因此，此类问题被称为 0-1 背包问题（1 和 0 分别代表物品装入背包和不装入背包）。

假设给定 $c > 0, w_i > 0, v_i > 0 (1 \leqslant i \leqslant n)$，要求找出一个 n 元 0-1 向量 $(x_1, x_2, \cdots, x_n), x_i \in \{0, 1\} (1 \leqslant i \leqslant n)$，使得 $\sum_{i=1}^{n} w_i x_i \leqslant c$，且 $\sum_{i=1}^{n} v_i x_i$ 达到最大。因此，0-1 背包问题可看作一个特殊的整数规划问题，其形式化描述如下。

$$\max \sum_{i=1}^{n} v_i x_i, \quad \text{s.t.} \sum_{i=1}^{n} w_i x_i \leqslant c \tag{5-1}$$

其中，$x_i \in \{0, 1\}, 1 \leqslant i \leqslant n$。

5.2.1 最优子结构性质

下面证明 0-1 背包问题具有最优子结构性质。

设 $(y_1, y_2, \cdots, y_n)$ 是 0-1 背包问题求得的一个最优解，则 $(y_2, y_3, \cdots, y_n)$ 是其中相应子问题的一个最优解，于是

$$\max \sum_{i=2}^{n} v_i x_i, \quad \text{s.t.} \sum_{i=2}^{n} w_i x_i \leqslant c - w_1 y_1 \tag{5-2}$$

其中，$x_i \in \{0, 1\}, 2 \leqslant i \leqslant n$。否则，设 $(z_2, z_3, \cdots, z_n)$ 是上述子问题的一个最优解，而 $(y_2, y_3, \cdots, y_n)$ 不是其最优解，则有 $\sum_{i=2}^{n} v_i z_i > \sum_{i=2}^{n} v_i y_i$，且 $w_1 y_1 + \sum_{i=2}^{n} w_i z_i \leqslant c$，因此

$$v_1 y_1 + \sum_{i=2}^{n} v_i z_i > \sum_{i=1}^{n} v_i y_i \tag{5-3}$$

$$w_1 y_1 + \sum_{i=2}^{n} w_i z_i \leqslant c \tag{5-4}$$

那么，$(y_1, y_2, \cdots, y_n)$ 是所给 0-1 背包问题的一个更优解，从而 $(y_2, y_3, \cdots, y_n)$ 不是所给 0-1 背包问题的最优解，矛盾。

5.2.2 递推式

设 0-1 背包问题的子问题的最优值为 $b(i, j)$，表示前 i 个物品在背包容量为 j 时获得的最大价值。由 0-1 背包问题的最优子结构性质，可建立如下动态规划的递推式 $b(i, j)$。

$$b(i, j) = \begin{cases} \max\{b(i-1, j), b(i-1, j-w_i) + v_i\}, & j \geqslant w_i \\ b(i-1, j), & 0 \leqslant j < w_i \end{cases} \tag{5-5}$$

(1) 若装不下当前物品 w_i，那么装入前 i 个物品策略的最优值为装入前 $i-1$ 个物品策略的最优值。

(2) 若装得下当前物品 w_i，那么：

① 装入当前物品 w_i，且需给当前物品预留足够的空间装入，那么装入前 $(i-1)$ 个物品策略的最优值加上当前物品的价值即为装入前 i 个物品策略的最优值。

② 不装入当前物品 w_i，则装入前 i 个物品策略的最优值与装入前 $(i-1)$ 个物品策略的最优值相同。

③ 最后选取①和②中的最大值，作为当前策略的最大价值。

5.2.3 算法步骤

(1) 0-1 背包问题的动态规划算法。

算法 5.1 给出求解 0-1 背包问题的动态规划算法。

算法 5.1 0-1 Knapsak //0-1 背包的动态规划算法

输入：

$\{w_1, w_2, \cdots, w_n\}$：$n$ 个物品的质量；$\{v_1, v_2, \cdots, v_n\}$：$n$ 个物品的价值；c：背包容量

输出：

b：价值矩阵 //b 中的元素 $b(i, j)$ 表示前面 i 个物品在 j 容量时的最大价值

步骤：

1. 初始化矩阵 **b**   //**b** 的大小为 $(n+1)\times(c+1)$
2. $b(0,n)\leftarrow 0;b(n,0)\leftarrow 0$ //第一行第一列置空
3. For $j=1$ To c Do
4.   For $i=1$ To n Do
5.   If $j\geqslant w_i$ Then
6. $Value0\leftarrow b(i-1,j)$ //$Value0$ 为不装入物品 i 时背包的价值
7. $Value1\leftarrow b(i-1,j-w_i)+v_i$ //$Value1$ 为装入物品 i 时背包的价值
8. $b(i,j)\leftarrow \max\{Value0,Value1\}$
9.   Else
10. $b(i,j)\leftarrow b(i-1,j)$ //不装入物品 i
11.   End If
12.   End For
13. End For
14. Return **b**

例 5.1 假设有 5 个物品，质量分别为 2、2、6、5、4，其价值分别为 6、3、5、4、6，背包容量为 10，表 5.1 展示了使用算法 5.1 求解该实例的过程。

表 5.1 背包容量价值表

物品	容量										
	0	1	2	3	4	5	6	7	8	9	10
0	0	0	0	0	0	0	0	0	0	0	0
1	0	0	6	6	6	6	6	6	6	6	6
2	0	0	6	6	9	9	9	9	9	9	9
3	0	0	6	6	9	9	9	9	11	11	14
4	0	0	6	6	9	9	9	10	11	13	14
5	0	0	6	6	9	9	12	12	15	15	15

① 第一行的值为 0，因为物品标号为 0（考虑前 0 个物品的最优值）的情况下（即没有物品）最大价值都是 0。

② 第一列的值为 0，因为在当前背包容量为 0 的情况下最大价值都是 0。

③ 当 $i=2$、$j=4$ 时，$w_2=2$，由递推式 $j>w_2$，因此，物品 2 可装入背包，也可不装入背包，此时比较装入或不装入物品 2 时的最大价值：当物品 2 不装入背包时的价值为 $b(2,4)=6$；当物品 2 装入背包时的价值为 $b(2,4)=b(2-1,4-2)+3=6+3=9$；取两者中的最大值 $\max\{6,9\}=9$，即此时背包最大价值为 9。

④ 当 $i=3$、$j=4$ 时，$w_3=6$，由递推式 $j<w_3$，因此，物品 3 不可装入背包，此时背包最大价值取 $b(3,4)=9$。

⑤ 继续迭代，直至填满表格。

⑥ 回溯：自顶向下往前推，当 $i=5$、$j=10$ 时，$b(5,10)=15$ 表示当背包容量为 10 时，考虑前 5 个物品的装入策略，所能装入的最优值为 15。根据递推式判断是否应该装入编号为 5 的物品，由于 $b(5-1,10)\neq b(5,10)$，此时判断物品 5 装入。装入物品 5 后，需给当前物品

预留相应的背包容量,回到没有装入物品 5 之前,即 $b(5-1,10-4)=b(4,6)$。接着,继续判断物品 4 是否装入。

因此,从表的右下方开始回溯,如果发现前 n 个物品的最优策略的价值和前 $n-1$ 个物品最优策略的价值相同,就说明第 n 个物品未装入背包。否则,第 n 个物品装入背包。

算法 5.1 的时间复杂度为 $O(nc)$,在实际应用问题中往往并不适用,局限在于无法处理非整数的物品价值或背包容量,且当背包容量 $c>2^n$ 时,算法 5.1 的时间复杂度为 $O(n2^n)$,呈指数增长。通过观察算法 5.1 构建的二维表,发现只有部分"跳跃间断点"会对结果产生影响。因此,对算法 5.1 进行改进,得到求解 0-1 背包问题的跳跃间断点算法。

(2) 0-1 背包问题的跳跃间断点算法。

事实上,观察递推式中 $b(i,j)$ 的表达式可知,$b(i,j) \geqslant b(i,j-1)$,当 i 值确定时,$b(i,j)$ 的值是关于背包容量 j 的单调非递减函数,将 j 的取值扩展到实数域时仍成立,此时 $b(i,j)$ 的值是关于背包容量 j 的阶梯状单调非递减函数,存在决定 $b(i,j)$ 值的跳跃间断点,如图 5.2 所示。

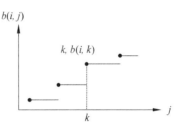

图 5.2 $b(i,j)$ 函数

对于 $b(i,j)$ 的跳跃间断点,由于 $b(i,j)=\max\{b(i-1,j),b(i-1,j-w_i)+v_i\}$,那么 $b(i,j)$ 的跳跃间断点包含于 $b(i-1,j)$ 的跳跃间断点集或 $b(i-1,j-w_i)+v_i$ 的跳跃间断点集中。跳跃间断点集 $p(i-1)$ 由函数 $b(i-1,j)$ 确定,对应不装物品 i 的所有情况;跳跃间断点集 $q(i-1)$ 由函数 $b(i-1,j-w_i)+v_i$ 确定,对应装入物品 i 的所有情况,且有 $q(i-1)=\{(j+w_i,b(i-1,j)+v_i)\mid(j,b(i-1,j))\in p(i-1),j+w_i\leqslant c\}$,即装入物品 i 时,对跳跃断点集 $p(i-1)$ 中每个元素加上 (w_i,v_i)。假设 (c_1,v_1) 和 (c_2,v_2) 为 $p(i-1)\bigcup q(i-1)$ 中的两个跳跃间断点,则当 $c_2 \geqslant c_1$ 或 $v_2 < v_1$ 时,(c_2,v_2) 受控于 (c_1,v_1),从而 (c_2,v_2) 不是 $p(i)$ 中的跳跃间断点。除受控跳跃间断点外,$p(i-1)\bigcup q(i-1)$ 中的其他跳跃间断点都是 $p(i)$ 中的跳跃间断点。那么,跳跃间断点集 $p(i)$ 可由跳跃间断点集 $p(i-1)$ 递归地构造,即首先依据跳跃间断点集 $p(i-1)$ 计算得到跳跃间断点集 $q(i-1)$,再合并 $p(i-1)$ 和 $q(i-1)$ 两个跳跃间断点集,并去除其中的受控跳跃点,即可得到跳跃间断点集 $p(i)$,最终查询跳跃间断点集 $p(i)$ 得到背包放入物品的最优规划。算法 5.2 给出了解决 0-1 背包问题的跳跃间断点算法。

算法 5.2 0-1 背包跳跃间断点算法

输入:

　　$\{w_1,w_2,\cdots,w_n\}$:n 个物品的质量;$\{v_1,v_2,\cdots,v_n\}$:n 个物品的价值;c:背包容量

输出:

　　$P=\{p(i)\mid 0 \leqslant i \leqslant n\}$:背包价值全部跳跃间断点集合

　　//$p(i)$ 中的每个元素 (c_k,v_k) 为一个跳跃间断点的二元组,表示装入前 i 个物品时容量为 c_k 时背包

　　　获得的最大价值 v_k

步骤:

1. $p(0) \leftarrow \{(0,0)\}$
2. $P \leftarrow p(0)$　　　　　　　　　　　　　　　　　　//初始化跳跃间断点集

3.   For $i=1$ To n Do

4. $q(i-1) \leftarrow \{(0,0)\}$

5.   For Each$(c_k, v_k) \in p(i-1)$ Do

6.   If $c_k + w_i \leqslant c$ Then

7. $q(i-1) \leftarrow q(i-1) \bigcup \{(c_k+w_i, v_k+v_i)\}$ //得到新的跳跃点集 $q(i-1)$

8.   End If

9.   End For

10. $p(i) \leftarrow p(i-1) \bigcup q(i-1)$

11.   删除集合 $p(i)$ 中的受控跳跃点

12. $P \leftarrow P \bigcup p(i)$ //将当前跳跃间断点集加入背包价值的全部跳跃间断点集

13. End For

14. Return P

由于计算 $q(i-1)$ 和 $p(i)$ 的时间复杂度均为 $O(|p(i-1)|)$，而跳跃间断点的个数 $|p(i-1)|$ 不会超过 2^{i-1}，且有 $1 \leqslant i \leqslant n$，因此，计算跳跃间断点集的时间复杂度为 $O\left(\sum\limits_{i=1}^{n} 2^{i-1}\right) = O(2^n)$，即算法 5.2 的时间复杂度为 $O(2^n)$。

对于例 5.1 中的 0-1 背包问题实例，使用算法 5.2 可得到：

① 初始 $p(0)=\{(0,0)\}$，$(w_1,v_1)=(2,6)$，那么 $q(0)=\{(2,6)\}$，$p(1)=\{(0,0),(2,6)\}$；

② $(w_2,v_2)=(2,3)$，那么 $q(1)=\{(2,3),(4,9)\}$，$p(2)=\{(0,0),(2,6),(4,9)\}$；

③ $(w_3,v_3)=(6,5)$，那么 $q(2)=\{(6,5),(8,11),(10,14)\}$，$p(3)=\{(0,0),(2,6),(4,9),(8,11),(10,14)\}$；

④ $(w_4,v_4)=(5,4)$，那么 $q(3)=\{(5,4),(7,10),(9,13)\}$，$p(4)=\{(0,0),(2,6),(4,9),(7,10),(8,11),(9,13),(10,14)\}$；

⑤ $(w_5,v_5)=(4,6)$，那么 $q(4)=\{(4,6),(6,12),(8,15)\}$，$p(5)=\{(0,0),(2,6),(4,9),(6,12),(8,15)\}$。

回溯跳跃间断点集，即可得到物品装备背包的最优策略。

然而，对于实际应用来说，动态规划算法的时间复杂度仍然过高，因此，可采用第 4 章的贪心法对其进行近似求解。首先计算每种物品的单位质量价值 v_i/w_i，然后按照单位质量价值对物品进行非升序排序，根据贪心选择策略优先选择当前单位质量价值最大的物品，直到背包不能再装入任何物品。使用贪心法近似求解 0-1 背包问题时，计算物品单位质量价值并排序的时间复杂度为 $O(n\log n)$，通过贪心选择将物品加入背包的时间复杂度为 $O(n)$，因此，算法的时间复杂度为 $O(n\log n)$，此时得到的解不一定为最优解。

针对前述例子，使用贪心法首先计算各个物品的单位质量价值 $\{3,1.5,0.83,0.8,1.5\}$，按照单位质量价值对物品进行排序得到 $\{$物品 1，物品 2，物品 5，物品 3，物品 4$\}$，首先装入物品 1，背包价值为 6，剩余空间为 8；接着装入物品 2，背包价值为 9，剩余空间为 6；接着装入物品 5，背包价值为 15，剩余空间为 2，此时无法再装入任何物品，总价值达到最大。

5.3 Python 程序示例

本节给出 Python 程序示例,实现 0-1 背包问题的动态规划算法(算法 5.1)。

程序示例 5.1

```
1.  #计算价值矩阵 b
2.  def dynamic_plan(n, c, w, v):
3.      b = [[-1 for j in range(c + 1)] for i in range(n + 1)]
4.      for j in range(c + 1):
5.          b[0][j] = 0
6.      for i in range(1, n + 1):
7.          for j in range(1, c + 1):
8.              b[i][j] = b[i - 1][j]
9.              if j >= w[i - 1] and b[i][j] < b[i - 1][j - w[i - 1]] + v[i - 1]:
10.                 b[i][j] = b[i - 1][j - w[i - 1]] + v[i - 1]
11.     return b
12.
13.
14. #输出选择的物品
15. def need_goods(n, c, w, b):
16.     print('最大价值为:', b[n][c])
17.     x = [False for i in range(n)]
18.     j = c
19.     for i in range(1, n + 1):
20.         if b[i][j] > b[i - 1][j]:
21.             x[i - 1] = True
22.             j -= w[i - 1]
23.     print('选择的物品为:')
24.     for i in range(n):
25.         if x[i]:
26.             print(f'第 {i} 个,', end='')
27.     print('')
28.
29.
30. if __name__ == '__main__':
31.     n = 5
32.     c = 10
33.     w = [2, 2, 6, 5, 4]
34.     v = [6, 3, 5, 4, 6]
35.     b = dynamic_plan(n, c, w, v)
36.     print(b)
37.     need_goods(n, c, w, b)
```

运行结果：

[[0, 0, 0, 0, 0, 0, 0, 0, 0, 0, 0], [-1, 0, 6, 6, 6, 6, 6, 6, 6, 6, 6], [-1, 0, 6, 6, 9, 9, 9, 9, 9, 9, 9], [-1, 0, 6, 6, 9, 9, 9, 9, 11, 11, 14], [-1, 0, 6, 6, 9, 9, 9, 10, 11, 13, 14], [-1, 0, 6, 6, 9, 9, 12, 12, 15, 15, 15]]
最大价值为：15
选择的物品为：
第 0 个，第 1 个，第 4 个

5.4 小   结

动态规划法与贪心法都是将原问题分解为更小的子问题，并试图通过求解子问题产生一个全局最优解。不同的是，贪心法选择当前最优解，做出的每步贪心选择都无法改变，因为贪心策略并不保留上一步之前的最优解；动态规划的全局最优解中一定包含某个局部最优解，但不一定包含前一个局部最优解，因此需记录之前的所有最优解。

动态规划法将原问题分解为多个重叠子问题，先求得子问题的解，再合并这些子问题的解得到原问题的解，其优点在于能保存已解决子问题的解，计算过程中再找出需要的、已求出的子问题答案，这样可避免大量的重复计算。若采用递归算法求解这样的问题，子问题经过多次重复计算，计算次数呈指数性增长。动态规划的本质是以空间换时间，子问题只计算一次，相比递归算法能有效降低时间复杂度。针对具体问题，普通动态规划的空间复杂度也会发生维度爆炸问题，这时可使用贪心法等策略近似求解。

习   题

1. 简述动态规划算法的基本思想、使用动态规划算法求解问题的基本步骤。举例说明动态规划算法适用的条件或场景。

2. 动态规划法和分治法有什么共同特点？这两种技术主要存在哪些不同点？

3. 对于如下 0-1 背包问题的实例，背包容量 $W=6$。

物 品	质 量	价 值
1	3	25
2	2	20
3	1	15
4	4	40
5	5	50

（1）给出使用算法 5.1 求解以上 0-1 背包问题的过程。

（2）上面（1）中的实例有多少个不同的最优子集？

（3）一般来说,如何从算法 5.1 所生成的表中判断 0-1 背包问题的实例是否具有多个最优子集?

4. 找零问题以待找零金额 n 和各种面额 $d_1, d_2, \cdots, d_m$ 的数量无限的硬币,使找零硬币数最小。设计一个动态规划算法求解找零问题,得到金额 n 的找零硬币的最少个数或指出该问题无解。

5. 某国际航空公司在世界范围有 n 个国际机场。第 i 个国际机场到中心机场的距离为 $d_i (i=1,2,\cdots,n)$。从国际机场 j 到国际机场 i 的飞行费用为 $w(i,j)=s+(d_i-d_j)^2$,s 为地面加油费用。从任何国际机场飞往中心机场的飞机可以在任一国际机场加油后继续飞行。飞机加油问题要求确定从距中心机场最远的国际机场飞到中心机场的最少费用。设计一个动态规划算法求解飞机加油问题,并分析其时间复杂度。

第6章 回 溯 法

6.1 回溯法概述

近年来,随着教育模式的更新,越来越多的高校允许学生根据自身喜好和条件进行个性化选课,学生在自主安排学习课程的同时也遇到了选课的困难。例如,一名教师在一个时间段内只能讲授一门课程,一名教师在一学期内可开设不同课程,学生在同一个时间段内只能选学一门课程,每名学生在学期内需按学校要求修够所要求的学分。学生在自主选课过程中会受到授课教师、开设课程、时间段等独立因素的影响,如图 6.1 所示。这就可能导致学生在选择"教师甲"开设的"课程 A"时,由于时间冲突而无法选择"教师乙"开设的"课程 D",也可能导致学生课程的学分数不能满足学校要求等问题。简单的做法是,通过蛮力法将所有可能的选课结果都列出来,然后选择满足条件的结果,但是当独立因素增加时,列出所有可能的结果将带来巨大的代价,这种策略并不现实。若在选课过程中基于已选课程去选择其他课程,尽量避免后选择的课程与之前选择的课程冲突;若无法避免冲突产生,就尝试修

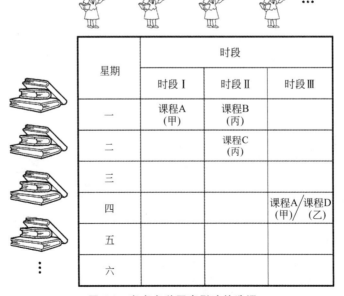

星期	时段		
	时段 I	时段 II	时段 III
一	课程A (甲)	课程B (丙)	
二		课程C (丙)	
三			
四			课程A／课程D (甲)　(乙)
五			
六			

图 6.1　考虑多种因素影响的选课

改上一门已选课程,再进行尝试,直到找到所有适合的课程为止。这种通过采用"步步为营"和"及时纠错"的策略实现合理选课的方法,体现了回溯法的思想。

回溯法(Backtrack)是以深度优先策略系统搜索问题所有可能解的算法。具体而言,回溯法要从待解决问题中确定合适的解空间(至少包含一个解),解空间的结构会直接影响问题求解的效率,为了能更快捷地搜索整个解空间,可用一棵树来描述解空间,通常将这棵树称为解空间树,回溯法采用深度优先策略搜索解空间树。

子集树和排列树是回溯法中常用的两类解空间树。当所给问题是从 n 个元素的集合中找出满足某种性质的子集时,相应的解空间树称为子集树。例如,4-后问题的解空间树是一棵子集树,如图 6.2 所示。这类子集树通常有 n^n 个叶子节点,遍历子集树的时间复杂度为 $O(n^n)$。当所给问题是确定 n 个元素满足某种性质的排列时,相应的解空间树称为排列树。例如,n 个顶点的旅行售货员问题的解空间树是一棵排列树,如图 6.3 所示,这类排列树通常有 $(n-1)!$ 个叶子节点,遍历排列树的时间复杂度为 $O(n!)$。

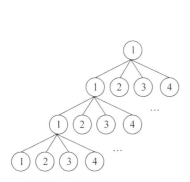

图 6.2　4-后问题的子集树

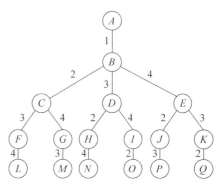

图 6.3　旅行售货员问题的解空间树

回溯法搜索解空间树时,通常采用两类策略来避免无效搜索,从而提高搜索效率:一类是使用约束函数在扩展节点处剪去不满足约束的子树;另一类是使用限界函数剪去不可能得到最优解的子树,这两类函数统称为剪枝函数。

算法从根节点出发以深度优先策略搜索整个解空间树,开始节点称为活节点,同时也称为当前扩展节点。活节点是指本身及其父节点均满足约束函数的节点。扩展节点是指当前准备遍历其子节点的节点,在深度优先算法中,只允许有一个扩展节点。判断解空间树中当前扩展节点是否包含待解决问题的解,若不包含,则跳过对以该节点为根的子树的搜索,并向其祖先节点回溯,同时将该节点标记为死节点;若包含,则进入该子树,继续以深度优先策略遍历子树。回溯法通过在解空间树中递归地搜索,直至找到所有解或解空间中已无活节点为止。使用回溯法求问题的所有解时,需回溯到根,且根节点的所有子树都搜索完。

回溯法适合解决满足约束的搜索问题,优点在于结构明确、可读性强、易于理解,且通过对问题的分析和实施剪枝策略可大大提高算法的运行效率;缺点在于可能需要较大的计算开销,才能得到问题的解。在解决学生选课、员工排班、司机调度等需满足约束条件的搜索问题时,回溯法可有效提高搜索效率。该方法也适用于求解组合数较大的问题,例如 n-后问题和旅行售货员问题等。

本章以 n-后问题为代表，介绍回溯法的基本思想和算法的主要步骤，并分析算法的时间复杂度。

6.2 n-后问题的回溯算法

6.2.1 问题描述

n-后问题由国际西洋棋棋手马克斯·贝瑟尔于 1848 年提出，需在 $n \times n$ 格的棋盘上放置彼此不受攻击的 n 个皇后。按照国际象棋的规则，皇后可攻击与之处在同一行或同一列或同一斜线上的棋子。n-后问题等价于在 $n \times n$ 格的棋盘上放置 n 个皇后，任何两个皇后不放在同一行或同一列或同一斜线上，图 6.4 给出 $n=4$ 时该问题的一个解。

图 6.4 4-后问题的一个解

6.2.2 算法步骤

（1）解空间树。

n-后问题的解空间树为子集树。对于 4-后问题，可用完全 4 叉树表示其解空间，如图 6.2 所示。按照深度优先策略，从根节点出发搜索解空间树，通过剪枝函数剪去无解子树，直至找到所有的解或解空间中已无活节点为止。以 4-后问题为例，第一层 1 号节点为根节点（即当前扩展节点），在该扩展节点处继续向第二层的 1～4 号子节点搜索，即可在棋盘第二行的任意列上尝试放置皇后，图 6.5 中用"进阶移动"表示。从第二行的第一列开始，如果皇后放置不符合设定的约束条件，则将皇后向后挪动一列看是否符合条

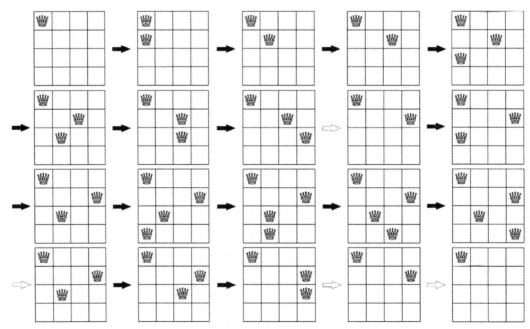

➡进阶移动　⇨回溯移动

图 6.5 4-后问题无解情况

件,如果符合,则放置皇后。当某一行的所有位置都无法放置皇后时,回溯至上一行继续重复之前的尝试,图 6.5 中用"回溯移动"表示。当在棋盘的所有行中都找到了合适的位置放置皇后,说明已经找到一组解,可输出如图 6.4 所示的解。

（2）约束函数。

为提高搜索效率,避免无效搜索,针对问题本身的约束,用约束函数在扩展节点处剪去不满足约束的子树。n-后问题的约束条件可表示为 $|k-j|=|x[j]-x[k]|$ 和 $|x[j]=x[k]|$,其中,j 和 k 分别代表皇后位置的列编号,$x[j]$ 和 $x[k]$ 分别代表不同位置皇后的行编号。若满足约束条件,说明放置的皇后与其他位置的皇后产生冲突,则停止对其子树的搜索,转而继续搜索兄弟节点及其子树。算法 6.1 给出了 n-后问题的约束函数。

算法 6.1 Constraint //n-后问题的约束函数

输入:

  n：皇后的个数

输出:

  True/False：是否满足约束条件

步骤:

1. For $j=1$ To n Do
2.   For $k=1$ To n Do
3.   If $|k-j|=|x[j]-x[k]|$ Or $|x[j]=x[k]|$ Then
4.   Return False
5.   Else
6.   Return True
7.   End If
8.   End For
9. End For

（3）回溯算法。

在使用回溯法求解 n-后问题的过程中,使用递归方法 Backtrack(1)实现对整个解空间的回溯搜索,Backtrack(t)表示搜索解空间中第 t 层子树。在算法 Backtrack 中,当 $t>n$ 时,算法搜索至叶子节点,得到一个新的解,将其输出并将可行方案数加 1。当 $t \leqslant n$ 时,当前扩展节点为解空间树的内部节点,使用约束函数 Constraint()检查该节点的 n 个子节点,并以深度优先方式递归地搜索子树或剪去不可行的子树。算法 6.2 给出了求解 n-后问题的回溯算法。

算法 6.2 Backtrack(t) //第 t 层（即第 t 个皇后）

步骤:

1. If $t>n$ Then   //搜索至叶子节点且有可行解,输出结果
2. $sum \leftarrow sum+1$ //记录当前已找到的可行方案数,初始时 $sum=0$
3. Else
4.   For $i=1$ To n Do
5. $x[t] \leftarrow i$ //遍历当前节点的所有子节点
6.   If Constraint(t) Then   //是否满足约束函数

7.	Backtrack($t+1$)	//递归至下一层
8.	End If	
9.	End For	
10.	End If	

使用递归回溯法求解 n-后问题的时间复杂度为 $O(n^n)$，使用蛮力法求解 n-后问题的时间复杂度为 $O(n!)$，但与蛮力法相比，递归的回溯法可通过剪枝函数将不需遍历的子树删减。当 n 值不同时，蛮力法和回溯法的比较有不同的结论。例如，当 $n=4$ 时，子集树包含 341 个可能节点，采用回溯法生成子集树中的 27 个节点后，便可得到问题的一个解，如图 6.6 所示。蛮力法的时间开销低于回溯法，仅需 4! 次搜索便可找到问题的一个解，如图 6.7 所示。当 n 较大时，回溯法相对于蛮力法的优势才显现出来，例如，$n=8$ 时，回溯法仅需 114 次搜索就可找到问题的一个解，而蛮力法则需要 8! 次搜索。比较回溯法和蛮力法的时间复杂度，可以得出如下结论：当 n 较小时，蛮力法优于回溯法；当 n 较大时，回溯法优于蛮力法；n 越大，回溯法的优势越显著。

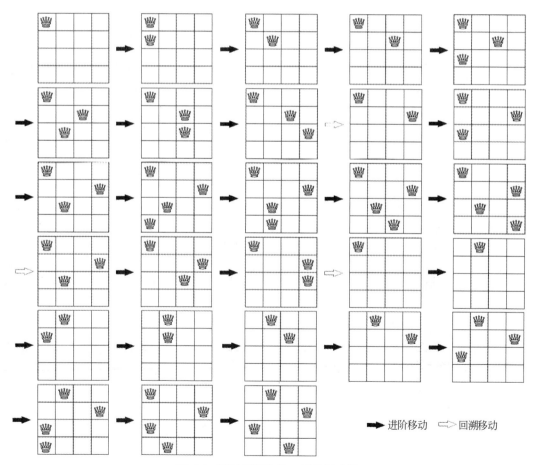

图 6.6　基于回溯法的 4-后问题求解

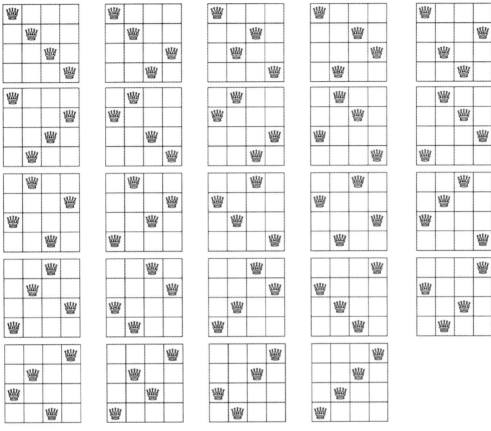

图 6.7 基于蛮力法的 4-后问题求解

6.3 Python 程序示例

本节给出 Python 程序示例,实现求解 n-后问题的回溯算法(算法 6.2)。其中 solve_n_queens()函数用于找出 n-后问题的全部解。

程序示例 6.1

```
1.  def solve_n_queens(n):
2.      grid = [['X' for _ in range(n)] for _ in range(n)]
3.      N = 2 * n
4.      col, dg, udg = [False] * n, [False] * N, [False] * N
5.      res = []
6.
7.      #回溯法求解 n-后问题
8.      def dfs(u):
9.          if u == n:
10.             temp = []
```

```
11.          for i in range(n):
12.              cur = ''
13.              for j in range(n):
14.                  cur += grid[i][j]
15.              temp.append(cur)
16.          res.append(temp)
17.          return
18.      else:
19.          for i in range(n):
20.              if not col[i] and not dg[u + i] and not udg[n - u + i]:
21.                  col[i] = dg[u + i] = udg[n - u + i] = True
22.                  grid[u][i] = 'Q'
23.                  dfs(u + 1)
24.                  col[i] = dg[u + i] = udg[n - u + i] = False
25.                  grid[u][i] = 'X'
26.
27.      dfs(0)
28.      return res
29.
30.
31. if __name__ == '__main__':
32.     print(solve_n_queens(4))
```

运行结果：

```
[['XQXX', 'XXXQ', 'QXXX', 'XXQX'], ['XXQX', 'QXXX', 'XXXQ', 'XQXX']]
```

6.4　小　　结

　　虽然蛮力法的效率低于回溯法，但在解决一些小规模问题时仍可使用蛮力法，同时蛮力法也可作为准绳来检验回溯法得到的结果是否准确和全面。回溯法和蛮力法都可解决搜索类问题，不同的是，回溯法不需枚举问题的所有可能解，通过剪枝函数可删减不可能存在正确解的子树，设计有效的剪枝函数是回溯法设计的关键所在。

习　　题

　　子集和问题描述如下：求由 n 个正整数构成的集合 $S=\{s_1,s_2,\cdots,s_n\,|\,s_1\leqslant s_2\leqslant\cdots\leqslant s_n\}$ 的子集，子集中元素之和等于一个给定的正整数 d。例如，对于 $S=\{1,2,5,6,8\}$ 和 $d=9$ 的子集和问题，有两个解 $\{1,2,6\}$ 和 $\{1,8\}$。

　　(1) 设计一个求解子集和问题的回溯算法。

　　(2) 给出实例 $S=\{1,2,4,5\}$ 和 $d=11$ 的解空间树。

第7章 分支限界法

7.1 分支限界法概述

为了使大型数据中心的各台服务器的算力资源利用率最大化,同时避免任务分配不均衡导致的高延迟问题,通常采用负载均衡器来分配任务,分配策略可抽象为以下分配问题的求解过程:数据中心接收到 n 项计算请求,负载均衡器需将其分配给 n 台服务器进行并行处理。第 i 台服务器分配到第 j 个任务,对应的处理代价为 $C[i,j]$,负载均衡器将 n 项计算请求分配给 n 台服务器所需的最小代价为任务分配的最优解。例如,有 4 个计算任务请求,需由负载均衡器分配给 4 台服务器,每台服务器对应完成每个任务的代价见表 7.1。

表 7.1 服务器完成任务的代价

服 务 器	任务 1	任务 2	任务 3	任务 4
服务器 1	9	2	7	8
服务器 2	6	4	3	7
服务器 3	5	8	1	8
服务器 4	7	6	9	4

可将表 7.1 转化为如下的代价矩阵 C:

$$C = \begin{bmatrix} 9 & 2 & 7 & 8 \\ 6 & 4 & 3 & 7 \\ 5 & 8 & 1 & 8 \\ 7 & 6 & 9 & 4 \end{bmatrix}$$

那么,上述任务分配问题可抽象为:在一个 4 阶矩阵中逐行抽取一个元素,任意两行所取的元素不能同列,且最终抽取元素之和最小。代价矩阵 C 的维度为 4×4 时,使用穷举法解决该问题的时间复杂度为 $O(4!)$。对于这一规模的问题,负载均衡器能在可接受的时间延迟范围内求解该问题。然而,实际生产环境中的计算请求数量和服务器数量往往都较大,代价矩阵的维度也较高,此时,穷举法将带来巨大的延迟,使其不适用于实际情形,因此,需设计更加高效的算法来帮助负载均衡器求解此类任务分配问题。

事实上,该类任务分配问题的本质是在给定条件下求使目标函数达到最大或最小的最优解。求解这类问题时,首先为总的代价(或成本)设置合理的理论下界,并以此下界作为保

留或淘汰暂时求得解的条件。当求得的解低于该下界时，用该解替换原来的下界，使其成为新的下界，并继续搜索计算新的解，最终得到最优解。上述方法需要求得满足约束条件的最优解，常见的约束条件包括路程长度（货郎担问题）、所选物品价值（背包问题）、分配成本（任务分配问题）等，分支限界法是解决这些问题的经典算法。

类似回溯法，分支限界法也用一棵树来描述解空间，并在问题的解空间树上搜索问题的解；一般情况下，分支限界法与回溯法的求解目标不同，回溯法的目标是找出解空间树中满足约束条件的解，而分支限界法的目标是找出满足约束条件的最优解。由于求解目标不同，分支限界法与回溯法对解空间树的搜索方式也不相同。回溯法以深度优先的方式搜索解空间树，而分支限界法需给定一个初始的边界值，对于树中的每个节点所代表的部分解，需计算出该节点的边界值，并与当前求得的最优值进行比较，如果边界值并不优于当前的最优值，那么该节点就是一个没有意义的节点，由该节点开始生成的解不可能是最优解，则对其进行减枝操作，避免无意义的计算，使得搜索朝着解空间树上有最优解的分支推进，以便尽快找出一个最优解，同时也提高了算法的执行效率。

对于上述任务分配问题，在确定初始下界时，任何解所对应的代价都不会小于代价矩阵中每一行最小元素之和。因此，对于代价矩阵 C 来说，该值为 $2+3+1+4=10$（需要说明的是，所选的 3 和 1 处于同一列，该值仅代表可行解的下界，并非优化问题的可行解），以 10 为初始下界和根节点，构造上述问题的状态空间树。分支限界法在当前树的未终止子节点（称为活节点）中选择下界最小的节点进行扩展，生成其所有子节点。通过使用上述计算方法，可求得各个节点的下界。例如，对于任何在第一行选择了 9（将任务 1 分配给服务器 1，记为"服务器 1←任务 1"）的可行分配，此时的下界为 $9+3+1+4=17$。

使用上述最优目标函数优先的求解方法，解空间树中根节点的下界为 10（记为 $lb=10$），同时也是初始的下界，解空间树的每一层对应一台服务器的任务分配情况。树的第一层节点代表从矩阵第一行中选择了一个元素，例如，把其中一个计算请求分配给服务器 1，对应生成 4 个可能包含最优解的子节点，对应状态节点 1~状态节点 4，其中状态节点 2 的下界最小；根据上述最优查找策略，继续在节点 2 的基础上进行下一步扩展，将任务分配给服务器 2。类似地，逐层扩展，可构造出如图 7.1 所示的解空间树，得到最优解为"服务器 1←任务 2，服务器 2←任务 1，服务器 3←任务 3"，最小代价（记为 c）为 13。

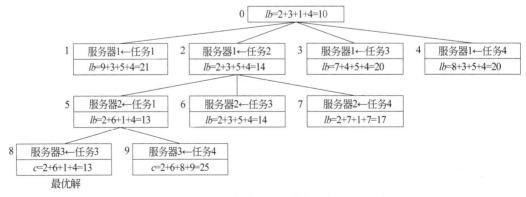

图 7.1 任务分配问题的解空间树

分支限界法以广度优先或最小代价优先的方式建立解空间树,进而求得最优解的计算方法。该算法过程可描述为:以全局最小代价(或最大收益)建立根节点,随后扩展建立其全部活节点(合法子节点),计算得到各个子节点的代价,并选取代价最小(或收益最大)的节点进行扩展;每一个子节点只有一次机会成为下一轮计算的扩展节点,子节点一旦成为扩展节点,便计算生成其所有子节点。在这些子节点中,对不可行解或非最优解的子节点执行减枝操作,将剩余的合法子节点加入活节点列表。随后,从活节点中选取下一轮计算的扩展节点,重复以上计算和扩展过程,直至不再有新的活节点出现。从活节点列表中选择下一个扩展节点,通常使用以下两种方式。

(1)队列式分支限界法。将活节点组织成队列,并按队列的先进先出(First In First Out,FIFO)原则选取下一个活节点作为扩展节点,这种方式也称为广度优先搜索。

(2)优先队列式分支限界法。将所有活节点组成一个优先队列,按照每个状态节点的上(下)界来确定优先级,将优先级最高的节点作为下一个扩展节点。通常使用堆(Heap)来对活节点进行优先级排序,堆顶节点即为下一个扩展节点,这种方法又称为 LC(Least Cost Search)检索,更适合于求解优化问题。

与回溯法类似,有效的剪枝策略是分支限界算法高效执行的重要保证,也是分支限界法有别于穷举搜索最显著的特征。在寻求问题的最优解时,使用剪枝函数避免生成不可能得到最优解的状态,从而加速搜索。通常基于以下 3 类函数来设计剪枝策略。

(1)约束函数。问题定义时需给出的约束条件,不满足约束函数的节点将不被扩展,例如,背包问题中装入背包的物品质量不能超过背包容量。

(2)目标函数。问题的解应满足的目标函数,拟从满足约束条件的解中找出使目标函数值达到最大或最小的解,需给出一个关于该函数的上(下)界,以此作为剪枝的判断依据。

(3)限界函数。用于记录基于当前节点可求得的最优值,若超出上(下)界,则该节点被剪枝;还可作为节点优先级的准则,用于对活节点列表中的节点进行排序,优先扩展限界函数值最优的节点。

分支限界法广泛用于求解实际中大量的离散优化问题。本章以 0-1 背包问题为代表,介绍分支限界法的基本思想和算法的主要步骤,并分析算法的时间复杂度。

7.2　0-1 背包问题的分支限界算法

本书 5.2 节给出了 0-1 背包问题的描述:有 n 种物品和一个容量为 c 的背包,物品 i 的质量和价值分别为 w_i 和 v_i,且每种物品只可选择一次,如何选择装入背包中的物品,使得装入物品的总价值最大?下面分别采用上述两种不同的节点扩展方式给出求解 0-1 背包问题的分支限界算法。

7.2.1　广度优先搜索分支限界算法

0-1 背包问题的解空间用子集树描述,树的每一层对应一种物品是否装入背包的情形,使用物品是否装入背包的状态作为树的节点,每个非叶子节点都生成两个子节点,分别对应物品是否装入背包(分别用 1 和 0 表示)。

使用广度优先搜索方式求解 0-1 背包问题,基本思想是:按照广度优先的方式,根据 FIFO 原则按先后顺序对活节点队列中的节点进行扩展,对于当前扩展节点,考查其左、右两个子节点对应的状态,若该状态下背包中物品质量之和不超过背包容量,则将子节点加入活节点队列,并将当前扩展节点从队列中去除。重复执行该过程,直到找到一个解或队列为空(找到所有可行解)。算法 7.1 给出了求解 0-1 背包问题的广度优先搜索分支限界算法。

算法 7.1 广度优先搜索分支限界算法

输入:

c:背包容量;l:物品质量和价值对$\{(w_1,v_1),(w_2,v_2),\cdots,(w_n,v_n)\}$;

r:未装入任何物品时解空间树的根节点

输出:

v:最优解对应的装入背包物品的总价值

步骤:

1. 初始化:活节点队列 $q\leftarrow\phi$;最优值 $v\leftarrow0$;物品列表指针 $i\leftarrow1$
2. $q.\text{append}(r)$ //根节点加入队列,初始时装入背包物品的总质量和总价值均为 0
3. While q Do   //队列不为空
4. $s\leftarrow\text{len}(q)$ //记录解空间树中当前层包含的节点数
5.   For $j=1$ To s Do
6. $(cw,cv)\leftarrow q.\text{pop}()$
     //弹出队首节点,得到当前状态下装入背包物品的总质量和总价值,分别表示为 cw 和 cv
7. $v\leftarrow\max\{v,cv\}$ //更新最优值
8. $nw1\leftarrow cw+l[i,1]$ //尝试装入下一种物品
9. $nv1\leftarrow cv+l[i,2]$ //计算新节点所获价值
10.   If $nw1\leqslant c$ Then   //总质量不超过背包容量
11. $nn1\leftarrow\text{node}(nw1,nv1)$ //建立左子节点
12. $q.\text{append}(nn1)$ //将左子节点加入队列,位于队尾
13.   End If
14. $nn2\leftarrow\text{node}(cw,cv)$ //建立右子节点
15. $q.\text{append}(nn2)$ //将右子节点加入队列,位于队尾
16.   End For   //当前层的节点扩展完毕
17. $i\leftarrow i+1$ //更新物品列表指针位置到下一种物品
18. End While
19. Return v

例 7.1 对于如下 0-1 背包问题:4 种物品的质量和价值分别为$\{4,7,5,3\}$和$\{40,42,25,12\}$,背包容量为 10,图 7.2 给出了其完整的解空间树。使用算法 7.1 扩展解空间树的过程如下。

① 初始时,根节点 A 为当前扩展节点,其子节点 B 和 C 均为可行节点,分别代表是否将物品 1 装入背包,两个状态下装入背包物品的总质量均未超过背包容量,则将节点 B 和 C 加入活节点队列,并去除节点 A。

② 根据 FIFO 原则,对于当前扩展节点 B,其子节点 D 和 E 分别代表是否将物品 2 装

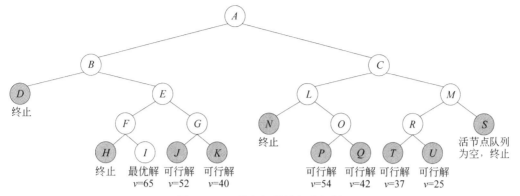

图 7.2 0-1 背包问题的解空间树

入背包。如果装入物品 2，则总质量为 $4+7>10$，超过了背包容量，因此，节点 D 被舍弃，将节点 E 加入活节点队列，并去除节点 B。节点 C 代表不装入物品 1，其子节点 L 和 M 分别代表在不装入物品 1 的前提下是否装入物品 2，装入物品 2 时总质量为 7，不装入时质量为 0，均未超过背包容量，因此，将节点 L 和 M 按顺序加入活节点队列，并去除节点 C。此时，队列中的节点按照加入的先后顺序为 E、L 和 M。

③ 以类似的方式，依次考查是否将物品 3 和物品 4 装入背包的情形。当活节点队列为空时，在所有可行解中，节点 I 对应装入背包物品的价值（记为 v）最大，将其作为结果返回，此时装入背包物品获得最大价值 65。

7.2.2 优先队列式分支限界算法

使用广度优先搜索分支限界算法求解 0-1 背包问题，计算过程需遍历所有可能的节点，效率不够高。使用优先队列式分支限界算法，每次选择优先级最高的节点作为扩展节点，可大大提高算法的执行效率。在对节点进行优先级排序时，可考虑如下两种方法：使用活节点价值和使用限界函数作为优先级准则。

（1）使用活节点价值。

通过计算物品的单位质量价值，可对活节点按其价值进行从高到低的排序，对于 $n=4$ 和 $c=10$ 的 0-1 背包问题，排序结果见表 7.2。根据物品的单位质量价值从高到低的顺序依次选取活节点，即优先顺序为"物品 1、物品 2、物品 3、物品 4"，除了按照优先顺序（而不是广度优先方式）来选取物品外，构建状态空间树的过程与 7.2.1 节中的方法相同。

表 7.2 物品的单位质量价值排序

物 品 名 称	质 量	价 值	单位质量价值
物品 1	4	40	10
物品 2	7	42	6
物品 3	5	25	5
物品 4	3	12	4

（2）使用限界函数。

使用限界函数来判断是否生成当前扩展节点的子节点，需确定限界函数的下界和上界。对于 0-1 背包问题，根据物品的单位质量价值排序，物品 1 的单位质量价值最高，物品 4 的单位质量价值最低。因此，根据贪心法可得到背包价值下界为 40（即背包中只装入物品 1），所有低于该下界的节点都无须进行扩展，而需进行剪枝处理。对于背包价值上界（记为 ub）的计算，一种常用的方法是使用已装入物品的总价值 v 加上背包剩余可用容量 $c-w$（w 为已装入物品的总质量）与剩下待选择物品的最高单位质量价值的乘积 $v_{u\max}$（$v_{u\max}=\max\{v_j/w_j\}$，$i+1\leqslant j$，$i$ 为已经建立其解空间树节点的层数），则可得到如下的上界计算公式。

$$ub = v + (c - w) \times v_{u\max} \tag{7-1}$$

对于例 7.1 中的 0-1 背包问题，基于限界函数构建的解空间树如图 7.3 所示。树中任意层的每个节点，都是从每种物品经过其单位质量价值从高到低排序后所形成的优先队列中选择出来的一种特定情形。每个节点的左、右分支分别表示是否选择下一种物品，这与广度优先搜索方式中的节点构成不同，已装入背包物品的总质量 w 和相应的总价值 v 都记录在解空间树的节点中，不同选择对应的上界 ub 也被记录下来。

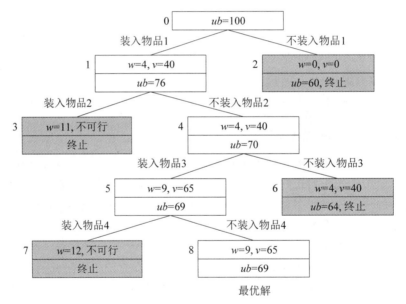

图 7.3 优先队列式分支限界法

初始时未选择任何物品，已装入背包物品的总质量 w 和总价值 v 都为 0，此时由式（7-1）可计算出价值上界 $ub=100$。根节点的左子节点 1，代表将物品 1 装入背包后的状态，装入背包物品的总质量和总价值分别为 4 和 40，上界 $ub=40+(10-4)\times(42/7)=76$；根节点的右子节点 2 代表不将物品 1 装入背包的状态，相应的总质量和总价值都为 0，上界 $ub=0+(10-0)\times(42/7)=60$。由于 0-1 背包问题的解需总价值最大，因此当节点 1 的上界比节点 2 的上界大时，优先扩展节点 1，从而生成节点 1 的左子节点 3 和右子节点 4，分别代表装入物品 1 的前提下是否装入物品 2 的状态。由于节点 3 所代表的装入背包物品的总质量超过了背包容量，因此节点 3 不合法；节点 4 所代表状态的装入物品总质量和总价值与其父节点 1 相同,上界 $ub=40+(10-4)\times(25/5)=70$,高于节点 2 的上界,因此选择节点 4 进行下一次扩展。使用类似方法扩展生成节点 5～节点 8,最后节点 8 所代表的装入背包物品 {物品 1,物品 3} 即为问题的最优解。

以上解空间树构建和搜索中的上界最大节点的选取,通常采用堆来实现,即每次生成合法节点后,其质量、价值、上界的信息都被存入堆中,且以其上界为依据进行排序,从而使堆顶元素为上界最大的节点,随后去除该节点,执行解空间树中节点的扩展操作,加入其合法子节点信息,直至获得最优解。算法 7.2 给出了求解 0-1 背包问题的优先队列式分支限界法。

算法 7.2 优先队列式分支限界算法

输入:

 c:背包容量;

 $l=\{(u_1,w_1,v_1),(u_2,w_2,v_2),\cdots,(u_n,w_n,v_n)\}$:物品单位质量价值、物品质量、物品价值构成的三元组列表,按照物品的单位质量价值从高到低排序;

 r:未装入任何物品时解空间树的根节点

输出:

 v:最优解所对应装入背包物品的总价值

步骤:

1. 初始化:生成最大堆 $h \leftarrow \phi$,最优值 $v \leftarrow 0$
2. $h.\text{push}(r)$ //根节点加入堆,以解空间树中节点的上界为堆中节点的值
3. While h Do   //当堆不为空时,选择具有最大上界(即最高优先级)的节点
4. $(cw,cv,un,i) \leftarrow h.\text{pop}()$
     //从堆顶取出上界最大的节点进行扩展,解空间树中的节点包括当前装入背包物品的总质量、总价值、上界、物品列表指针,分别表示为 cw、cv、un 和 i
5. $v \leftarrow \max\{v,cv\}$ //更新最优解值
6. If $ub \geqslant v$ Then   //当前装入背包物品总价值不超过上界时执行
7. $nw \leftarrow cw + l[i,2]$ //选取下一种物品
8.   If $nw \leqslant c$ And $i < \text{len}(l)$ Then   //加入新物品
9. $nv \leftarrow cv + l[i,3]$ //更新所获价值
10.   根据式(7.1)计算新节点上界 $ub1$ //装入新物品
11. $nn1 \leftarrow \text{node}(nw,nv,ub1,i+1)$
12. $h.\text{push}(nn1)$ //装入物品,新节点加入堆
13.   End If
14.   根据式(7.1)计算新节点上界 $ub2$ //不装入新物品
15. $nn2 \leftarrow \text{node}(cw,cv,ub2,i+1)$ //不装入物品,新节点加入堆
16. End If
17. End While
18. Return v

7.3　Python 程序示例

本节首先给出 Python 程序示例 7.1，实现解决 0-1 背包问题的广度优先搜索分支限界算法（算法 7.1）。其中 b_boundary1()函数使用广度优先搜索分支限界法求出装入背包的物品所获得的最大价值。然后给出 Python 程序示例 7.2，实现解决 0-1 背包问题的优先队列式分支限界算法（算法 7.2），其中 b_boundary2()函数使用优先队列式分支限界法求出装入背包的物品所获得的最大价值。

程序示例 7.1

```
1.  import collections
2.
3.
4.  class StatusNode:
5.      def __init__(self, weight=0, value=0):
6.          self.weight = weight
7.          self.value = value
8.
9.
10. #广度优先搜索分支限界算法
11. def b_boundary1(c, item_list, Root):
12.     res, item_point = 0, 0
13.     que = collections.deque()
14.     que.append(Root)
15.     while que and item_point < len(item_list):
16.         size = len(que)
17.         for _ in range(size):
18.             curnode = que.popleft()
19.             current_weight = curnode.weight
20.             current_value = curnode.value
21.             res = max(res, current_value)
22.             new_weight1 = current_weight + item_list[item_point].weight
23.             new_value1 = current_value + item_list[item_point].value
24.
25.             #装入新物品
26.             if new_weight1 <= c:
27.                 new_node1 = StatusNode(new_weight1, new_value1)
28.                 res = max(res, new_node1.value)
29.                 que.append(new_node1)
30.
31.             #不装入新物品
32.             new_node2 = StatusNode(current_weight, current_value)
33.             que.append(new_node2)
```

```
34.            item_point += 1
35.        return res
36.
37.
38. if __name__ == '__main__':
39.        x1 = StatusNode(4, 40)
40.        x2 = StatusNode(7, 42)
41.        x3 = StatusNode(5, 25)
42.        x4 = StatusNode(3, 12)
43.        root = StatusNode(0, 0)
44.        item_list = [x1, x2, x3, x4]
45.        best_result = b_boundary1(10, item_list, root)
46.        print(f'装入背包的物品所获得的最大价值：{best_result}')
```

运行结果：

装入背包的物品所获得的最大价值：65

程序示例 7.2

```
1.  import heapq
2.
3.
4.  class StatusNode:
5.      def __init__(self, weight=0, value=0, ub=0, point=0):
6.          self.weight = weight
7.          self.value = value
8.          self.upperbound = ub
9.          self.point = point
10.
11.
12. #优先队列式分支限界算法
13. def b_boundary2(c, item_list):
14.     res, init_item_point = 0, 0
15.     init_weight, init_value = 0, 0
16.     init_ub = init_value + (c - init_weight) * item_list[0][0]
17.     Root = StatusNode(init_weight, init_value, init_ub, init_item_point)
18.     heap = []
19.     heapq.heappush(heap, (-init_ub, Root))
20.     cur_item_point = 0
21.     while heap and cur_item_point + 1 < len(item_list):
22.         cur_nag_ub, cur_node = heapq.heappop(heap)
23.         cur_weight = cur_node.weight
24.         cur_value = cur_node.value
25.         cur_ub = cur_node.upperbound
26.         cur_item_point = cur_node.point
```

```
27.          res = max(res, cur_value)
28.          if cur_ub >= res:
29.              new_weight1 = cur_weight + item_list[cur_item_point][1]
30.
31.              #装入新物品
32.              if new_weight1 <= c:
33.                  new_value1 = cur_value + item_list[cur_item_point][2]
34.                  res = max(res, new_value1)
35.                  new_ub1 = new_value1 + (
36.                      c - new_weight1) * item_list[cur_item_point + 1][0]
37.                  new_node1 = StatusNode(new_weight1, new_value1, new_ub1,
38.                                  cur_item_point + 1)
39.                  heapq.heappush(heap, (-new_ub1, new_node1))
40.
41.              #不装入新物品
42.              new_ub2 = cur_value + (c - cur_weight) \
43.                  * item_list[cur_item_point +1][0]
44.              new_node2 = StatusNode(cur_weight, cur_value, new_ub2,
45 .                              cur_item_point + 1)
46.              cur_item_point = cur_item_point + 1
47.              heapq.heappush(heap, (-new_ub2, new_node2))
48.     return res
49.
50.
51. if __name__ == '__main__':
52.     item_list = [(10, 4, 40), (6, 7, 42), (5, 5, 25), (4, 3, 12)]
53.     best_result = b_boundary2(10, item_list)
54.     print("装入背包的物品所获得的最大价值:", best_result)
```

运行结果：

装入背包的物品所获得的最大价值：65

7.4 小　　结

　　作为一类求解优化问题的经典算法，分支限界法主要用于在满足约束条件的解中找出在某种意义下的最优解，对于离散组合优化问题具有良好的表现。分支限界法以广度优先或最优目标优先的方式搜索解空间树，使用约束条件或限界函数对解空间树中的不合法节点进行剪枝并终止搜索，从而提高算法的执行效率。如何选择活节点的生成顺序，科学地设计限界函数，方便高效地计算上界（或下界），是分支限界法能有效解决实际问题的关键因素，也是这类算法设计中需重点考虑的问题。大量实践表明，分支限界法在优化问题的求解中具有显著优势，效率高于回溯法，但建立在良好的限界函数设计的基础上，因此算法设计和编程实现也相对比较困难。

习　　题

分配问题描述如下：将 n 个任务分配给 n 个人执行，每个人只分配一个任务，每个任务只分配给一个人，将第 j 个任务分配给第 i 个人的成本是 $C[i,j]$，找出总成本最小的分配方案。一个分配问题的实例可用如下所示的成本矩阵 C 表示。

人　　员	任务 1	任务 2	任务 3	任务 4
人员 1	9	2	7	8
人员 2	6	4	3	7
人员 3	5	8	1	8
人员 4	7	6	9	4

基于 $n \times n$ 的成本矩阵，以上分配问题的求解，就是从矩阵的每一行中选取一个元素，使得任何两个元素都不在同一列上，并使它们的和尽可能小。

（1）设计一个求解分配问题的分支限界算法；

（2）给出一个对于(1)中算法的最优输入的例子，并计算其解空间树包含的节点数。

提　高　篇
数据挖掘算法

数据挖掘也称知识发现，是将数据转化为信息或知识的计算机技术。分类、聚类、异常检测、频繁模式挖掘、链接分析和概率推理等许多耳熟能详的经典数据挖掘模型和算法，广泛应用于实际中，为数据分析和决策支持提供了有效的解决方案，在其基础上产生了一系列重要的研究成果。经典数据挖掘算法，是针对新应用和新问题的新模型构建和新算法设计的重要思想源泉，在数据挖掘和数据密集型计算领域都产生了深远的影响，也是读者针对具体应用进行问题求解和算法拓展，学习更前沿的数据分析和机器学习技术的基础。

提高篇介绍数据挖掘算法。第 8 章以决策树、支持向量机、贝叶斯分类为代表介绍分类算法，第 9 章以 k-均值算法为代表介绍聚类算法，第 10 章以局部异常因子算法为代表介绍异常检测算法，第 11 章以 Apriori 算法为代表介绍频繁模式挖掘算法，第 12 章以 PageRank 算法为代表介绍链接分析算法，第 13 章以基于贝叶斯网的概率推理算法为代表介绍概率推理算法，各章也给出相应的思考题。

第8章 分类算法

8.1 分类算法概述

随着互联网的快速发展、迅速普及和广泛应用,网上购物成为一种趋势。如何快速精准地实现用户分群,预测未来一段时间内哪些客户会流失,哪些客户最有可能成为 VIP 客户? 如何预测一种新产品的销售量,以及这种新产品在哪种类型的客户中较受欢迎? 如何对客户的某些特征进行分类,圈选具有共同特征的用户,提供个性化的购物体验? 这些电商应用中存在的实际问题,可使用分类算法解决。

数据分类(Classification)的目的是根据新数据样本的属性,将其分配到一个正确的类别中。分类分析属于有监督的学习(Supervised Learning),用预测方法来确定给定数据样本的类标号,广泛应用于图片识别、信誉证实、医疗诊断、异常检测和情感分析等领域。为建立模型而被分析的数据构成训练数据集,其中的单个数据称为训练样本。为提高分类结果的准确性、有效性和可伸缩性,可在分类分析之前先对待分类的数据进行预处理和清洗,消除或减少数据噪声。

经典的单一分类算法包括决策树(Decision Tree)、k-近邻(k-Nearest Neighbor)、支持向量机(Support Vector Machine)、贝叶斯(Bayesian)分类、人工神经网络(Neural Network)、关联分类(Association Classification)等。决策树和 k-近邻是基于实例计算的分类算法;支持向量机是基于超平面,以分类间样本间的距离最大化为原则的分类算法;贝叶斯是基于概率统计理论的分类算法;人工神经网络是应用类似大脑神经突触连接结构进行信息处理的数学模型;关联分类是基于关联规则的分类算法。针对实际应用的复杂性和数据的多样性,研究人员将多种单一分类方法进行融合,提出了以 Bagging 和 Boosting 等为代表的集成学习方法。

作为关联分类的核心,关联规则挖掘算法将在第 11 章介绍;针对不同数据分析任务的人工神经网络,将在新技术篇的深度学习算法中进行详细介绍。本节以决策树、支持向量机、贝叶斯分类这 3 个经典的单一算法为代表,介绍分类算法的基本思想和执行步骤,并分析算法的时间复杂度。

8.2 决 策 树

决策树分类算法,旨在从实例中构造用于表示分类规则的决策树,用决策树描述属性和类别之间的关系,对于新样本采用自顶向下递归的方式,从根节点开始在树中的内部节点进

行属性比较,并根据不同的属性值判断该节点之下的分支,在决策树的叶子节点得到分类结果。决策树分类算法能清晰地生成基于特征选择的不同预测结果的树状结构,算法简单、容易理解,数据分析师可使用该算法更好地理解手上的数据,初学者可基于该算法较直观地理解分类器的基本思想,该算法也是随机森林和 AdaBoost 等算法的基础。下面介绍决策树的概念、构造算法、分类规则的提取。

8.2.1　基本概念

决策树是一个类似于流程图的树结构,其中每个内部节点表示在一个属性变量上的测试,每个分支代表一个测试输出,每个叶子节点代表类或分布,树的最顶层节点是根节点。图 8.1 给出一棵描述概念 buys_computer 的决策树示例,其中,内部节点用矩形表示,叶子节点用圆表示。buys_computer 描述"顾客是否购买计算机"的概念,其值为 yes 或 no,各代表一个类。属性变量 *age* 代表顾客的"年龄", *student* 代表顾客"是否为学生", *credit_ rating* 代表"客户信贷"。

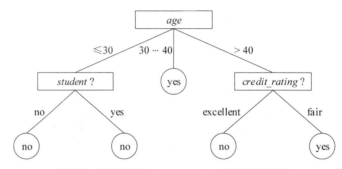

图 8.1　描述概念 buy_computer 的决策树示例

当需要预测一个未知样本的类别时,沿着该决策树以自顶向下递归的方式,在树的每个节点将该样本的变量值和该节点变量的阈值进行比较,然后选取合适的分支,从而完成分类。将决策树转换成分类规则,成为业务规则归纳系统的基础。

8.2.2　构造算法

构造决策树的基本策略是递归地分裂输入变量空间的各个单元。分裂给定单元的基本算法是贪心算法,它采用分而治之(Divide and Conquer)的思想以自顶向下各个击破的方式递归地进行。这里假设所有的变量(或称属性)都是离散的,对于连续值的属性,先进行离散化处理。ID3 是著名的单变量决策树归纳算法,该算法理论清晰、方法简单、学习能力强。本节介绍 ID3 算法的基本思想和关键步骤,是读者学习其他决策树构造算法的基础。

(1) 选择测试变量。

如果某个节点样本都在同一个类,则该节点成为叶子节点,并用该类标记;否则,使用基于熵定义的信息增益(基于熵的度量)作为启发信息,选择能够最好地将样本分类的属性变量,该变量成为该节点的"测试"或"决策"变量。

（2）递归分裂。

对测试变量的每个已知的值创建一个分支，并据此划分样本；使用同样的过程，递归地形成每个分裂上的样本决策树。一旦一个属性变量出现在一个节点上，就不必考虑该变量出现在该节点的任何后代上。

（3）递归分裂步骤停止，仅当下列条件之一成立。

① 给定节点的所有样本属于同一类。

② 没有剩余属性变量可用来进一步分裂样本。

③ 一个分支没有样本。

对于②和③，将给定节点转换为叶子节点，并使用多数表决规则，用样本中的绝大多数所在的类来标记该叶子节点。

需要强调的是，上述步骤选择具有最高信息增益的变量作为当前节点的测试变量，该变量使得对结果划分中的样本分类所需的信息量最小，并反映了划分的最小随机性。这种基于信息论的方法，使得对一个实例进行分类所需的期望测试数目达到最小，并确保能够找到一棵决策树（其基本算法是贪心法，决策树未必最优）。

下面讨论测试变量的选择。

设 S 是 s 个带有类标记的数据样本的集合，F 是 n 个属性变量的集合，假设 m 个类 $\{c_1, c_2 \cdots, c_m\}$，s_i 是类 c_i 中的样本数，对每一个给定的样本分类所需的期望信息为

$$I(s_1, s_2, \cdots, s_m) = -\sum_{i=1}^{m}(p_i \cdot \log p_i) \tag{8-1}$$

其中，p_i 为任意样本属于 c_i 的概率，用 s_i/s 估计。

设属性变量 $A = \{a_1, a_2, \cdots, a_v\}(A \in F)$，可用 A 将 S 划分为 v 个子集 $\{S_1, S_2, \cdots, S_v\}$，其中，$S_j$ 是 S 中在 A 上具有值 a_j 的样本集，设 s_{ij} 为子集 S_j 中类 c_i 的样本数，那么由 A 分裂成子集的熵或期望信息为

$$E(A) = \sum_{j=1}^{v} \frac{s_{1j} + s_{2j} + \cdots + s_{mj}}{s} I(s_{1j} + s_{2j} + \cdots + s_{mj}) \tag{8-2}$$

熵值越小，子集分裂的纯度越高。对于给定子集 S_j 的期望信息为

$$I(s_{1j}, s_{2j}, \cdots, s_{mj}) = -\sum_{i=1}^{m}(p_{ij} \cdot \log p_{ij}) \tag{8-3}$$

其中，p_{ij} 为 S_j 中的样本属于类 c_i 的概率。

由此，以 A 作为测试变量（即在 A 上分裂）所获得的信息增益为

$$Gain(A) = I(s_1, s_1, \cdots, s_m) - E(A) \tag{8-4}$$

为了构造决策树，首先计算每个属性变量的信息增益，将具有最高信息增益的变量作为测试变量，则创建一个节点，并用该变量标记，对该变量的每个值创建分支，并由此分裂样本。算法 8.1 给出了上述决策树的构造方法。

算法 8.1　createDecisionTree //决策树构造

输入：

　　S：带有类标记的训练数据集；F：属性变量集；ε：信息增益阈值

输出：

T：决策树（类标记）

步骤：

1. If S 中所有样本属于同一个类 $c_k(1 \leqslant k \leqslant m)$ Then
2. T 为单节点树，将类 c_k 作为该节点的类标记
3.   Return T
4. End if
5. If $F = \varnothing$ Then   //没有剩余属性变量可以用来进一步分裂样本
6. T 为单节点树，通过多数表决将 S 中实例最多的类 c_k 作为该节点的类标记
7.   Return T
8. End If
9. $A_g \leftarrow \arg \max\{Gain(A), A \in F\}$ //使用式（8-4）计算具有最大信息增益的属性变量
10. If $Gain(A_g) < \varepsilon$ Then
11. T 为单节点树，通过多数表决将 S 中实例最多的类 c_k 作为该节点的类标记
12.   Return T
13. Else
14.   For $j = 0$ To v Do   //考察 A_g 的每一个可能取值
15.   得到 S 中在 A_g 上具有 a_j 值的样本集 S_j
16.   createDecisionTree(S_j, $F\backslash\{A_g\}$, ε) //递归生成子节点
17.   End For
18. End if

若用 $|T|$ 表示基于算法 8.1 所构造决策树的深度，则算法 8.1 的时间复杂度为 $O(s \times n \times |T|)$。下面通过一个例子，展示算法 8.1 的执行过程。

例 8.1 由表 8.1 中的训练数据集构造概念 buy_computer 的决策树。

表 8.1　取自 AllElectronics 数据库的训练数据集

age	income	student	credit_rating	Class：buy_computer
$\leqslant 30$	high	no	fair	no
$\leqslant 30$	high	no	excellent	no
$31\cdots40$	high	no	fair	yes
>40	medium	no	fair	yes
>40	low	yes	fair	yes
>40	low	yes	excellent	no
$31\cdots40$	low	yes	excellent	yes
$\leqslant 30$	medium	no	fair	no
$\leqslant 30$	low	yes	fair	yes
>40	medium	yes	fair	yes
$\leqslant 30$	medium	yes	excellent	yes

age	income	student	credit_rating	Class：buy_computer
31…40	medium	no	excellent	yes
31…40	high	yes	fair	yes
>40	medium	no	excellent	no

buy_computer 有 2 个类,设 c_1 代表 yes,c_2 代表 no,c_1 有 9 个样本,c_2 有 5 个样本。为计算每个属性变量的信息增益,首先根据式(8-1)计算对给定的样本进行分类所需要的期望值:

$$I(s_1,s_2)=I(9,5)=-(9/14)\times \log(9/14)-(5/14)\times \log(5/14)$$

接着,根据式(8-3)和式(8-4)计算 age 变量的信息增益。

对于"≤30":$s_{11}=2,s_{21}=3$,则 $I(s_{11},s_{21})=0.971$;对于"31…40":$s_{12}=4,s_{22}=0$,则 $I(s_{12},s_{22})=0$;对于">40":$s_{13}=3,s_{23}=2$,则 $I(s_{13},s_{23})=0.971$。所以,$E(age)=(5/14)\times I(s_{11},s_{21})+(4/14)\times I(s_{21},s_{22})+(5/14)\times I(s_{13},s_{23})=0.694$,相应地,$Gain(age)=I(s_1,s_2)-E(age)=0.246$。

类似地,可以计算出 $Gain(income)=0.029$,$Gain(student)=0.151$,$Gain(credit\_rating)=0.048$。由于 age 具有最高的信息增益,因此选择它为测试变量,创建 age 节点,进行第一次分裂。这样最终可构造出如图 8.1 所示的决策树。

8.2.3 分类规则的提取

可从已经构造好的决策树中提取形如 If-Then 的分类规则,每条从根节点到叶子节点的路径对应一个规则。具体方法是:沿着给定路径上的每个"属性变量-值"对形成规则的前件(即 If 部分)的一个合取项,叶子节点包含类别预测,形成规则的后件(即 Then 部分)。这样的规则易于理解,特别是决策树较大时该特点尤其显著。由于一个给定的样本可能不满足任何规则前件,因此通常将一个指定大多数类的缺省规则添加到结果规则集中。

例 8.2 对图 8.1 中的决策树,沿着从根节点到叶子节点的路径,可提取出如下的分类规则。

If $age=$"≤30" and $student=$"no"   Then buy_computers="no"

If $age=$"≤30" and $student=$"yes"   Then buy_computers="yes"

If $age=$"31…40"   Then buy_computers="yes"

If $age=$">40" and $credit\_rating=$"excellent" Then buy_computers="no"

If $age=$">40" and $credit\_rating=$"fair"   Then buy_computers="yes"

8.3 支持向量机

基于支持向量机(Support Vector Machine,SVM)的分类,旨在寻找能正确划分训练数据集且几何间隔最大的分离超平面,从训练样本训练得到最大边距超平面,以最大边距超平

面作为决策边界,使分类器在新样本上的分类误差(泛化误差)尽可能小。SVM 算法分为线性 SVM 和非线性 SVM 算法,对于输入空间中的非线性分类问题,可通过非线性变换将其转化为某个维特征空间中的线性分类问题,在高维特征空间中学习线性 SVM。

SVM 分类算法具有较好的鲁棒性,在小样本训练集上能得到比其他算法好很多的结果,其目标是结构化风险最小,而不是经验风险最小,避免了过拟合问题,因此,SVM 成为机器学习中最受关注的算法之一。数据分析师可使用该算法在小样本数据集上训练出分类效果很好的分类器,初学者可基于该算法深入学习分类器的基本原理。下面介绍 SVM 的概念、训练过程、常用的核函数。

8.3.1　基本概念

SVM 是一种二分类模型,其基本模型是定义在特征空间上的间隔最大的线性分类器,

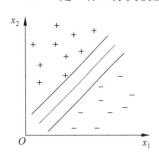

图 8.2　分离超平面

通过在样本空间中找出一个超平面来对数据进行分类,并使分类误差尽可能小。分离超平面是比所在数据空间小一维的空间,在二维数据空间中是一条直线,在三维数据空间中就是一个平面。以二维数据空间为例,图 8.2 给出了分离超平面将两类训练样本分开的示例,训练数据集线性可分,有两个特征和两类标签,其中特征一用 x_1 表示,特征二用 x_2 表示;一类标签用"＋"表示正例,另一类标签用"－"表示负例。显然,在二维平面上存在多条直线把两类标签"＋"和"－"分开。训练数据集与分离超平面距离最近的样本称为支持向量,SVM 的目的

是求解距离这些样本点最远的分离超平面。

当需预测一个未知样本的分类值时,使用从训练数据集中寻找到的几何间隔最大的最优分离超平面,对未知样本进行分类。

8.3.2　训练算法

SVM 的基本原理是:求解能正确划分训练数据集,且几何间隔最大的分离超平面,对于线性可分的数据集来说,这样的超平面有无穷多个,但几何间隔最大的分离超平面却是唯一的。下面介绍的线性 SVM 算法的基本思想及关键步骤,是读者学习其他 SVM 算法的基础。

(1) 训练数据集。

假设给定一个特征空间上线性可分的训练数据集:

$$D = \{(\boldsymbol{x}_1, y_1), (\boldsymbol{x}_2, y_2), \cdots, (\boldsymbol{x}_n, y_n)\} \tag{8-5}$$

其中,$\boldsymbol{x}_i \in \mathbb{R}^d$ 为 d 维实值数据,$y_i = \{+1, -1\}, i = 1, 2, \cdots, n$。$\boldsymbol{x}_i$ 为第 i 个训练样本,是一个特征向量;y_i 为 $\boldsymbol{x}_i$ 的类标记;$(\boldsymbol{x}_i, y_i)$ 称为样本点。当 $y_i = +1$ 时,称 $\boldsymbol{x}_i$ 为正例;当 $y_i = -1$ 时,称 $\boldsymbol{x}_i$ 为负例。

(2) 寻找最大间隔超平面。

在训练数据集中找到的几何间隔最大的超平面,不仅要将样本点分开,且和最难分的样本点(离超平面最近的样本点)保持一定的函数距离,这样的超平面对未知测试数据集有很好的分类预测能力。在样本空间中,通过线性方程 $\boldsymbol{w}^\mathrm{T}\boldsymbol{x} + b = 0$ 描述分离超平面,其中,$\boldsymbol{w} =$

$(w_1;w_2;\cdots;w_d)$为决定超平面方向的法向量,b 为决定超平面与原点之间距离的位移项。相应的分类策略函数为

$$f(\boldsymbol{x}) = \text{sign}(\boldsymbol{w}^{\mathrm{T}}\boldsymbol{x} + b) \tag{8-6}$$

其中,sign(·)为符号函数。

对于给定的训练数据集 D 和超平面$(\boldsymbol{w},b)$,超平面关于样本点$(\boldsymbol{x}_i,y_i)$的几何间隔为

$$\gamma_i = \frac{y_i(\boldsymbol{w}^{\mathrm{T}}\boldsymbol{x}_i + b)}{\parallel \boldsymbol{w} \parallel}, \quad i = 1,2,\cdots,n \tag{8-7}$$

若超平面$(\boldsymbol{w},b)$能将所有样本点正确分类,即 $y_i(\boldsymbol{w}^{\mathrm{T}}\boldsymbol{x}_i + b) > 0$,对于任何样本点$(\boldsymbol{x}_i,y_i) \in D$,若 $y_i = +1$,则正例 $\boldsymbol{x}_i$ 满足约束条件 $\boldsymbol{w}^{\mathrm{T}}\boldsymbol{x}_i + b > 0$;若 $y_i = -1$,则负例 $\boldsymbol{x}_i$ 满足约束条件 $\boldsymbol{w}^{\mathrm{T}}\boldsymbol{x}_i + b < 0$。令 $y_i(\boldsymbol{w}^{\mathrm{T}}\boldsymbol{x}_i + b) \geqslant 1$,则约束条件表示为

$$\begin{cases} \boldsymbol{w}^{\mathrm{T}}\boldsymbol{x}_i + b \geqslant +1, & y_i = +1 \\ \boldsymbol{w}^{\mathrm{T}}\boldsymbol{x}_i + b \leqslant -1, & y_i = -1 \end{cases} \tag{8-8}$$

与超平面几何间隔最小且满足式(8-8)的样本点称为支持向量,则支持向量表示为 $\min\limits_{i=1,2,\cdots,n} \gamma_i$,由式(8-8)可知,样本点到超平面的最小几何间隔为 $\dfrac{1}{\parallel \boldsymbol{w} \parallel}$,则两个异类支持向量到超平面距离之和为 $\dfrac{2}{\parallel \boldsymbol{w} \parallel}$,通常将其称为间隔。

由此,求解最大间隔分离超平面,可表示为以下的最优化问题:

$$\max_{\boldsymbol{w},b} \frac{2}{\parallel \boldsymbol{w} \parallel} \tag{8-9}$$
$$\text{s.t. } y_i(\boldsymbol{w}^{\mathrm{T}}\boldsymbol{x}_i + b) \geqslant 1, \quad i = 1,2,\cdots,n$$

也就是需找到满足式(8-9)约束条件的 $\boldsymbol{w}$ 和b,使超平面到样本点的间隔最大。由于 $\max\limits_{\boldsymbol{w},b} \dfrac{2}{\parallel \boldsymbol{w} \parallel}$ 和$\min\limits_{\boldsymbol{w},b} \dfrac{1}{2} \parallel \boldsymbol{w} \parallel^2$ 是等价的,因此,训练 SVM 的最优化问题描述如下。

$$\min_{\boldsymbol{w},b} \frac{1}{2} \parallel \boldsymbol{w} \parallel^2 \tag{8-10}$$
$$\text{s.t. } (\boldsymbol{w}^{\mathrm{T}}\boldsymbol{x}_i + b) \geqslant 1, \quad i = 1,2,\cdots,n$$

需要强调的是,求解上述最优化问题需使用对偶算法和序列最小优化(Sequential Minimal Optimization,SMO)算法。最大间隔超平面本身是一个凸二次规划问题,使用拉格朗日乘子法求解对偶问题得到原始问题的最优解,而序列最小优化算法则将优化问题分解为多个规模较小的优化问题进行求解,这些小规模优化问题的顺序求解结果与整体求解结果完全一致,从而极大地减小了训练 SVM 的计算开销。

(3) 软间隔最大化。

若分离超平面能正确划分所有样本,则称之为"硬间隔",但实际情况下几乎不存在完全线性可分的数据,为了解决该问题,引入了"软间隔"的概念,即允许某些点不满足约束,可对每个样本点$(\boldsymbol{x}_i,y_i)$引入松弛变量 $\xi_i \geqslant 0$,则约束条件变为

$$y_i(\boldsymbol{w}^{\mathrm{T}}\boldsymbol{x}_i + b) \geqslant 1 - \xi_i \tag{8-11}$$

目标函数变为

$$\min_{\boldsymbol{w},b,\xi} \frac{1}{2} \parallel \boldsymbol{w} \parallel^2 + C\sum_{i=1}^{n} \xi_i \qquad (8\text{-}12)$$

其中，正常数 C 称为惩罚系数。

优化式（8-12）中的目标函数，包含两层含义：使 $\dfrac{1}{2}\parallel\boldsymbol{w}\parallel^2$ 尽量小（即间隔尽量大），同时使误差分类点的个数尽量少。

松弛变量 ξ_i 本质上是一个损失函数，可表示为

$$l_{0/1}(y_i(\boldsymbol{w}^{\mathrm{T}}\boldsymbol{x}_i + b) - 1) \qquad (8\text{-}13)$$

其中，$l_{0/1}$ 是 0/1 损失函数，表示为

$$l_{0/1}(z) = \begin{cases} 1, & z < 0 \\ 0, & z \geqslant 0 \end{cases} \qquad (8\text{-}14)$$

然而，该损失函数具有非凸和非连续性，是一个单位跃迁函数，使得目标函数不易求解，因此，常使用替代损失函数来取代 0/1 损失函数，这些替代损失函数通常是凸连续函数。下面给出常用的 3 种替代损失函数.

$$\text{hinge 损失：} l_{\text{hinge}}(z) = \max(0, 1-z) \qquad (8\text{-}15)$$
$$\text{指数损失：} l_{\exp}(z) = \exp(-z) \qquad (8\text{-}16)$$
$$\text{对率损失：} l_{\log}(z) = \log(1 + \exp(-z)) \qquad (8\text{-}17)$$

SVM 分类算法首先构造凸二次规划问题，然后用惩罚系数来调节对误分类的容忍程度，使用拉格朗日乘子法求解最优目标函数，见算法 8.2。对于包含 n 个样本的训练数据集，算法 8.2 的时间复杂度为 $O(n^3)$，空间复杂度为 $O(n^2)$。

算法 8.2 SVM //支持向量机训练算法

输入：

D：训练数据集；C：惩罚系数

输出：

$f(x)$：分类决策函数

步骤：

1. 构造线性支持向量机原始最优化问题：

$$\min_{\boldsymbol{w},b} \frac{1}{2} \parallel \boldsymbol{w} \parallel^2$$
$$\text{s.t.} \, y_i(\boldsymbol{w}^{\mathrm{T}}\boldsymbol{x}_i + b) \geqslant 1, i = 1,2,\cdots,n$$

2. 使用拉格朗日乘子求解对偶问题得到原始问题的最优解：

$$\max_{\alpha} \frac{1}{2} \sum_{i=1}^{n} \sum_{j=1}^{n} \alpha_i \alpha_j y_i y_j (\boldsymbol{x}_i \times \boldsymbol{x}_j) - \sum_{i=1}^{n} \alpha_i$$
$$\text{s.t.} \sum_{i=1}^{n} \alpha_i \alpha_j = 0, 0 \leqslant \alpha_i \leqslant C, i = 1,2,\cdots,n$$

3. 计算法向量 $\boldsymbol{w}^*$ 和位移项 b^*：

$$\boldsymbol{w}^* = \sum_{i=1}^{n} \alpha_i^* y_i \boldsymbol{x}_i$$

$$b^* = y_i - \sum_{i=1}^{n} y_i \alpha_i^* (\boldsymbol{x}_i \times \boldsymbol{x}_j)$$

4. 计算最大间隔分离超平面和分类决策函数：
$$\boldsymbol{w}^* \boldsymbol{x} + b^* = 0$$
$$f(x) = \mathrm{sign}(\boldsymbol{w}^* \boldsymbol{x} + b^*)$$
Return $f(\boldsymbol{x})$

8.3.3　核函数

如前所述，线性可分 SVM 通过超平面可将训练数据集完全分离开来，然而在实际任务中，原始样本空间可能不存在一个能正确划分两类样本的超平面。对此，将原始样本低维特征空间映射到另一个高维特征空间，这种从某个特征空间到另一个特征空间的映射通过核函数来实现。经过空间转换后，可在高维空间解决线性问题，等价于在低维空间中解决非线性问题。

通过核函数可将线性 SVM 扩展到非线性 SVM，表 8.2 给出了几种常用的核函数。除了线性核函数以外，其余核函数均可处理非线性问题，其中高斯核也称为径向基函数，是 SVM 中一个常用的核函数，并不需确切地理解数据的表现，通常能得到一个理想的结果。针对实际任务，可采用基于专家先验知识、交叉验证法、混合核函数等方法选择核函数。

表 8.2　常用的核函数

名　　称	表　达　式	参　　数
线性核	$k(\boldsymbol{x}_i, \boldsymbol{x}_j) = \boldsymbol{x}_i^{\mathrm{T}} \boldsymbol{x}_j$	/
多项式核	$k(\boldsymbol{x}_i, \boldsymbol{x}_j) = (\boldsymbol{x}_i^{\mathrm{T}} \boldsymbol{x}_j)^d$	$d \geqslant 1$ 为多项式的次数
高斯核	$k(\boldsymbol{x}_i, \boldsymbol{x}_j) = \exp\left(-\dfrac{\parallel \boldsymbol{x}_i - \boldsymbol{x}_j \parallel^2}{2\sigma^2}\right)$	$\sigma > 0$ 为高斯核的带宽
拉普拉斯核	$k(\boldsymbol{x}_i, \boldsymbol{x}_j) = \exp\left(-\dfrac{\parallel \boldsymbol{x}_i - \boldsymbol{x}_j \parallel}{\sigma}\right)$	$\sigma > 0$
Sigmoid	$k(\boldsymbol{x}_i, \boldsymbol{x}_j) = \tanh(\beta \boldsymbol{x}_i^{\mathrm{T}} \boldsymbol{x}_j + \theta)$	$\beta > 0, \theta < 0$

8.4　贝叶斯分类

贝叶斯分类是一类以贝叶斯定理为基础，利用概率论和统计学知识进行分类的算法。如图 8.3 所示，贝叶斯分类包括朴素贝叶斯分类（Naïve Bayes Classification，NB）、链增强朴素贝叶斯分类（Chain Augmented Naïve Bayes Classification，CAN）和树增强朴素贝叶斯分类（Tree Augmented Naïve Bayes Classification，TAN）等。朴素贝叶斯分类是贝叶斯分类器中最简单、应用最广泛的一种分类算法，之所以称为"朴素贝叶斯"，是因为该算法假设特征之间相互独立。朴素贝叶斯分类在给定训练数据及这些数据对应的分类时，对每个类别 $c_k (k=1,2,\cdots,n)$ 计算 $P(c_k)P(\boldsymbol{x}_i | c_k)$，以 $P(c_k)P(\boldsymbol{x}_i | c_k)$ 的最大项作为待预测样

本 $x_i(i=1,2,\cdots,n)$ 所属的类别。下面分别介绍贝叶斯分类和朴素贝叶斯分类的基本思想和算法步骤。

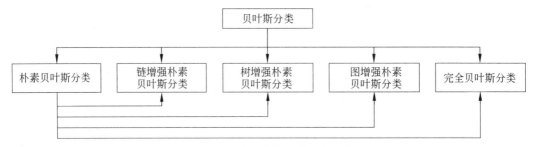

图 8.3　贝叶斯分类及其衍生分类

8.4.1　基本思想

（1）贝叶斯分类的基本思想

设样本数据集 $D=\{x_1,x_2,\cdots,x_i,\cdots,x_n\}$，每个样本 x_i 的属性集合 $A_i=\{a_{i1},a_{i2},\cdots,a_{ij},\cdots,a_{inA}\}$，类别集合 $C=\{c_1,c_2\cdots,c_k,\cdots,c_m\}$，即样本数据集 D 可分为 m 个类别。如图 8.4 所示，网络结构含有属性集合 $A=\{a_1,a_2,\cdots,a_{n_A}\}$ 和类别集合 C，在此结构上，使 $P(c_k|a_1,a_2,\cdots,a_{n_A})$ 最大的分类任务称为贝叶斯分类，表示为：

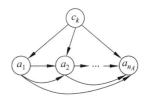

图 8.4　贝叶斯分类

$$C(x)=\arg\max_{c_k\in C}\{P(c_k\mid a_1,a_2,\cdots,a_{n_A})\}(x\in D) \qquad(8\text{-}18)$$

根据贝叶斯定理，给定 $A=\{a_1,a_2,\cdots,a_{n_A}\}$，$c_k$ 的后验概率为：

$$P(c_k\mid a_1,a_2,\cdots,a_{n_A})=\frac{P(c_k,a_1,a_2,\cdots,a_{n_A})}{P(a_1,a_2,\cdots,a_{n_A})}=\frac{P(a_1,a_2,\cdots,a_{n_A}\mid c_k)P(c_k)}{P(a_1,a_2,\cdots,a_{n_A})}$$

$$(8\text{-}19)$$

其中，$P(a_1,a_2,\cdots,a_{n_A})$ 对每个类别 c_k 都相同；类别概率 $P(c_k)$ 也称先验概率，可用样本空间中属于类别 c_k 的样本数占样本空间中的样本总数的比例来估计。因此，后验概率计算的关键在于 $P(a_1,a_2,\cdots,a_{n_A}|c_k)$ 的计算，通常在没有变量独立假设的情况下，该值的计算需指数时间。

（2）朴素贝叶斯分类的基本思想

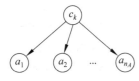

图 8.5　朴素贝叶斯分类

相对贝叶斯分类中结构的复杂性而言，朴素贝叶斯分类是最简单的概率分类模型。设在给定类别变量下属性变量之间条件独立，使 $P(c_k|a_1,a_2,\cdots,a_{n_A})$ 最大的分类任务称为朴素贝叶斯分类。在条件独立性假设下，朴素贝叶斯分类具有简单的星形结构，如图 8.5 所示，每个属性只有唯一的类 c_k 作为其父节点，这意味着给定类 c_k 时，$a_1,a_2,\cdots,a_{n_A}$ 条件独立，即：

$$P(a_1,a_2,\cdots,a_{n_A}\mid c_k)=\prod_{j=1}^{n_A}P(a_j\mid c_k) \qquad(8\text{-}20)$$

那么,在朴素贝叶斯分类的结构上,为了降低条件概率 $P(c_k|a_1,a_2,\cdots,a_{n_A})$ 的计算复杂度,根据条件独立性将联合概率分解为:

$$P(c_k,a_1,a_2,\cdots,a_{n_A})=P(c_k)P(a_1,a_2,\cdots,a_{n_A}\mid c_k)=P(c_k)\prod_{j=1}^{n_A}P(a_j\mid c_k) \quad (8\text{-}21)$$

根据联合概率的分解形式,对于给定的待预测样本 $\boldsymbol{x}$,朴素贝叶斯分类形式表示为:

$$C(\boldsymbol{x})=\arg\max_{c_k\in C}\left\{P(c_k)\prod_{j=1}^{n_A}P(a_j\mid c_k)\right\} \quad (8\text{-}22)$$

8.4.2　朴素贝叶斯分类算法

为了训练朴素贝叶斯分类器,需要先给出训练样本数据集以及这些数据对应的分类。根据样本数据集来训练朴素贝叶斯分类器,分别计算出类别概率和条件概率。最后,朴素贝叶斯分类器使用贝叶斯理论对新样本进行预测。下面介绍朴素贝叶斯分类算法的基本思想及关键步骤,作为读者学习其他贝叶斯分类算法的基础。

(1) 确定特征属性、获取样本数据集;

(2) 训练分类器,分别计算每个类别的概率 $P(c_k)$ 和每个属性在该类别下的条件概率 $P(a_j|c_k)$;

(3) 对每个类别计算 $P(c_k)\prod_{j=1}^{n_A}P(a_j\mid c_k)$,以 $P(c_k)\prod_{j=1}^{n_A}P(a_j\mid c_k)$ 的最大项作为 $\boldsymbol{x}$ 所属的类别。

步骤(2)中朴素贝叶斯分类的参数估计,包括类别概率估计 $\hat{P}(c_k)$ 和条件概率估计 $\hat{P}(c_k\mid a_j)$。当属性值为离散型时,按以下方法进行参数估计:

- 类别概率估计: $\hat{P}(c_k)=\dfrac{n_{c_k}}{n}$,其中,$n_{c_k}$ 为第 c_k 类中样本的数量,n 为样本总数。

- 条件概率估计: $\hat{P}(a_j\mid c_k)=\dfrac{n_{a_j\mid c_k}}{n_{c_k}}$,其中,$n_{a_j\mid c_k}$ 为第 c_k 类中属性为 a_j 的样本数量。

当属性值为连续型时,按以下方法进行参数估计:

- 类别概率估计: $\hat{P}(c_k)=\dfrac{n_{c_k}}{n}$,其中,$n_{c_k}$ 为第 c_k 类中样本的数量,n 为样本总数。

- 条件概率估计: $\hat{P}(a_j\mid c_k)=\dfrac{1}{\sqrt{2\pi}\,\sigma_{c_k}}\exp\left\{-\dfrac{(a_j-\mu_{c_k})^2}{2\sigma_{c_k}^2}\right\}$,其中,$\hat{P}(a_j\mid c_k)\sim N(\mu_{c_k},\sigma_{c_k}^2)$,$\mu_{c_k}$ 和 $\sigma_{c_k}^2$ 分别为 c_k 类中 a_j 的均值和方差。

朴素贝叶斯分类过程见算法 8.3。

算法 8.3　Naïve Bayes //朴素贝叶斯分类

输入:

　　D:数据样本集,A:待预测样本的属性集合,C:类别集合

输出:

　　$C(\boldsymbol{x})$　//以 $P(\boldsymbol{x}|c_k)P(c_k)$ 最大项作为样本 $\boldsymbol{x}$ 的所属类别

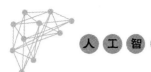

步骤：

1. 统计 D 中样本的总数 n

2. 统计 D 中每类样本的数 n_{c_k}

3. 统计 D 中第 c_k 类中属性为 a_j 的样本数量 $n_{a_j|c_k}$

4. 统计 A 中属性的总数 n_A

5. $\hat{P}(a_j|c_k) \leftarrow 1$

6. $P(c_k|\boldsymbol{x}) \leftarrow \varnothing$

7. For $k=1$ To n_{c_k} Do

8. $\hat{P}(c_k) \leftarrow n_{c_k}/n$ //类别概率估计

9.   For $j=1$ To n_A Do

10. $\hat{P}(a_j|c_k) \leftarrow (n_{a_j|c_k}/n_{c_k}) \times \hat{P}(a_j|c_k)$ //条件概率估计

11. $\hat{P}(c_k|\boldsymbol{x}) \leftarrow \hat{P}(c_k) \times \hat{P}(a_j|c_k)$

12. $P(c_k|\boldsymbol{x}) \leftarrow P(c_k|\boldsymbol{x}) \bigcup \hat{P}(c_k|\boldsymbol{x})$

13.   End For

14. End For

15. $C(\boldsymbol{x}) \leftarrow \arg\max\{P(c_k|\boldsymbol{x})\}$

算法 8.3 的时间复杂度为 $O(n_{c_k} \times n_A)$。下面通过一个例子来展示算法 8.3 的执行过程。

例 8.3 对于表 8.3 中的样本数据集，已知身高"高"、体重"中"和鞋码"中"，对给定属性的人预测其性别。设"男"和"女"为 2 个类别，分别用 c_1 和 c_2 表示；属性集合为"身高""体重"和"鞋码"，分别用 a_1、a_2 和 a_3 表示。使用算法 8.3 进行分类，主要步骤如下：

① 类别概率估计：类别为"男"的概率为 $\hat{P}(c_1)=1/2$，类别为"女"的概率为 $\hat{P}(c_2)=1/2$。

② 条件概率估计：性别为"男"、身高"高"、体重"中"、鞋码"中"的概率为 $\hat{P}(a_1,a_2,a_3|c_1)=\hat{P}(a_1|c_1)\hat{P}(a_2|c_1)\hat{P}(a_3|c_1)=(1/2)\times(1/2)\times(1/4)=1/16$，性别为"女"、身高"高"、体重"中"、鞋码"中"的概率为 $\hat{P}(a_1,a_2,a_3|c_2)=\hat{P}(a_1|c_2)\times\hat{P}(a_2|c_2)\times\hat{P}(a_3|c_2)=0$。

③ 类别预测：由于 $\hat{P}(c_1)\times\hat{P}(a_1,a_2,a_3|c_1)>\hat{P}(c_2)\times\hat{P}(a_1,a_2,a_3|c_2)$，此人性别为"男"。

表 8.3 样本数据集

编　号	身　高	体　重	鞋　码	性　别
1	高	重	大	男
2	高	重	大	男
3	中	中	大	男
4	中	中	中	男

编　　号	身　　高	体　　重	鞋　　码	性　　别
5	矮	轻	小	女
6	矮	轻	小	女
7	矮	中	中	女
8	中	中	中	女

8.5　Python 程序示例

本节首先给出 Python 程序示例 8.1,以实现决策树构造(算法 8.1),其中 calcShannonEnt()函数用于计算信息熵,splitDataSet()函数按某个特征对数据集进行划分, chooseBestFeatureToSplit()函数用于选择最优的分类特征,majorityCnt()函数通过排序返回出现次数最多的类别,createTree()函数用于构造决策树。然后给出 Python 程序示例 8.2,实现 SVM 训练和分类(算法 8.2),其中,使用 sklearn 库中的 SVC()函数实现 SVM。最后给出 Python 程序示例 8.3,实现朴素贝叶斯分类(算法 8.3),其中 NBClassify 表示朴素贝叶斯分类器,train()函数用于训练朴素贝叶斯分类器,classify()函数用于预测给定数据对象的类别,trainSet 表示表 8.3 的样本数据集。

程序示例 8.1

```
1.  import operator
2.  from math import log
3.
4.
5.  def calcShannonEnt(dataSet):
6.      numEntries = len(dataSet)
7.      labelCounts = {}
8.      for featVec in dataSet:
9.          currentLabel = featVec[-1]
10.         if currentLabel not in labelCounts.keys():
11.             labelCounts[currentLabel] = 0
12.
13.         labelCounts[currentLabel] += 1
14.     shannonEnt = 0
15.     for key in labelCounts:
16.         prob = float(labelCounts[key]) / numEntries
17.         shannonEnt -= prob * log(prob, 2)
18.     return shannonEnt
19.
20.
21. def splitDataSet(dataSet, axis, value):
```

```
22.    retDataSet = []
23.    for featVec in dataSet:
24.        if featVec[axis] == value:
25.            reducedFeatVec = featVec[:axis]
26.            reducedFeatVec.extend(featVec[axis + 1:])
27.            retDataSet.append(reducedFeatVec)
28.    return retDataSet
29.
30.
31. def chooseBestFeatureToSplit(dataSet):
32.    numFeatures = len(dataSet[0]) - 1
33.    baseEntropy = calcShannonEnt(dataSet)
34.    bestInfoGain = 0
35.    bestFeature = -1
36.    for i in range(numFeatures):
37.        featList = [example[i] for example in dataSet]
38.        uniqueVals = set(featList)
39.        newEntropy = 0
40.        for value in uniqueVals:
41.            subDataSet = splitDataSet(dataSet, i, value)
42.            prob = len(subDataSet) / float(len(dataSet))
43.            newEntropy += prob * calcShannonEnt(subDataSet)
44.        infoGain = baseEntropy - newEntropy
45.        if (infoGain > bestInfoGain):
46.            bestInfoGain = infoGain
47.            bestFeature = i
48.    return bestFeature
49.
50.
51. def majorityCnt(classList):
52.    classCount = {}
53.    for vote in classList:
54.        if vote not in classCount.keys():
55.            classCount[vote] = 0
56.        classCount[vote] += 1
57.    sortedClassCount = sorted(classCount.items(),
58.                              key=operator.itemgetter(1),
59.                              rse=True)
60.    return sortedClassCount[0][0]
61.
62.
63. def createTree(dataset, labels):
64.    classlist = [buy_computers[-1] for buy_computers in dataset]
65.    if classlist.count(classlist[0]) == len(classlist):
```

```
66.          return classlist[0]
67.      if len(dataset[0]) == 1:
68.          return majorityCnt(classlist)
69.      bestFeat = chooseBestFeatureToSplit(dataset)
70.      bestFeatLabel = labels[bestFeat]
71.      myTree = {bestFeatLabel: {}}
72.      del (labels[bestFeat])
73.      featValues = [example[bestFeat] for example in dataset]
74.      uniqueVals = set(featValues)
75.      for value in uniqueVals:
76.          subLabels = labels[:]
77.          myTree[bestFeatLabel][value] = createTree(
78.              splitDataSet(dataset, bestFeat, value), subLabels)
79.      return myTree
80.
81.
82.  if __name__ == "__main__":
83.      dataset = [['<=30', 'high', 'no', 'fair', 'no'],
84.                 ['<=30', 'high', 'no', 'excellent', 'no'],
85.                 ['31...40', 'high', 'no', 'fair', 'yes'],
86.                 ['>40', 'medium', 'no', 'fair', 'yes'],
87.                 ['>40', 'low', 'yes', 'fair', 'yes'],
88.                 ['>40', 'low', 'yes', 'excellent', 'no'],
89.                 ['31...40', 'low', 'yes', 'excellent', 'yes'],
90.                 ['<=30', 'medium', 'no', 'fair', 'no'],
91.                 ['<=30', 'low', 'yes', 'fair', 'yes'],
92.                 ['>40', 'medium', 'yes', 'fair', 'yes'],
93.                 ['<=30', 'medium', 'yes', 'excellent', 'yes'],
94.                 ['31...40', 'medium', 'no', 'excellent', 'yes'],
95.                 ['31...40', 'high', 'yes', 'fair', 'yes'],
96.                 ['>40', 'medium', 'no', 'excellent', 'no']]
97.
98.      labels = [
99.          'age', 'income', 'student', 'credit_rating', 'Class:buy_computer'
100.     ]
101.     print(createTree(dataset, labels))
```

运行结果：

```
{'age': {'<=30': {'student': {'no': 'no', 'yes': 'yes'}}, '>40': {'credit_rating':
{'fair': 'yes', 'excellent': 'no'}}, '31...40': 'yes'}}
```

程序示例8.2

```
1.  import numpy as np
2.  from sklearn.datasets import load_breast_cancer
```

```
3.  from sklearn.model_selection import train_test_split
4.  from sklearn.preprocessing import StandardScaler
5.  from sklearn.svm import SVC
6.
7.
8.  def SVM():
9.      #使用 sklearn 库中的 SVC() 函数实现 SVM,使用 linear 内核初始化非线性核
10.     #函数的 gamma 为默认值,初始化多项式核函数的维度为默认值 3,初始化惩罚
11.     #参数 C 为默认值 1
12.     clf = SVC(kernel="linear", gamma="auto", degree=3,
13.               C=1).fit(x_train, y_train)
14.
15.     #不同核函数的 SVM 在测试集上的分类结果
16.     print(f'测试集中前 10 个样本的分类结果: {clf.predict(x_test)[0:10]}')
17.
18.
19. if __name__ == '__main__':
20.     data = load_breast_cancer()
21.     x = data.data
22.     y = data.target
23.
24.     #数据预处理
25.     x = StandardScaler().fit_transform(x)
26.
27.     #只取前两个特征值
28.     x = x[:, :2]
29.
30.     #随机划分训练集和测试集
31.     x_train, x_test, y_train, y_test = train_test_split(x, y, test_size=0.3)
32.
33.     print("测试集中前 10 个样本的特征值:")
34.     print(x_test[0:10])
35.     print("测试集中前 10 个样本的标签:", y_test[0:10])
36.
37.     SVM()
```

运行结果：

测试集中前 10 个样本的特征值：
```
[[-1.81720569  1.44286341]
 [-0.91659667 -1.4729517 ]
 [ 0.26206224 -0.05111368]
 [-0.5331775   0.73310794]
 [-0.66098389 -0.47231283]
 [-0.41957183 -0.26054972]]
```

[-1.1012059　-0.72363608]
[-0.8711544　-0.50489177]
[-0.16963933 -1.94301926]
[1.497524　-0.25822266]]
测试集中前 10 个样本的标签：[1 1 0 1 1 1 1 1 1 0]
测试集中前 10 个样本的分类结果：[1 1 0 1 1 1 1 1 1 0]

程序示例 8.3

```
1.  class NBClassify(object):
2.     def train(self, trainSet):
3.         #计算每种类别的概率
4.         dictTag = {}
5.         for subTuple in trainSet:
6.             dictTag[str(
7.                 subTuple[1])] = 1 if str(subTuple[1]) \
8.                     not in dictTag.keys() \
9.                         else dictTag[str(subTuple[1])] + 1
10.        tagProbablity = {}
11.        totalFreq = sum([value for value in dictTag.values()])
12.        for key, value in dictTag.items():
13.            tagProbablity[key] = value / totalFreq
14.        self.tagProbablity = tagProbablity
15.
16.        #计算特征的条件概率
17.        dictFeaturesBase = {}
18.        for subTuple in trainSet:
19.            for key, value in subTuple[0].items():
20.                if key not in dictFeaturesBase.keys():
21.                    dictFeaturesBase[key] = {value: 1}
22.                else:
23.                    if value not in dictFeaturesBase[key].keys():
24.                        dictFeaturesBase[key][value] = 1
25.                    else:
26.                        dictFeaturesBase[key][value] += 1
27.
28.        dictFeatures = {}.fromkeys([key for key in dictTag])
29.        for key in dictFeatures.keys():
30.            dictFeatures[key] = {}.fromkeys([key for key \
31.                in dictFeaturesBase])
32.        for key, value in dictFeatures.items():
33.            for subkey in value.keys():
34.                value[subkey] = {}.fromkeys(
35.                    [x for x in dictFeaturesBase[subkey].keys()])
36.        for subTuple in trainSet:
```

```
37.              for key, value in subTuple[0].items():
38.                  dictFeatures[subTuple[1]][key][value] = 1 if \
39.                      dictFeatures[subTuple[1]][key][value] \
40.                          == None else \
41.                              dictFeatures[subTuple[1]][key][value] + 1
42.
43.         for _, featuresDict in dictFeatures.items():
44.             for featureName, fetureValueDict in featuresDict.items():
45.                 totalCount = sum(
46.                     [x for x in fetureValueDict.values() if x != None])
47.                 for featureKey, featureValues in \
48.                     fetureValueDict.items():
49.                     fetureValueDict[featureKey] = \
50.                         featureValues / totalCount \
51.                             if featureValues != None else None
52.         self.featuresProbablity = dictFeatures
53.
54.     def classify(self, featureDict):
55.         resultDict = {}
56.         for key, value in self.tagProbablity.items():
57.             iNumList = []
58.             for f, v in featureDict.items():
59.                 if self.featuresProbablity[key][f][v] == None:
60.                     iNumList.append(0)
61.                 else:
62.                     iNumList.append(self.featuresProbablity[key][f][v])
63.             conditionPr = 1
64.             for iNum in iNumList:
65.                 conditionPr *= iNum
66.             resultDict[key] = value * conditionPr
67.         #对比每个类的条件概率值，取最大者
68.         resultList = sorted(resultDict.items(),
69.                             key=lambda x: x[1],
70.                             reverse=True)
71.         return resultList[0][0]
72.
73.
74. if __name__ == '__main__':
75.     #数据集(featureDict, tag)
76.     trainSet = [
77.         ({"身高": "高","体重": "重","鞋码": "大"}, "男 "),
78.         ({"身高": "高","体重": "重","鞋码": "大"}, "男 "),
79.         ({"身高": "中","体重": "中","鞋码": "大"}, "男 "),
80.         ({"身高": "中","体重": "中","鞋码": "中"}, "男 "),
```

```
81.        ({"身高": "矮","体重": "轻","鞋码": "小"}, "女 "),
82.        ({"身高": "矮","体重": "轻","鞋码": "小"}, "女 "),
83.        ({"身高": "矮","体重": "中","鞋码": "中"}, "女 "),
84.        ({"身高": "中","体重": "中","鞋码": "中"}, "女 "),
85.    ]
86.
87.    baiveBayes = NBClassify()
88.    baiveBayes.train(trainSet)
89.    result = baiveBayes.classify(
90.        {"身高": "高", "体重": "中", "鞋码": "中"})
91.    print("此人性别为:", result)
```

运行结果:

此人性别为:男

<h1 style="text-align:center">8.6　小　　结</h1>

　　分类是数据分析中最经典和常见的任务,分类算法也是有监督学习方法的典型代表。不同的分类算法适合不同的分类分析任务,技术特点和执行性能也有所差异,下面分别总结本章介绍的决策树分类、支持向量机分类、朴素贝叶斯分类算法的优缺点,以便读者根据具体分类任务、性能要求和数据特点选择合适的分类算法。

　　(1) 决策树分类算法的优缺点。

- 优点:易于理解和解释,决策树使用二元测试来划分空间,从而可较方便地处理混合类型的变量(例如连续变量和离散变量),可高效地预测新的未知样本,对缺失值不敏感,且灵活性好,可用来建立强大的预测工具。

- 缺点:决策树构造过程中使用贪心算法,这决定了它得到的类别划分对输入变量空间来说不一定是最优的。在决策树的构造过程中,一方面可能由于噪声数据,使得很多分支反映了数据中的异常,分裂达到了过于小的单元,从而导致过拟合。实际上并不需分裂到这样极端的情况,因此,可在已构造好的决策树上进行剪枝。另一方面,从数据库的观点来看,树增长是一个开销很大的过程,如果节点上的数据量超过主存的容量,那么构造过程中就可能需在主存和外存之间进行交互,因此,可使用专门的数据管理策略,或根据内存容量对数据进行随机采样。针对以上 ID3 传统决策树归约及相应分类方法存在的不足之处,目前已有 C4.5、C5.0 和 CART 等许多改进的算法,并广泛应用于实际中。

　　(2) 支持向量机分类算法的优缺点。

- 优点:支持向量机的理论基础决定了它最终求得的是全局最优值,也保证了该模型对未知样本的良好泛化能力。支持向量机的最终决策函数只由少数的支持向量来确定,计算复杂性取决于支持向量的数目,而不是样本空间的维数,这在某种意义上避免了"维数灾难",其次,少数支持向量决定了最终结果,这不但可帮助我们抓住关

键样本，"剔除"大量冗余样本，且算法简单，具有较好的鲁棒性。

- 缺点：支持向量机借助二次规划来求解支持向量，而求解二次规划涉及矩阵计算，矩阵阶数为样本点数，计算复杂度取决于样本数，因此，当样本点数很大时，矩阵的存储和计算将耗费大量的机器内存和运算时间，如何提高效率，使支持向量机适用于大规模数据，一直是支持向量机研究的重点，目前已有基于割平面法的支持向量机、基于随机梯度下降的 Pegasos(Primal estimated sub-gradient solver for SVM)、基于采样的支持向量机等许多改进的算法。支持向量机针对二分类任务而设计，对于解决实际中的常见多分类问题存在困难，因此需通过多个二分类支持向量机的组合来解决。

(3) 朴素贝叶斯分类算法的优缺点。

- 优点：朴素贝叶斯模型发源于古典数学理论，有着坚实的数学基础和稳定的分类效率。分类过程中时空开销小，即使使用超大规模的样本数据集对分类器进行训练，也仅仅是概率估计的数学运算。对小规模的数据表现很好，能处理多分类任务，适合增量式训练。对缺失数据不太敏感，算法也比较简单，常用于文本分类，且其结果可解释、容易理解。

- 缺点：需要计算先验概率，分类决策存在错误率，对输入数据的表达形式很敏感，使用了样本属性独立性的假设，样本属性有关联时效果不好。为了放松这种独立性假设以进一步改进分类效果，研究人员提出了树增强朴素贝叶斯分类（Tree Augmented Naïve Bayes Classifier, TAN)、贝叶斯网增强的贝叶斯分类（Bayesian Network Augmented Bayes Classifier, BAN)和半朴素贝叶斯分类（Semi-Naïve Bayes Classifier, SNBN)等。

思 考 题

1. C4.5 分类算法与 ID3 算法相似，不同的是，该算法使用信息增益比选择特征。请查阅信息增益比的相关文献，给出 C4.5 分类算法的基本思想和主要步骤。

2. 证明数据集中任意样本点 x 到超平面(w, b)的距离为式(8-7)。

3. 本章介绍的 SVM 为二分类算法，如何将 SVM 扩展为类似决策树和贝叶斯分类器的多分类算法？

4. 训练朴素贝叶斯分类器时需估计类别概率。若训练数据不断增长，如何基于新增样本来更新已有类别概率，从而提升训练效率？

5. 本章介绍的分类算法都假设不同类别的训练样本数量相当。然而，在实际应用中，不同类别的训练样本数量可能相差很大，即某些类别的样本很多，而其他类别的样本很少，这种情况通常称为"类别不平衡"(Class-imbalance)。类别不平衡问题对本章所介绍的 3 种分类算法有什么影响，如何缓解类别不平衡问题带来的影响？

6. 集成学习(Ensemble Learning)通过调用并集成多个模型来完成学习任务。如何基于集成学习技术调用多个分类器并集成各分类器的结果来提高模型的分类能力？

第9章 聚类算法

9.1 聚类算法概述

近年来,共享单车弥补了市民出行过程中"最后一公里"的空白,为市民出行提供了极大的便利,但共享单车的过度投放和疏于管理,也逐渐成为城市管理的一大难题。针对共享单车管理问题,单车停放站点位置的确定是共享单车规范化管理的第一步。由于共享单车的停放位置在空间上呈现数量多且较为聚集的特点,形成的集聚区域可视为具有共享单车停放需求的地点,因此,利用聚类分析技术找到这些聚集区域的中心点,并将其作为单车停放站点,是解决共享单车管理问题的关键步骤。

聚类(Clustering)分析旨在根据数据的内在性质将一组给定的数据对象划分为多个互不相交的子集,每个子集称为一个簇(Cluster),同一簇中的数据对象之间具有较高的相似度,而不同簇中的数据对象之间具有较大的差异性。聚类分析属于无监督学习(Unsupervised Learning),其中的簇标签并不是事先给定的,而是根据数据对象之间的相似性和距离来划分。聚类分析与分类分析的区别在于,分类需要预先知道所依据的数据特征,而聚类则是要找到数据特征。聚类质量的高低通常取决于聚类算法所使用的相似性度量方法和实现方式,同时也取决于聚类算法能否揭示多维数据集中呈现出来的多样性结构。目前,聚类分析广泛应用于语音识别、图像分割、机器视觉、推荐系统和信息检索等领域。在实际的数据挖掘和知识发现任务中,聚类分析往往作为一种预处理步骤,是进一步处理和分析数据的基础。聚类分析涉及多个学科的方法和技术,包括基于划分、基于层次、基于密度等的聚类算法。随着数据采集和存储技术的快速发展,智能数据分析的需求日益迫切,可将聚类算法分为传统聚类算法和智能聚类算法两大类。

1. 传统聚类算法

为了应对不同的聚类问题,传统聚类算法主要包括基于划分的聚类(Partition-Based Clustering)算法、层次聚类(Hierarchical Clustering)算法、基于密度的聚类(Density-Based Clustering)算法、基于网格的聚类(Grid-Based Clustering)算法,以及基于模型的聚类(Model-Based Clustering)算法。

基于划分的聚类算法是实际应用中最经典、最普遍的聚类算法之一。该类算法首先按照聚类的要求将数据集任意划分为 k 个不相交的簇,然后通过迭代优化策略逐步改善簇的划分,直到目标函数收敛时得到最终的聚类结果,包括 k-均值(k-Means)算法、最大最小距离(Max-Min Distance,MMD)聚类算法等。基于划分的聚类算法设计简单,适用范围广,在

数据聚类分析中具有普遍应用,但同时也存在一些不足,例如,算法中的 k 值需事先给定,具有较强的主观性,且很难准确估计到合适的 k 值。

层次聚类算法按照构建树形结构的方式不同,可分为自底向上的聚合型层次聚类和自顶向下的分裂型层次聚类。聚合型层次聚类首先将每个数据对象作为一个聚类簇,通过计算簇间的相似度进行分层合并,直至最后只有一个簇或满足一定条件时终止;而分裂型层次聚类的迭代过程与之相反,首先将所有数据对象看作一个聚类簇,然后逐层分裂,直至每个簇中只包含一个数据对象或满足一定条件时终止。层次聚类的代表算法包括 AGNES (Agglomerative Nesting)算法、连续数据的粗聚类(Rough Clustering of Sequential Data)算法、正二进制(Binary-Positive)算法等。层次聚类算法虽然设计简单、适用范围广、适合多种类型的数据,但存在不能更正错误的缺点,一旦一组数据对象被错误地合并或分裂,下一步将在新生成的簇上进行处理,已做的处理不能被撤销,因此无论如何迭代,该错误都不可能被更正,这将导致低质量的聚类结果。

基于密度的聚类算法通过数据密度(单位区域内的实例数)来发现任意形状的类簇,该类算法与其他聚类算法的根本区别在于,基于密度而非基于距离得到聚类结果,包括 DBSCAN(Density-Based Spatial Clustering of Applications with Noise)算法、DENCLUE (DENsity-Based CLUstEring)算法等。基于密度的聚类算法主要用于点数据的聚类,并不适用于大规模的数据集。

基于网格的聚类算法将数据空间划分为网格单元,将数据对象映射到网格单元,通过计算每个单元的密度,并根据一定的阈值来判断每个网格单元是否形成类簇,简单来说就是"分而治之"的思想。其主要步骤是将大规模问题分解成小规模问题,将大规模的数据集拆分成若干个小的数据集,再以这些小的数据集为单位进行相关操作,包括 STING(Statistical INformation Grid)算法、小波聚类(WaveCluster)算法、CLIQUE(Clustering In QUEst)算法等。

基于网格的聚类算法隐含着并行的思想,各个数据单元可同时进行聚类,因此具有聚类时间短、处理速度快的优点,且这种"化大为小,分而治之"的思想适合大规模数据集的处理,也便于与其他聚类算法相结合。

基于模型的聚类算法首先为每个聚类假设一个模型,再发现符合模型的数据对象,将数据对象的聚类过程类比为该模型中数据优化求解的过程,包括期望最大(Expectation Maximization,EM)算法、自组织映射(Self-Organizing Map,SOM)算法、高斯混合模型(Gaussian Mixture Model,GMM)等。基于模型的聚类算法具有执行效率不高的缺点,处理大规模数据时这一缺点更加明显。

2. 智能聚类算法

随着数据量的不断增加、数据形态的日益多样化,聚类算法的应用更加广泛,同时对聚类算法也提出了更高的要求。对于高维数据,若只是简单地利用传统聚类算法进行聚类,则具有较高的计算复杂度,导致性能较差,因此,研究人员提出以大数据聚类和基于深度学习的聚类等为代表的智能聚类算法。

大数据聚类算法通过处理计算复杂度和计算成本、可扩展性和执行速度之间的关系,以尽量小地降低聚类质量为代价,提高算法的可扩展性和执行速度。该类算法主要包括分布式聚类(Distributed Clustering)算法和并行聚类(Parallel Clustering)算法。例如,典型的分布式聚类算法使用 MapReduce 框架对传统聚类算法进行扩展,PK-Means(Parallel K-means Based on MapReduce)算法是基于 MapReduce 的 k-均值聚类算法,该算法在执行时间和可伸缩性两方面都有线性提高;DBDC(Density-Based Distributed Clustering)算法是基于并行框架对 DBSCAN 算法进行的扩展,在聚类效果相同的前提下,执行效率比 DBSCAN 提高了数十倍。尽管并行聚类算法对于大规模数据的聚类分析具有效率高、可扩展性好等优点,但这些算法实现的复杂性较高,需消耗更多的软硬件资源。

得益于深度学习强大的非线性映射和特征提取能力,将深度学习与聚类算法相结合,成为近年来的研究趋势。基于深度学习的聚类算法首先利用深度学习模型将高维的原始数据映射为低维特征向量,然后再利用特征向量进行聚类,包括深度嵌入聚类(Deep Embedded Clustering,DEC)算法、深度聚类网络(Deep Clustering Network,DCN)模型、深度子空间聚类网络(Deep Subspace Clustering Network,DSC-Net)模型等。针对不同数据分析任务的深度学习算法,将在新技术篇中进行详细介绍,读者可基于这些算法了解基于深度学习的聚类算法,这里不展开讨论。

本章以 k-均值聚类算法为代表,介绍聚类算法的基本思想和执行步骤,并分析算法的时间复杂度,同时以基于 MapReduce 的 k-均值并行聚类算法为代表介绍大数据聚类算法。

9.2　k-均值算法

k-均值算法是一个最常用的基于划分的聚类算法,它以算法运行前确定的 k 为参数,把 n 个数据对象划分为 k 个簇,使簇内数据对象之间具有较高的相似性,而簇间数据对象之间具有较低的相似度,相似度基于簇内数据对象的平均值来计算。该算法认为簇由距离靠近的数据对象组成,因此,获得紧凑且独立的簇是该算法的最终目标。虽然 k-均值算法从最初提出至今已超过 50 年,但目前仍是应用最广泛的聚类算法之一,简单高效、容易实施,已有许多成功应用的案例和经验,是该算法一直备受青睐的主要原因。下面介绍 k-均值算法的基本思想和算法步骤。

9.2.1　基本思想

对于给定的一个包含 n 个 d 维数据对象的数据集 $D=\{x_1,x_2,\cdots,x_n\}$(其中 $x_i \in \mathbb{R}^d$),以及要生成的簇的数目 k,k-均值算法将数据对象组织为 k 个划分 $\mathbb{C}=\{C_1,C_2,\cdots,C_k\}$。每个划分代表一个簇 C_j,每个簇 C_j 有一个簇中心 r_j。使用欧几里得距离作为相似性和距离的判断标准,计算该簇内各个数据对象到簇中心 r_j 的距离平方和,记为 $J(C_j)$。

$$J(C_j) = \sum_{x_i \in C_j} \| x_i - r_j \|^2 \tag{9-1}$$

k-均值算法的目标是使各簇总的距离平方和 $J(\mathbb{C})$ 最小。$J(\mathbb{C})$ 的定义如下。

$$J(\mathbb{C}) = \sum_{j=1}^{k} J(C_j) = \sum_{j=1}^{k} \sum_{x_i \in C_j} \| x_i - r_j \|^2 \tag{9-2}$$

k-均值算法的关键是最小化式(9-2),为了找到其最优解,需考察数据集 D 所有可能的簇划分,这是一个 NP 难问题。因此,k-均值算法采用贪心策略,通过迭代优化的方式来近

似求解式(9-2)，算法终止时找到的是局部最优解。根据最小二乘法和拉格朗日原理，当簇中心 r_j 取簇 C_j 中数据对象的平均值时，可使式(9-2)最小化。

9.2.2 算法步骤

k-均值算法通过反复迭代的方式执行。首先，算法随机地选择 k 个数据对象，并分别作为各个簇的中心，对剩余的每个数据对象，根据其与各个簇中心的欧几里得距离将其划分到最近的簇中，然后重新计算每个簇的平均值，反复执行该过程，直到目标函数收敛。以上思想见算法 9.1。

算法 9.1 k-Means // k-均值聚类算法

输入：
$D=\{x_1, x_2, \cdots, x_n\}$：数据集；$k$：簇数量

输出：
$\mathbb{C}=\{C_1, C_2, \cdots, C_k\}$：聚类结果的 k 个簇

步骤：
1. $\{r_j\} \leftarrow$ 从 D 中随机选择 k 个样本作为初始的簇中心（$1 \leqslant j \leqslant k$）
2. Repeat
3. $C_j \leftarrow \varnothing$（$1 \leqslant j \leqslant k$）
4.   For $i=1$ To n Do   //形成簇
5. $d_{ij} \leftarrow \| x_i - r_j \|^2$ //计算 x_i 与每个簇中心 r_j 之间的距离
6. $\lambda_i \leftarrow \underset{j \in \{1,2,\cdots,k\}}{\arg\min} d_{ij}$
7. $C_{\lambda_i} \leftarrow C_{\lambda_i} \bigcup \{x_i\}$ //将 x_i 划入相应的簇
8.   End For
9.   For $j=1$ To k Do   //重新计算簇中心
10. $r_j^* = \dfrac{1}{|C_j|} \sum_{x \in C_j} x$
11.   If $r_j \neq r_j^*$ Then
12. $r_j \leftarrow r_j^*$
13.   End If
14.   End For
15. Until $\{r_j\}$ 不发生变化
16. Return $\mathbb{C}=\{C_1, C_2, \cdots, C_k\}$

例 9.1 考虑二维空间中的数据集 $D=\{x_1=(2,3), x_2=(1,2), x_3=(1,1), x_4=(2,2), x_5=(4,2), x_6=(4,1), x_7=(5,1)\}$，假设 $k=2$，初始时随机选择两个簇的中心，$r_{10}=x_1=(2,3)$，$r_{20}=x_2=(1,2)$。下面给出基于 k-均值算法的聚类分析过程。

（1）第一趟计算。

由欧几里得距离公式，$d(x_3, r_{10})=\sqrt{5}$，$d(x_3, r_{20})=1$，则 x_3 应被划分到簇 C_2 中，经过类似计算可得到 $C_1=\{x_1, x_4, x_5, x_6, x_7\}$ 和 $C_2=\{x_2, x_3\}$，如图 9.1(a)中虚线所描绘的轮廓。此时，两个簇的中心分别为 $r_1=(x_1+x_4+x_5+x_6+x_7)/5=(3.4,1.8)$，$r_2=(x_2+x_3)/2=(1.0,1.5)$。

显然，$r_{10}\neq r_1$，$r_{20}\neq r_2$，即不满足收敛性，因此，需继续计算。

（2）第二趟计算。

再用欧几里得距离公式计算各点到两个簇中心 r_1 和 r_2 的距离，根据最小距离原则，有 $C_1=\{x_5,x_6,x_7\}$ 和 $C_2=\{x_1,x_2,x_3,x_4\}$。数据对象重新调整后的聚类结果如图 9.1(b) 中实线所描绘的轮廓。此时，两个簇的中心分别为 $r_1=(4.333,1.333)$，$r_2=(1.5,2.0)$。同理，收敛性仍未满足，需继续计算。

（3）第三趟计算。

产生与第二趟相同的簇，即收敛性满足，计算终止，得到最终的聚类结果。

以上包括步骤（1）～（3）的聚类计算过程如图 9.1 所示。

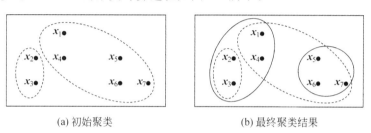

(a) 初始聚类　　　　　　　　　(b) 最终聚类结果

图 9.1　k-均值聚类结果图示

9.3　基于 MapReduce 的 k-均值并行聚类算法

9.3.1　基本思想

面对海量数据，传统的 k-均值算法容易产生内存溢出的现象，也可能出现局部最优、收敛过慢等问题，进而影响大规模数据聚类的精度和效率。MapReduce 是面向大数据并行处理的编程模型和计算框架，它将并行式任务抽象为 Map 与 Reduce 两个阶段，采用分而治之的策略将大规模数据集切分成块，从而使多个 Map 任务并行处理，接着通过 Shuffle 过程对 Map 的输出进行整理后交给 Reduce 进行计算，多个 Reduce 任务并行地合并分析结果。通过将 MapReduce 应用到数据的聚类分析中，能为大规模数据聚类提供有效的支持。基于 MapReduce 框架的 k-均值聚类分析，包括 Map、Combine、Reduce 3 个阶段。在 Map 阶段，Map 函数将输入数据转化为 <key,value> 序列；在 Combine 阶段，Combine 函数对 Map 函数的输出结果进行合并和处理，以减小计算过程中的 I/O 负担；在 Reduce 阶段，Reduce 函数将获得的 <key,value> 序列按照算法设计的规则进行处理。

基于 MapReduce 的 k-均值并行聚类算法 PK-Means，首先从输入数据集中随机选取 k 个数据对象作为初始聚类中心点；然后执行 k-均值算法进行并行化计算，将计算任务分解为 map、combine 和 reduce 函数，通过并行化的迭代计算来完成数据聚类。

9.3.2　算法步骤

（1）Map 阶段。

首先，Map 函数以 <key,value> 对的形式读入待处理的数据集，其中 key 代表每个数据对象在输入数据中位置的偏移量，value 是每个数据对象的数据信息；接着从 MapReduce

的分布式缓存（Distributed Cache）中取出上一轮聚类的 k 个簇中心点（首轮聚类为 k 个初始的簇中心点）；然后，Map 函数通过计算每个数据对象与各个簇中心点之间的距离，根据距离最短原则将每个数据对象划分到与其距离最近的簇中；最后，Map 函数输出中间数据至 Combine 函数。Map 阶段的步骤见算法 9.2。

算法 9.2　Map 阶段算法

输入：
　　$\{r_j\}$：各簇的中心点（$j=1,2,\cdots,k$）；$maxDistance$：最大距离阈值；
　　$<key,value>$ 对：key 和 $value$ 分别为数据对象在输入数据中的位置偏移量和数据信息

输出：
　　$<key',value'>$ 对：key' 为数据对象的簇索引，$value'$ 为数据对象各维坐标构成的字符串

步骤：

1.　$minDistance \leftarrow maxDistance$
2.　根据 $value$ 构造数据对象的 $instance$
3.　For $j=1$ To k Do　　　//将数据对象划分到与其距离最近的簇中
4.　　　If $d(r_j,instance)<minDistance$ Then
5.　　　　　$minDistance \leftarrow d(r_j,instance)$
6.　　　　　$index \leftarrow r_j$
7.　　　End If
8.　End For
9.　$key' \leftarrow index$
10.　$value' \leftarrow instance$
11.　Return $<key',value'>$

（2）Combine 阶段。

经 Map 阶段处理后会产生大量的中间数据，若直接传入 Reduce 节点，将带来较大的网络带宽开销，因此，可合并 Map 节点处理后的 $<key,value>$ 对，即把 key 相同的 $<key,value>$ 对合并为同一 key 下的一组数值，并将得到的局部合并结果传给 Reduce 函数。首先，Combine 函数从 Map 函数输出的 value 中提取所有数据对象，合并属于同一簇中的数据对象；然后，Combine 函数统计属于同一簇的数据对象个数，并计算该簇所有数据对象的均值；最后，Combine 函数将数据排序、重组、分片，并输出每个簇中心的局部聚类结果至 Reduce 函数。

（3）Reduce 阶段。

首先，Reduce 函数从 Combine 函数输出的 value 中提取所有的数据对象，并聚合所有簇中心的局部结果；然后，Reduce 函数根据聚类结果重新计算出每个簇的中心点；最后，Reduce 函数根据簇中心判断目标函数是否收敛。若目标函数已收敛，则输出最终结果，否则将执行下一次迭代。Reduce 阶段的步骤见算法 9.3。

算法 9.3　Reduce 阶段算法

输入：
　　$<key,values>$ 对：key 为簇的索引，$values$ 为 Combine 函数传输的中间结果，是索引对应簇中每个数据对象各维度值组成的字符串集合

输出：
　　$<key',values'>$ 对：key' 为簇的索引，$values'$ 为更新后簇中心各维度值组成的字符串集合

步骤：

1. 初始化数组 S //记录同一簇的所有数据对象的每个维度的总和

2. $num \leftarrow 0$ //记录属于同一簇的数据对象总数

3. While $values$.hasNext() Do

4.   从 $values$.Next() 读取数据对象 $instance$

5.   For $i=1$ To $dimension$ Do   //将 $instance$ 的不同维度值累加到 S

6. $S[i] \leftarrow S[i] + instance[i]$

7.   End For

8. $num \leftarrow num + 1$

9. End While

10. For $i=1$ To $dimension$ Do   //重新计算 key 簇的簇中心点

11. $mean[i] \leftarrow S[i]/num$

12. End For

13. $key' \leftarrow key$

14. $values' \leftarrow mean$

15. Return $<key', values'>$

基于 MapReduce 的 k-均值并行聚类算法的执行过程如图 9.2 所示。

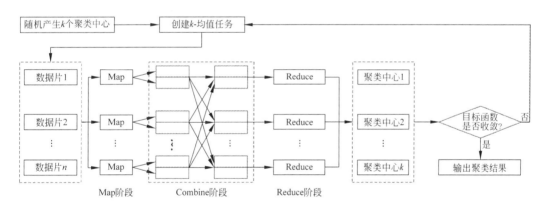

图 9.2　基于 MapReduce 的 k-均值并行聚类算法的执行过程

在 MapReduce 并行计算框架中，数据分块存储在不同的节点上，在 Map 阶段为每个数据块分配一个相应的 Map 任务，完成本数据块的相关计算。因此，k-均值聚类算法中原来由一个主机处理的运算（即 $n \times k \times t$ 次运算），将被分散到多个节点并行处理。如果每个节点平均完成 m 个 Map 任务，那么基于 MapReduce 的 k-均值并行聚类算法的时间复杂度为 $O(n \times k \times t/m)$。

9.4　Python 程序示例

本节给出 Python 程序示例，实现 k-means 聚类算法（算法 9.1），其中，distance() 函数用于计算两个点之间的欧几里得距离，k_means() 函数用于将每个点划分到相应的簇中。

93

程序示例 9.1

```
1.  import math
2.
3.
4.  class Point:
5.      def __init__(self, x, y, name=None):
6.          self.x = x
7.          self.y = y
8.          self.name = name
9.
10.     def __repr__(self):
11.         return f'{self.name}=({self.x}, {self.y})'
12.
13.     def __eq__(self, o):
14.         return isinstance(o, Point) and self.x == o.x and self.y == o.y
15.
16.     def __hash__(self):
17.         return hash((self.x, self.y))
18.
19.
20. def distance(p1, p2):
21.     return math.sqrt((p1.x - p2.x)**2 + (p1.y - p2.y)**2)
22.
23.
24. def k_means(D, r1, r2):
25.     c1, c2 = set(), set()
26.     _round = 1
27.     while True:
28.         c1.clear()
29.         c2.clear()
30.         for p in D:
31.             if distance(p, r1) < distance(p, r2):
32.                 c1.add(p)
33.             else:
34.                 c2.add(p)
35.
36.         #计算新的簇中心
37.         temp_r1 = Point(
38.             sum([p.x for p in c1]) / len(c1),
39.             sum([p.y for p in c1]) / len(c1))
40.         temp_r2 = Point(
41.             sum([p.x for p in c2]) / len(c2),
42.             sum([p.y for p in c2]) / len(c2))
43.         if temp_r1 == r1 and temp_r2 == r2:
```

```
44.             break
45.         else:
46.             r1, r2 = temp_r1, temp_r2
47.         _round += 1
48.     return c1, c2, r1, r2
49.
50.
51. if __name__ == '__main__':
52.     x1, x2, x3, x4, x5, x6, x7 = Point(2, 3, 'x1'), \
53.         Point(1, 2, 'x2'), Point(1, 1, 'x3'), Point(2, 2,'x4'), \
54.             Point(4, 2,'x5'), Point(4, 1,'x6'), Point(5, 1, 'x7')
55.
56.     D = [x1, x2, x3, x4, x5, x6, x7]
57.     r1 = r10 = x1
58.     r2 = r20 = x2
59.     c1, c2 = set(D), set()
60.     c1, c2, r1, r2 = k_means(D, r1, r2)
61.     print(f'簇 1 中包含的点：{c1}\n' '簇 2 中包含的点：{c2}')
```

运行结果：

簇 1 中包含的点：{x6=(4, 1), x7=(5, 1), x5=(4, 2)}
簇 2 中包含的点：{x1=(2, 3), x3=(1, 1), x2=(1, 2), x4=(2, 2)}

9.5　小　　结

古语"物以类聚,人以群分"揭示了"聚类"和"人群"之间的内在联系,体现了人们基于类来认识和管理事物的直观思想,人们对数据的认识往往基于对数据进行有意义的分组,相似的数据对象归为一类,不相似的数据对象归为不同类,不同类的个体具有较大的差异性,聚类分析是一种人类认识世界的重要行为和信息处理的重要技术手段。本章以 k-均值算法为代表介绍了聚类分析的基本思想、算法步骤和改进策略,下面总结 k-均值算法的优缺点,为读者开展聚类分析研究或使用聚类算法解决实际问题提供参考。

- 优点：算法原理简单,易于理解和解释,能得到较为紧凑的簇。当处理大规模数据集时,该算法具有较好的可伸缩性和较高的运行效率；而针对部分小样本数据集,该算法可降低算法的时间复杂度。由于算法本身具有优化迭代功能,因此可在已求得的聚类结果上再次进行迭代,以确定部分数据对象的聚类结果。

- 缺点：由于簇的个数 k 需预先给定,而聚类结果又依赖于初始值 k 的设定,因此 k 值的选定往往要经过多次实验,才能找到最佳簇的个数。k-均值算法采用随机法选择初始聚类中心,而该算法是一个贪心算法,在多项式时间内仅能获得局部最优解,不同的初始聚类中心选取方法得到的最终局部最优解的结果不同。针对这一问题,可采取一些改进措施,例如,从不同随机选择的起始点进行多次搜索,还可更进一步采

用模拟退火和生物遗传等优化搜索策略以尽可能地避免陷入局部最优。此外,由于簇中心是由簇中每个数据对象的平均值所确定的,远离数据密集区的孤立点和噪声点会导致簇中心偏离真正的数据密集区,所以对孤立点和噪声点较为敏感也是 k-均值算法的缺点之一。针对以上 k-均值算法存在的不足之处,目前已有迭代自组织数据分析技术(Iterative Self-Organizing Data Analysis Technique Algorithm, ISODATA)、k-中心点(k-Medoids)和 k-Summary 等许多改进的算法,并广泛应用于实际中。

思 考 题

1. 聚类的目标是将给定的数据集划分为多个簇。如何度量聚类结果的好坏?

2. k-均值算法需用户指定聚类的簇数量 k,然而实际应用中不一定能获得 k 的具体数值。是否可设计寻找 k 值的算法,算法的基本思想和主要步骤是什么?

3. 距离计算是聚类算法的核心,9.2 节介绍的 k-均值算法使用的是欧几里得距离。查阅相关文献,整理可用于聚类算法的距离计算方法,并进行比较。

4. 9.2 节介绍的 k-均值算法是针对数值型数据的聚类算法。对于形如表 8.1 的离散型数据样本,如何计算样本间的距离并进行聚类?

第 10 章　异常检测算法

10.1　异常检测概述

检测数据中不符合预期行为的异常数据,称为异常检测(Anomaly Detection)。根据研究和应用领域的不同,异常数据又被称为离群点、异常点、污点、不一致点等。异常检测的目的是通过数据挖掘方法找出显著不同于其他数据的异常点,并发现潜在的、有意义的知识。异常检测在许多领域都得到了广泛的应用。例如,在网络入侵检测领域,如果某台计算机在短时间内有大量的包被广播,此行为不同于正常情况下的网络通信,可通过异常检测算法来检测出这样的异常点。异常检测也被广泛应用于故障诊断、疾病检测、身份识别、欺诈检测等领域。待检测的数据对象称为样本,根据训练样本是否有标签可将异常检测划分为监督异常检测、半监督异常检测和无监督异常检测。

异常检测算法通常怀疑产生异常点的机制不同于产生其他大部分数据的机制。因此,这些算法的基本思想是用正常的数据训练模型、得到阈值,然后再判断新数据是否存在异常。常见的几种异常检测方法包括基于距离(Distance-based)、基于密度(Density-based)、基于聚类(Cluster-based)和基于统计(Statistics-based)的算法。基于距离的算法将每个样本当作一个点,通过计算每个点与周围点的距离来判断一个点是否为异常点。基于密度的算法与基于距离的算法类似,该类算法计算待检测样本的局部密度,以及与其临近点的局部密度,基于这两个密度值计算出相对密度,作为异常分数。基于聚类的算法将数据样本划分为不同的簇,选择小簇中的样本作为候选异常点,以非候选点构成的簇和候选点之间的距离作为判断是否存在异常的依据。基于统计的算法中,正常数据遵循某种特定的分布形式,且占较大比例,而异常数据和正常数据相比存在较大的偏差,这类算法需假定大部分数据服从一定的分布,而这样的分布在现实中往往很难获取,从而限制了该类算法的发展和应用。

本章以基于密度和基于聚类的经典异常检测算法为代表,详细介绍算法的基本思想和执行步骤,并分析算法的时间复杂度。

10.2　局部异常因子算法

局部异常因子(Local Outlier Factor,LOF)算法是基于密度的异常检测方法中最具有代表性的一类,它通过计算给定样本相对于其邻域的局部密度偏差来实现异常检测。LOF

算法简单、直观,不需要知道数据集的分布,并可量化每个样本的异常程度。

10.2.1 基本思想

LOF 算法的核心思想是,通过比较每个样本和其邻域样本的密度来判断该样本是否为异常点。样本的密度越低,越有可能是异常点。样本的密度通过样本间的距离来计算:样本间距离越远,密度越低;距离越近,密度越高。具体来说,LOF 算法中样本的密度通过样本的 k 距离邻域计算得到,而不是通过全局计算得到,这里的"k 距离邻域"即该算法中"局部"的概念,相关定义如下。

1. k 距离和 k 距离邻域

样本 O 的 k 距离(k-distance)是 O 和距离 O 的第 k 近的样本之间的距离,k 为事先设定的阈值。假设二维平面中存在样本集 $\{O,A,B,C,D,E,F,G,H\}$,如图 10.1 所示。为了简单起见,将 O 放置在原点。用欧几里得距离表示其余样本到 O 的距离,则由近及远到 O 的样本分别是 A、B、C、E、G、D、F 和 H。

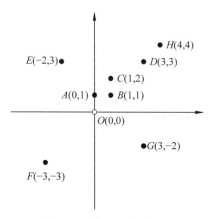

图 10.1 样本 O 的 k 距离

样本 $\boldsymbol{x}_i$ 的 k 距离表示为

$$D_k(\boldsymbol{x}_i) = \| \boldsymbol{x}_i - \boldsymbol{x}_{i,k} \|$$
$$= \sqrt{(\boldsymbol{x}_i^1 - \boldsymbol{x}_{i,k}^1)^2 + (\boldsymbol{x}_i^2 - \boldsymbol{x}_{i,k}^2)^2 + \cdots + (\boldsymbol{x}_i^t - \boldsymbol{x}_{i,k}^t)^2} \tag{10-1}$$

其中,$\boldsymbol{x}_{i,k}$ 表示距 $\boldsymbol{x}_i$ 第 k 近的样本,$\boldsymbol{x}_i$ 表示第 i 个样本,$\| \boldsymbol{x}_i - \boldsymbol{x}_{i,k} \|$ 表示两样本间的距离,t 表示样本维度。

样本 O 的 k 距离邻域(k-distance Neighborhood),是到 O 的距离小于 O 的 k 距离的所有样本构成的集合。图 10.2 中,$k=3$ 时,O 的 k 距离邻域为 $\{A,B,C\}$;$k=4$ 时,O 的 k 距离邻域为 $\{A,B,C,E,G\}$。可把 O 看作圆心,把 O 的 k 距离看作半径构成的一个圆,圆中的样本就是 O 的 k 距离邻域。

2. 可达距离

$\boldsymbol{x}_i$ 到 $\boldsymbol{x}_j$ 的可达距离(Reachability Distance)表示如下:

$$RD_k(\boldsymbol{x}_i, \boldsymbol{x}_j) = \max\{D_k(\boldsymbol{x}_i), \| \boldsymbol{x}_i - \boldsymbol{x}_j \|\} = \max\{\| \boldsymbol{x}_i - \boldsymbol{x}_{i,k} \|, \| \boldsymbol{x}_i - \boldsymbol{x}_j \|\}$$
$$\tag{10-2}$$

式(10-2)的含义是：当 $\boldsymbol{x}_i$ 到 $\boldsymbol{x}_j$ 的距离比 $\boldsymbol{x}_i$ 的 k 距离大时，$\boldsymbol{x}_i$ 到 $\boldsymbol{x}_j$ 的可达距离为 $\parallel \boldsymbol{x}_i - \boldsymbol{x}_j \parallel$，否则 $\boldsymbol{x}_i$ 到 $\boldsymbol{x}_j$ 的可达距离为 $\boldsymbol{x}_i$ 的 k 距离。以图 10.2 为例，当 $k=3$ 时，距 O 第 3 近的样本是 C，O 的 k 距离邻域是 $\{A,B,C\}$，则 O 到它们的可达距离都等于 C 到 O 的距离；而 O 到 D、E、F、G 和 H 的可达距离与 O 到它们的实际距离相等。

由于 $\boldsymbol{x}_i$ 的 k 距离和 $\boldsymbol{x}_j$ 的 k 距离并不相等，所以 $\boldsymbol{x}_i$ 到 $\boldsymbol{x}_j$ 的可达距离和 $\boldsymbol{x}_j$ 到 $\boldsymbol{x}_i$ 的可达距离也不相等。令 $\boldsymbol{x}_1$、$\boldsymbol{x}_2$、$\boldsymbol{x}_3$ 和 $\boldsymbol{x}_4$ 分别代表样本 $(0,0)$、$(3,3)$、$(4,4)$ 和 $(4,3)$，如图 10.3 所示，当 $k=2$ 时，$RD_2(\boldsymbol{x}_1,\boldsymbol{x}_2)$ 和 $RD_2(\boldsymbol{x}_2,\boldsymbol{x}_1)$ 的计算过程如下。

$$D_2(\boldsymbol{x}_1) = \parallel \boldsymbol{x}_1 - \boldsymbol{x}_{1.2} \parallel = \parallel \boldsymbol{x}_1 - \boldsymbol{x}_4 \parallel = \sqrt{(0-4)^2 + (0-3)^2} = 5$$

$$RD_2(\boldsymbol{x}_1,\boldsymbol{x}_2) = \max\{D_2(\boldsymbol{x}_1), \parallel \boldsymbol{x}_1 - \boldsymbol{x}_2 \parallel\} = D_2(\boldsymbol{x}_1) = 5$$

$$D_2(\boldsymbol{x}_2) = \parallel \boldsymbol{x}_2 - \boldsymbol{x}_{2.3} \parallel = \parallel \boldsymbol{x}_2 - \boldsymbol{x}_3 \parallel = \sqrt{(3-4)^2 + (3-4)^2} = \sqrt{2}$$

$$RD_2(\boldsymbol{x}_2,\boldsymbol{x}_1) = \max\{D_2(\boldsymbol{x}_2), \parallel \boldsymbol{x}_2 - \boldsymbol{x}_1 \parallel\} = \parallel \boldsymbol{x}_2 - \boldsymbol{x}_1 \parallel = \sqrt{18}$$

可见，$RD_k(\boldsymbol{x}_i,\boldsymbol{x}_j) \neq RD_k(\boldsymbol{x}_j,\boldsymbol{x}_i)$。

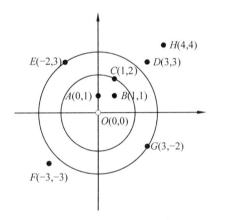

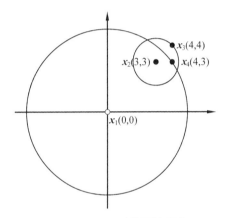

图 10.2　样本 O 的 k 距离邻域　　　　　图 10.3　$k=2$ 时的可达距离

3. 局部可达密度

样本 O 的局部可达密度(Local Reachability Density)是 O 的 k 距离邻域内的样本到 O 的平均可达距离的倒数。假设 $\boldsymbol{x}_i$ 的 k 距离邻域中有 n 个样本，用 $\boldsymbol{x}^n$ 表示，$\boldsymbol{x}_j^n$ 表示 $\boldsymbol{x}^n$ 中的第 j 个样本，那么 $\boldsymbol{x}_i$ 的局部可达密度可表示为

$$LRD_k(\boldsymbol{x}_i) = \left(\frac{1}{n} \sum_{j=1}^{n} RD_k(\boldsymbol{x}_j^n, \boldsymbol{x}_i) \right)^{-1} \tag{10-3}$$

其中，$\dfrac{1}{n} \sum\limits_{j=1}^{n} RD_k(\boldsymbol{x}_j^n, \boldsymbol{x}_i)$ 表示 $\boldsymbol{x}^n$ 中样本的密集程度。密集程度越高，该值越小，其倒数($\boldsymbol{x}_i$ 的局部可达密度)的值越大，$\boldsymbol{x}_i$ 和 $\boldsymbol{x}^n$ 越可能是同一簇；反之，如果 $\boldsymbol{x}_i$ 是异常数据，那么 $\boldsymbol{x}^n$ 中的样本到 $\boldsymbol{x}_i$ 的可达距离将会取这些样本到 $\boldsymbol{x}_i$ 的直线距离，该距离将远大于 $\boldsymbol{x}^n$ 中样本的 k 距离，最终导致 $\dfrac{1}{n} \sum\limits_{j=1}^{n} RD_k(\boldsymbol{x}_j^n, \boldsymbol{x}_i)$ 较大，其倒数的值较小。也就是说，$\boldsymbol{x}_i$ 的局部可达密度越大，$\boldsymbol{x}_i$ 越靠近其邻域中的样本；$\boldsymbol{x}_i$ 的局部可达密度越小，$\boldsymbol{x}_i$ 越远离它邻域中的样本。

4. 局部异常因子

样本 O 的局部异常因子，是 O 的 k 距离邻域中的所有样本的局部可达密度的均值与 O 的局部可达密度之比。使用以下方法计算局部异常因子：

$$LOF_k(\boldsymbol{x}_i) = \frac{\dfrac{1}{n}\sum_{j=1}^{n} LRD_k(\boldsymbol{x}_j^n)}{LRD_k(\boldsymbol{x}_i)} \tag{10-4}$$

其中，分子表示 $\boldsymbol{x}_i$ 的 k 距离邻域中的所有样本的局部可达密度的均值，分母表示 $\boldsymbol{x}_i$ 的局部可达密度。

实际上，式(10-4)通过比较 $\boldsymbol{x}_i$ 的密度和其邻域的密度来判断 $\boldsymbol{x}_i$ 是否为异常点。若 $LOF_k(\boldsymbol{x}_i)$ 接近 1，说明 $\boldsymbol{x}_i$ 的局部密度跟邻居的密度接近；若 $LOF_k(\boldsymbol{x}_i)$ 小于 1，说明 $\boldsymbol{x}_i$ 处于一个相对密集的区域，为异常点的可能性不大；若 $LOF_k(\boldsymbol{x}_i)$ 远大于 1，说明 $\boldsymbol{x}_i$ 与其他点比较疏远，较大可能为异常点。实际中，可根据具体情况选择与 $LOF_k(\boldsymbol{x}_i)$ 比较的阈值。

10.2.2　算法步骤

LOF 算法的核心在于找到每个样本的局部异常因子，下面介绍算法的关键步骤。

(1) 设定邻域值 k 和阈值 ε。

LOF 算法的具体检测性能表现与邻域值 k 和异常点阈值 ε 密切相关。对于不同的 k 值和 ε 值，LOF 算法的性能表现不一样，所以 LOF 算法在实际异常数据检测中需根据具体业务背景和数据分布特点来设定 k 和 ε 的值。

(2) 计算 k 距离和 k 距离邻域。

首先利用式(10-1)计算样本 $\boldsymbol{x}_i$($1 \leqslant i \leqslant n$) 与其他样本的欧几里得距离，再根据设置的 k 值，得到距离 $\boldsymbol{x}_i$ 最近的 k 个样本作为其 k 距离邻域，第 k 近样本的距离作为其 k 距离。

(3) 计算局部可达密度。

根据式(10-2)和 $\boldsymbol{x}_i$ 到其他样本的距离及其 k 距离，得到 $\boldsymbol{x}_i$ 与其他样本之间的可达距离，再根据式(10-3)计算出 $\boldsymbol{x}_i$ 的局部可达密度。

(4) 局部异常因子的计算。

根据步骤(3)中计算得到的局部可达密度和式(10-4)计算出 $\boldsymbol{x}_i$ 的局部异常因子 $LOF_k(\boldsymbol{x}_i)$，通过比较 $LOF_k(\boldsymbol{x}_i)$ 与阈值 ε 来确定 $\boldsymbol{x}_i$ 是否为异常点。

下面首先给出测试变量的选择方法和相关变量的说明。假设由 n 个样本构成的数据集 X 描述为 $X = \{\boldsymbol{x}_1, \boldsymbol{x}_2, \cdots, \boldsymbol{x}_n\}$，$x_i = \{\boldsymbol{x}_i^1, \boldsymbol{x}_i^2, \cdots, \boldsymbol{x}_i^t\}$($1 \leqslant i \leqslant n$)，样本维度为 t；距离矩阵是一个用于存储样本间距离的 $n \times n$ 矩阵，记为 $\boldsymbol{D}$；k 邻域索引矩阵是一个包含 n 个链表的矩阵，其中每个链表用于保存每个样本的 k 距离邻域样本在 $\boldsymbol{D}$ 中的索引，记为 $\boldsymbol{KN}$；k 距离矩阵是一个 $n \times 1$ 的矩阵，用于保存每个样本的 k 距离，记为 $\boldsymbol{KD}$；局部可达密度矩阵是一个 $n \times 1$ 的矩阵，用于保存每个样本的局部可达密度，记为 $\boldsymbol{LRD}_k$；局部异常因子矩阵是一个 $n \times 1$ 的矩阵，用于保存每个样本的局部异常因子，记为 $\boldsymbol{LOF}_k$。

综上所述，LOF 算法首先计算样本间的距离，根据距离的大小确定每个样本的 k 距离和 k 距离邻域，并计算每个样本的局部异常因子，最后将局部异常因子与阈值 ε 进行比较，即可确定样本是否异常。以上思想见算法 10.1。

算法 10.1　LOF //局部异常因子算法

输入：
　　$X = \{\boldsymbol{x}_1, \boldsymbol{x}_2, \cdots, \boldsymbol{x}_n\}$：样本数据集；$\varepsilon$：异常点阈值；$k$：邻域值
输出：
　　$\boldsymbol{LOF}_k$：局部异常因子矩阵；$\boldsymbol{M}$：正常点索引矩阵；$\boldsymbol{N}$：异常点索引矩阵

步骤：

1.　构建 $n \times n$ 的样本间矩阵 $\boldsymbol{D}$ 　　　　　　　　　　　　//$D_{(i,j)}$ 表示第 i 行第 j 列，$\boldsymbol{D}_i$ 表示第 i 行
2.　For $i = 1$ To n Do
3.　　For $j = 1$ To n Do
4.　　　$D_{(i,j)} \leftarrow$ 计算样本 $\boldsymbol{x}_i$ 与 $\boldsymbol{x}_j$ 之间的距离
5.　　End For
6.　　$\boldsymbol{KD}_i \leftarrow$ 根据 $\boldsymbol{D}_i$ 计算样本 x_i 的 k 距离
7.　　$\boldsymbol{KN}_i \leftarrow$ 根据 $\boldsymbol{KD}_i$ 与 $\boldsymbol{D}_i$ 生成样本 x_i 的 k 距离邻域样本的索引
8.　End For
9.　For $i = 1$ To n Do
10.　　For Each j in $\boldsymbol{KN}_i$ Do
11.　　　$D_{(i,j)} \leftarrow \max\{\boldsymbol{KD}_i, \boldsymbol{D}_{(i,j)}\}$ 　　　　　　　　//根据式(10-2)计算可达距离
12.　　End For
13.　End For
14.　For $i = 1$ To n Do
15.　　$\boldsymbol{LRD}_k(i) \leftarrow \left(\sum\limits_{j \in \boldsymbol{KN}_i} D_{(j,i)} / |\boldsymbol{KN}_i|\right)^{-1}$ 　　　// 根据式(10-3)计算局部可达密度
16.　End For
17.　For $i = 1$ To n Do
18.　　$\boldsymbol{LOF}_k(i) \leftarrow \dfrac{1}{|\boldsymbol{KN}_i|}\left(\sum\limits_{j \in KN_i} \boldsymbol{LRD}_k(j)\right) / \boldsymbol{LRD}_k(i)$ 　　// 根据式(10-4)计算局部异常因子
19.　End For
20.　For $i = 1$ To n Do
21.　　If $\boldsymbol{LOF}_k(i) > \varepsilon$ Then
22.　　　$\boldsymbol{N} \leftarrow \boldsymbol{N} \cup \{\boldsymbol{x}_i\}$ 　　　　　　　　　　　　//$\boldsymbol{x}_i$ 是异常样本
23.　　Else
24.　　　$\boldsymbol{M} \leftarrow \boldsymbol{M} \cup \{\boldsymbol{x}_i\}$ 　　　　　　　　　　　　//$\boldsymbol{x}_i$ 是正常样本
25.　　End If
26.　End For
27.　Return $\boldsymbol{LOF}_k$, $\boldsymbol{M}$, $\boldsymbol{N}$

　　算法 10.1 的时间开销主要来自计算样本之间的距离,因此,其时间复杂度为 $O(t \times n^2)$。下面通过一个例子展示算法 10.1 的执行过程。

　　例 10.1　使用 100 个服从标准正态分布的点和 30 个随机从 $[-4, 4]$ 中选取的点作为示例数据集,数据集片段见表 10.1,ID 表示数据集中样本的索引值,设置 $k = 15$,$\varepsilon = 1.5$。

表 10.1　示例数据集片段

ID	横坐标	纵坐标	ID	横坐标	纵坐标
0	0.49671415	−0.1382643	6	0.24196227	−1.91328024
1	0.64768854	1.52302986	⋮	⋮	⋮
2	−0.23415337	−0.23413696	127	−2.74850366	−1.99805681
3	1.57921282	0.76743473	128	0.39381332	1.71676738
4	−0.46947439	0.54256004	129	1.28157901	−1.76052882
5	−0.46341769	−0.46572975			

下面以第一个样本 x_0 为例，介绍算法 10.1 的执行过程。

① 计算 x_0 与其他样本之间的距离，结果为 $[0, 1.66814014, 0.73712883, \cdots,$ $3.74035651, 1.85788351, 1.80215289]$。

② 得到 x_0 的 k 领域中点的 ID 值，结果为 $[93, 54, 25, 20, 105, 74, 38, 48, 49, 34, 64, 75,$ $77, 97, 43]$，x_0 的 k 距离为 0.62721847。

③ 计算 x_0 的局部可达密度 $LRD(x_0) = 1.59814364$。

④ 计算局部异常因子 $LOF(x_0) = 0.98977497$，由于该值小于设定的阈值 ε，因此 x_0 不是异常点，用正常点索引矩阵记录其在数据集中的索引值 0。

最终运行结果如图 10.4 所示，标出了异常点及其局部异常因子。

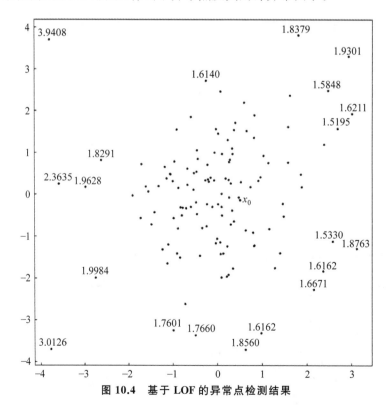

图 10.4　基于 LOF 的异常点检测结果

10.3　基于聚类的局部异常因子算法

第 9 章介绍的聚类算法将相似的数据分到同一个簇,尽可能使簇内相似度大、簇间相似度小。聚类和异常检测似乎是两种不同的过程,但实际上二者从数据密度估计的角度看有密切的联系,即数据密度较大的区域与聚类中心区域相对应,数据密度较小的区域与类边缘或异常点相对应。因此,常见的聚类算法扩展后都能应用于异常检测,且主要通过检测数据样本与簇之间的距离关系得到异常点。基于聚类的局部异常因子(Cluster-based Local Outlier Factor,CBLOF)算法是经典的基于聚类的异常检测算法,从没有标记的数据集出发,成本低、易实现,因其高效性和简单性被广泛应用于异常检测领域。

10.3.1　基本思想

CBLOF 算法主要受 LOF 算法思想的启发,并基于聚类算法实现。CBLOF 算法的基本思想是:对数据样本聚类得到多个簇,然后根据各个簇包含样本的数量将簇分成大簇和小簇,小簇在宏观上可看作离它最近大簇的"局部"。如果某样本属于大簇,则利用该样本和所属大簇计算其异常得分(也称异常因子);如果该样本属于小簇,则利用该样本和距离该样本最近的大簇计算其异常得分,最后按各样本的异常得分判断该样本是否属于异常点。

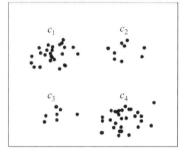

图 10.5　聚类结果示例

图 10.5 给出了一个简单的聚类结果示例,表示由聚类算法得到簇 c_1、c_2、c_3 和 c_4。显然,c_2 和 c_3 属于小簇,c_1 和 c_4 属于大簇。根据 CBLOF 算法的基本思想,c_2 和 c_3 小簇中的样本点有较大概率为异常点,而 c_1 和 c_4 大簇中的样本点有较大概率为正常点。下面介绍 CBLOF 算法的执行过程。

10.3.2　算法步骤

CBLOF 算法的执行过程包括如下步骤。

(1)选择聚类算法。

由于 CBLOF 算法以聚类算法为基础,所以构造 CBLOF 时应先选择具体的聚类算法。不同的聚类算法有其特点和优劣,不存在某个聚类算法适用于所有情形和任意数据集。因此,针对特定的数据集选择合适的聚类算法,对 CBLOF 算法的后续执行过程及结果尤为关键。

(2)划分簇。

当聚类算法收敛得到 m 个簇后,按一定的比例将 m 个簇划分为大簇和小簇,划分原则为大簇中的样本数量总是大于小簇中的样本数量。

(3)计算基于聚类的异常得分。

使用欧几里得距离计算样本与簇中心之间的距离。对于大簇中的样本,其异常得分为

该样本到其簇中心的距离；对于小簇中的样本，其异常得分为该样本到其最近的大簇中心的距离。

（4）选取异常点。

当计算得到所有样本的异常得分后，即可选取异常得分较大的样本作为异常点。

上述步骤（1）～（4）中所涉及的计算过程如下。

设 $X=\{x_1,x_2,\cdots,x_n\}$ 为样本数据集，样本 x_i 的维为 t，$C=\{c_1,c_2,\cdots,c_m\}$ 为基于聚类算法得到的 m 个簇，其中 $c_i \bigcap c_j = \varnothing(i \neq j)$ 且 $c_1 \bigcup c_2 \bigcup \cdots \bigcup c_m = X$，$|c_m|$ 为第 m 个簇中的样本数量，$\text{distance}(x_l,c_i)$ 为样本 x_l 到簇 c_i 中心的距离。假设 $|c_1| \geqslant |c_2| \geqslant \cdots \geqslant |c_m|$，对于得到的 m 个簇，使用以下方法进行大簇和小簇的划分。

$$(|c_1|+|c_2|+\cdots+|c_b|) \geqslant |X| \times \alpha \qquad (10\text{-}5)$$

$$|c_b| / |c_{b+1}| \geqslant \beta \qquad (10\text{-}6)$$

其中，α 和 β 为可调参数，一般分别设置为 0.9 和 5.0，b 为大簇和小簇的分界值，可记大簇集合为 $LC=\{c_i,i \leqslant b\}$，小簇集合为 $SC=\{c_j,j > b\}$。因此，式（10-5）和式（10-6）可解释为大簇中的样本数量至少为总样本数量的 α 倍，且当 c_b 簇中的样本数量至少为 c_{b+1} 簇中样本数量的 β 倍。此时，将 c_1 至 c_b 划分为大簇，将 c_{b+1} 至 c_m 划分为小簇。

根据划分好的大簇和小簇，用如下方法计算每个簇中数据样本的异常得分。

$$\text{CBLOF}(x_l)=\begin{cases} |c_i| \times \min(\text{distance}(x_l,c_j)) & x_l \in c_i, c_i \in SC, c_j \in LC \\ |c_i| \times \text{distance}(x_l,c_i) & x_l \in c_i, c_i \in LC \end{cases} \qquad (10\text{-}7)$$

由此计算得到数据样本集中所有样本的异常得分，根据每个数据样本的异常得分即可判断其是否属于异常点。

综上，CBLOF 算法首先根据选取的聚类算法对数据样本集进行聚类，将聚类得到的簇划分为大簇和小簇，并计算簇中每个样本的异常得分，基于所有样本的异常得分即可完成数据样本集的异常检测，上述思想见算法 10.2。

算法 10.2 CBLOF //CBLOF 算法

输入：

　　X：数据集；α、β：可调参数

输出：

　　$U=\{\text{CBLOF}(x_l) | x_l \in X\}$：数据样本的异常得分集合

步骤：

1. 使用 9.2 节的 k-均值聚类算法对 X 进行聚类，得到 m 个簇的集合 C

2. $C \leftarrow \{c_1,c_2,\cdots,c_{m-1},c_m \| c_m| \leqslant |c_{m-1}| \leqslant \cdots \leqslant |c_2| \leqslant |c_1|\}$ 　　//将 m 个簇按样本数量排序

3. 由 α、β、式（10-5）和式（10-6）计算 b 值，作为簇的分界值

4. $LC \leftarrow \{c_1,c_2,\cdots,c_b\}$ 　　　　　　　　　　　　　　　//LC 为大簇集合

5. $SC \leftarrow \{c_{b+1},\cdots,c_m\}$ 　　　　　　　　　　　　　　　//SC 为小簇集合

6. $U \leftarrow \varnothing$

7. For $l=1$ To n Do

8. 　　If $x_l \in c_i$ 且 $c_i \in SC$ Then

9. 　　　　$\text{CBLOF}(x_l)|c_i| \times \min\{\text{distance}(x_l,c_j)\}$ 　　　　　//$c_j \in LC$

10.	$U \leftarrow U \bigcup \{CBLOF(\boldsymbol{x}_l)\}$	//将 CBLOF$(\boldsymbol{x}_l)$添加至集合 U 中
11.	Else	
12.	CBLOF$(\boldsymbol{x}_l) \leftarrow |c_i| \times$distance$(x_l, c_i)$	//$c_i \in LC$
13.	$U \leftarrow U\{CBLOF(\boldsymbol{x}_l)\}$	//将 CBLOF$(\boldsymbol{x}_l)$添加至集合 U 中
14.	End If	
15.	End For	
16.	Return U	

算法 10.2 的时间开销主要取决于聚类和异常得分的计算,异常得分计算的时间复杂度为 $O(n)$,而 k-均值聚类算法的时间复杂度为 $O(n \times t \times m \times item)$,其中,$n$ 为数据样本数,t 为每个样本的属性数(维度),m 为聚类生成的簇数,item 为聚类的迭代次数。当 n 足够大时,t、m 和 item 可忽略,此时 k-均值算法的时间复杂度是线性或接近线性时间的,即 CBLOF 算法的时间开销与 k-均值算法的时间开销相等,可在线性或接近线性时间内完成。

例 10.2 针对表 10.2 中的样本集,使用算法 10.2 进行异常检测的过程如下。

表 10.2 中的数据集片段来自 Tableau 用户组提供的销售和利润采样数据[①],共有 9994 个数据样本,每个样本存在 21 种属性。异常检测的计算过程如下。

表 10.2 示例数据集片段

Row ID	Sales	Profit
1	261.96	41.9136
2	731.94	219.582
3	14.62	6.8714
4	957.5775	-383.031
5	22.368	2.5164
6	48.86	14.1694
7	7.28	1.9656
8	907.152	90.7152
9	18.504	5.7825
10	114.9	34.47
...	...	...

① 选择数据集中的 Sales 和 Profit 属性,使用 k-均值算法对其进行聚类,其中 n、t、m 和 item 的值分别为 9994、2、8 和 100。k-均值聚类结果如图 10.6 所示,其中 0~7 表示用不同形状区分的 8 个不同的簇,size 为每个簇包含的数据样本数。

---

① https://community.tableau.com/s/question/0D54T00000CWeX8SAL/sample-superstore-sales-excelxls。

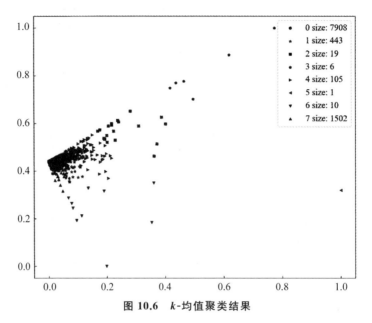

图 10.6　k-均值聚类结果

② 由 8 个簇分别统计的 size 对其进行划分，其中 α 和 β 选择默认参数（分别为 0.9 和 5.0），根据式（10-5）和式（10-6）计算出（7908＋1502＋443＋105）≥（9994×0.9），且 105/19≥ 5.0，得到大簇集合 $LC＝\{0,7,1,4\}$ 和小簇集合 $SC＝\{2,6,3,5\}$，划分结果如图 10.7 所示。

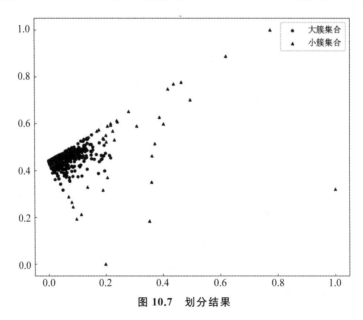

图 10.7　划分结果

③ 由划分好的 LC 和 SC，根据式（10-7）计算出数据样本的异常得分（异常因子），对异常得分的集合 U 进行非升序排序，选取异常点，从而完成数据样本集的异常检测，结果如图 10.8 所示。

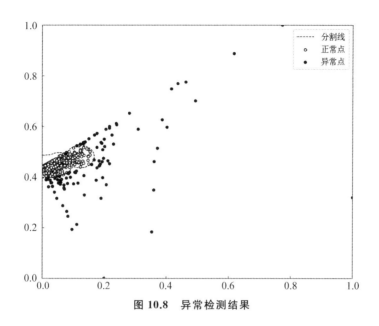

图 10.8　异常检测结果

10.4　Python 程序示例

本节首先给出 Python 程序示例 10.1,实现 LOF 算法(算法 10.1),其中,_kdist()函数用于计算 k 距离,get_rdist()函数用于计算可达距离,get_lrd()函数用于计算局部可达密度,run()函数用于计算局部离群因子。然后给出 Python 程序示例 10.2,实现 CBLOF 算法(算法 10.2),其中 compute_clusters_sample_size()函数用于计算簇中样本的数量,compute_large_and_small_clusters()函数将样本划分为大簇集合和小簇集合,decision_function()函数用于计算样本的异常得分。

程序示例 10.1

```
1.  import numpy as np
2.  from scipy.spatial.distance import cdist
3.
4.
5.  class LOF:
6.      def __init__(self, data, k, epsilon=1.0):
7.          self.data = data
8.          self.k = k
9.          self.epsilon = epsilon
10.         self.N = self.data.shape[0]
11.
12.     def get_dist(self):
13.         return cdist(self.data, self.data)
14.
```

```
15.     #计算 k 距离
16.     def _kdist(self, arr):
17.         inds_sort = np.argsort(arr)
18.         neighbor_ind = inds_sort[1:self.k + 1]
19.         return neighbor_ind, arr[neighbor_ind[-1]]
20.
21.     #计算可达距离
22.     def get_rdist(self):
23.         dist = self.get_dist()
24.         nei_inds, kdist = [], []
25.         for i in range(self.N):
26.             neighbor_ind, k = self._kdist(dist[i])
27.             nei_inds.append(neighbor_ind)
28.             kdist.append(k)
29.         for i, k in enumerate(kdist):
30.             ind = np.where(dist[i] < k)
31.             dist[i][ind] = k
32.         return nei_inds, dist
33.
34.     #计算局部可达密度
35.     def get_lrd(self, nei_inds, rdist):
36.         lrd = np.zeros(self.N)
37.         for i, inds in enumerate(nei_inds):
38.             s = 0
39.             for j in inds:
40.                 s += rdist[j, i]
41.             lrd[i] = self.k / s
42.         return lrd
43.
44.     #计算局部离群因子
45.     def run(self):
46.         nei_inds, rdist = self.get_rdist()
47.         lrd = self.get_lrd(nei_inds, rdist)
48.         score = np.zeros(self.N)
49.         for i, inds in enumerate(nei_inds):
50.             lrd_nei = sum(lrd[inds])
51.             score[i] = lrd_nei / self.k / lrd[i]
52.         return score, np.where(score > self.epsilon)[0]
53.
54.
55. if __name__ == '__main__':
56.     np.random.seed(42)
57.     X_inliers = np.random.randn(100, 2)
58.     X_outliers = np.random.uniform(low=-4, high=4, size=(30, 2))
```

```
59.        data = np.r_[X_inliers, X_outliers]
60.        k, epsilon = 15, 1.5
61.        lof = LOF(data, k, epsilon)
62.        score, out_ind = lof.run()
63.        outliers, out_score = data[out_ind], score[out_ind]
64.        for a, b in zip(outliers[:5], out_score[:5]):
65.            print("异常点坐标:(%.2f,%.2f) " % (a[0], a[1] + 0.001), \
66.                "局部异常因子:%.4f" % b)
```

运行结果:

异常点坐标:(-2.62,0.82)　局部异常因子:1.8291
异常点坐标:(-0.26,2.72)　局部异常因子:1.6140
异常点坐标:(3.02,1.93)　局部异常因子:1.6211
异常点坐标:(2.47,2.48)　局部异常因子:1.5848
异常点坐标:(2.94,3.31)　局部异常因子:1.9301

程序示例 10.2

```
1.  import numpy as np
2.  import pandas as pd
3.  from sklearn.cluster import KMeans
4.
5.
6.  def Min_Max_Normal(x):
7.      return (x - x.min()) / x.max()
8.
9.
10. #计算每个簇中样本的数量
11. def compute_clusters_sample_size(km_num=0, km_lable=0):
12.     cluster_sizes = []
13.     for label in range(km_num):
14.         size = sum(km_lable == label)
15.         cluster_sizes.append(size)
16.     return cluster_sizes
17.
18.
19. #划分大簇集合和小簇集合
20. def compute_large_and_small_clusters(df_cluster_sizes):
21.     large_clusters, small_clusters = [], []
22.     sizes = df_cluster_sizes['size'].values
23.     clusters = df_cluster_sizes['cluster'].values
24.     n_clusters, found_b, count = len(clusters), False, 0
25.     for i in range(n_clusters):
26.         satisfy_alpha, satisfy_beta = False, False
27.         if found_b:
```

```
28.            small_clusters.append(clusters[i])
29.            continue
30.        count += sizes[i]
31.        if count > num_point_in_large_clusters:
32.            satisfy_alpha = True
33.        if i < n_clusters - 1 and sizes[i] / sizes[i + 1] > beta:
34.            satisfy_beta = True
35.        if satisfy_alpha and satisfy_beta:
36.            found_b = True
37.        large_clusters.append(clusters[i])
38.    return large_clusters, small_clusters
39.
40.
41. def get_distance(a, b):
42.     return np.sqrt((a[0] - b[0])**2 + (a[1] - b[1])**2)
43.
44.
45. #计算样本点的异常得分
46. def decision_function(X, labels):
47.     n, distances = len(labels), []
48.     for i in range(n):
49.         p, label = X[i], labels[i]
50.         if label in large_clusters:
51.             center = km.cluster_centers_[label]
52.             d = get_distance(p, center)
53.         else:
54.             d = None
55.             for center in large_cluster_centers:
56.                 d_temp = get_distance(p, center)
57.                 if d is None:
58.                     d = d_temp
59.                 elif d_temp < d:
60.                     d = d_temp
61.         distances.append(d)
62.     distances = np.array(distances)
63.     return distances
64.
65.
66. if __name__ == '__main__':
67.     df = pd.read_excel("./Sample - Superstore.xls")
68.     num_point = df.shape[0]
69.     x1, y1 = df['Sales'].values, df['Profit'].values
70.     alpha, beta = 0.9, 5
71.     num_point_in_large_clusters = int(num_point * alpha)
```

```
72.      x, y = Min_Max_Normal(x1), Min_Max_Normal(y1)
73.      X = [[a, b] for (a, b) in zip(x, y)]
74.      X = np.array(X)
75.
76.      #用 k-Means算法对样本进行聚类
77.      km = KMeans(n_clusters=8)
78.      km.fit(X)
79.      cluster_sizes = compute_clusters_sample_size(
80.          km.n_clusters, km.labels_)
81.      df_cluster_sizes = pd.DataFrame()
82.      df_cluster_sizes['cluster'] = list(range(8))
83.      df_cluster_sizes['size'] = df_cluster_sizes['cluster'].apply(
84.          lambda c: cluster_sizes[c])
85.      df_cluster_sizes.sort_values(by=['size'], ascending=False, \
86.          inplace=True)
87.      large_clusters, small_clusters = compute_large_and_small_clusters(
88.          df_cluster_sizes)
89.      large_cluster_centers = km.cluster_centers_[large_clusters]
90.      distances = decision_function(X, km.labels_)
91.      threshold = np.percentile(distances, 99)
92.      anomaly_labels = (distances > threshold) * 1
93.      for a, b, c in zip(x[anomaly_labels == 1][:5], \
94.          y[anomaly_labels == 1][:5],
95.                          distances[:5]):
96.          print("异常样本:(%.2f,%.2f)" % (a, b), "异常得分:%.4f" % c)
```

运行结果:

```
异常样本:(0.14,0.59) 异常得分:0.0087
异常样本:(0.36,0.62) 异常得分:0.0113
异常样本:(0.05,0.67) 异常得分:0.0032
异常样本:(0.15,0.86) 异常得分:0.0605
异常样本:(0.14,0.72) 异常得分:0.0030
```

10.5　小　　结

本章以 LOF 和 CBLOF 为代表介绍了基于密度和基于聚类的异常检测算法,对每个算法给出了其基本思想、算法伪代码和示例。下面总结 LOF 和 CBLOF 算法的优缺点,为读者选择并使用合适的异常选择算法提供参考。

(1) LOF 算法的优缺点。

LOF 算法将特征分布异常的样本"挑出来",而不是像无监督聚类算法一样把异常分布相似的样本"聚出来",其核心是将数据分布密度较小且比较零散的异常数据检测出来。当未知类型的异常数据由于各种原因而分布比较零散,且距离正常数据集合较远时,LOF 算

法具有很好的表现性能。基于密度的 LOF 算法的优缺点概括如下。

- 优点：无论特征分布是稠密的还是稀疏的，服从同一分布的对象不会被错误地标记为异常点；算法简单、直观，不需要知道数据集的分布，并能量化每个样本的异常程度。
- 缺点：需要计算两两样本之间的距离，使得算法的时间复杂度为 $O(n^2)$，当数据数量和维度很大时，计算量也会变得很大；采用欧几里得距离来计算样本之间距离的方式，将样本不同维度属性之间的差别等同看待，有时并不符合实际需求，会带来量纲和计算量的问题，且算法的表现很依赖于 k 值和 ε 值的选择。

对此，人们对 LOF 算法进行了许多方面的改进，例如，快速局部异常因子（Fast Local Outliers Factor，FastLOF）算法将算法复杂度由 $O(n^2)$ 降为 $O(n\log n)$，以小幅牺牲精度为代价来大幅提高检测效率；动态环境下局部异常的增量挖掘算法 IncLOF 将静态的 LOF 算法用于动态环境下的异常点挖掘；局部异常概率（Local Outlier Probabilities，LoOP）算法提供了 $[0,1]$ 范围内的离群点“分数”，该分数可解释为样本是异常点的概率。

（2）CBLOF 算法的优缺点。

CBLOF 算法将聚类算法和 LOF 算法相结合，利用聚类算法将数据集聚成簇，然后根据簇的大小划分为大簇和小簇，分别计算每个簇中样本的异常因子。该算法认为，小簇在宏观上可看作离它最近大簇的局部，因此大簇中样本的异常因子会比较低，而小簇中样本的异常因子相对较高。在同一个簇中，簇边缘的样本更可能为异常点，而簇中心的样本则更可能为正常点。因此，基于聚类的 CBLOF 算法的优缺点概括如下。

- 优点：不需要监督，易适应在线或增量模式，适用于时空数据的异常检测。若选择聚类算法的时间和空间复杂度是线性的或接近线性的，基于这类算法的异常检测技术对大规模数据集也是有效的。
- 缺点：没有任何一种聚类算法适用于所有数据集，不同的数据集需要采用不同的聚类算法，这同样也是 CBLOF 算法的最大缺点。当聚类算法的选取不合适时，样本不能创建任何有意义的簇，那么该方法可能会失败。针对高维空间中的稀疏数据，任意两个样本间的距离可能会非常相似，聚类算法可能不会得到有意义的簇。

近年来，随着深度学习技术的快速发展，异常检测领域也出现了越来越多的基于深度学习的方法。例如，在医学图像中应用的 AnoGAN 算法、在视频异常检测上应用的未来帧预测算法，以及在网络入侵检测上应用的基于生成对抗网络的异常检测算法。还有基于深度生成模型的群体异常检测算法、基于深度自动编码器的无监督异常检测算法，等等。

思 考 题

1. 可通过二分类器实现异常检测，即通过一个二分类器将给定的数据集划分为正常和异常两类。使用二分类方法的异常检测算法有什么优势和不足？

2. 由 CBLOF 可知，异常检测可基于聚类算法来实现。聚类问题与异常检测问题的不同之处是什么？聚类算法对任何异常检测问题都适用吗？为什么？

3. 生成模型（Generative Model）能描述样本数据的概率分布，并生成服从该概率分布的新样本。查阅相关文献，给出基于生成模型进行异常检测的基本思想和主要步骤。

第 11 章 频繁模式挖掘算法

11.1 频繁模式挖掘概述

2020 年新冠肺炎疫情对全球带来了巨大的冲击和破坏,如何针对患者症状进行快速、准确的诊断,并及时隔离治疗,是战胜新冠肺炎疫情的关键。疫情初期,由于缺乏对该疾病的了解,且新冠肺炎的初始症状与"重感冒"非常类似,可能错误地以应对"流感"的方式进行治疗,导致大量感染者失去最佳的治疗时机,也使病毒的传播更加迅速,如何快速确认新冠肺炎病症,且区别于一般流感,成为疫情防控和患者治疗的难题。

可通过分析新冠肺炎患者的临床数据,快速发现患者不同症状间的关联,确定表征最强的症状群,为病症诊断提供依据,这是典型的频繁模式挖掘和关联分析问题。例如,到某医院就诊的 354 名疑似患者中,经检查确诊 121 例,基于患者的临床调查数据,挖掘其中的频繁模式,得到症状和新冠肺炎的关联信息,如表 11.1 和表 11.2 所示。分析可知,90% 以上的"发热""咳嗽"和"乏力"等单项症状与新冠肺炎相关联,若设置阈值为 0.9,则这些症状可判定为新冠肺炎的强单项症状;而 100% 的"发热、咳嗽、乏力"的 3-项关联症状群与新冠肺炎相关联,高于所设置的阈值,可判断该症状群为新冠肺炎的强 3-项症状群,从而得到描述症状群与新冠肺炎之间的关联关系"(发热,咳嗽,乏力)→新冠肺炎"。因此,利用频繁模式挖掘算法,快速找到与新冠肺炎相关联的最强症状群,可为接诊患者的有效隔离和对症治疗提供参考和依据。

表 11.1　出现频率高于 40% 的新冠肺炎症状

症状	频次	频率	与新冠肺炎相关的概率	症状	频次	频率	与新冠肺炎相关的概率
发热	202	57.06%	100%	胸闷	221	62.43%	100%
咳嗽	311	87.85%	100%	纳呆	157	44.35%	88.42%
乏力	165	46.61%	100%	苔黄	169	47.74%	94.44%
痰少	158	44.63%	91.73%	舌质红	155	43.79%	100%

表 11.2　出现频率高于 75% 的新冠肺炎 3-项关联症状

症状	频率	与新冠肺炎相关的概率	症状	频率	与新冠肺炎相关的概率
发热,咳嗽,乏力	87.95%	100%	胸闷,气促,乏力	77.89%	100%
咳嗽,痰黄,痰少	78.63%	100%	发热,口渴,苔黄	85.47%	100%

频繁模式（Frequent Pattern）是指频繁地出现在数据集中的模式（如项集、子序列或子结构）。例如，频繁地同时出现在新冠肺炎患者临床数据中的症状集合（发热，咳嗽，乏力），频繁地同时出现在交易数据集中的商品集合（篮球、球鞋、运动裤），也称为频繁项集（Frequent Itemset）。频繁模式挖掘，旨在发现数据之间隐含的关联关系，是关联规则挖掘、相关性分析、因果关系挖掘、局部周期性分析等数据挖掘任务的基础，是数据挖掘领域中的经典算法，广泛用于推荐系统、异常检测、医疗诊断等领域。

关联规则（Association Rule）反映了数据间的相互依存性与关联性，关联规则挖掘是数据挖掘领域中的经典问题。关联规则是形如 $X \rightarrow Y$ 的逻辑蕴涵式，表示"通过 X 可推导得到 Y"，X 和 Y 为数据集中两个互不相交的事务数据集。根据数据集的类型，可分为布尔型关联规则和数值型关联规则，前者只考虑关联规则中的数据项是否出现，后者涉及数值型数据项。关联规则挖掘过程可分为两步：第一步搜索数据集中的所有频繁项集；第二步基于频繁项集产生关联规则，其中，频繁项集的搜索是关联规则挖掘的关键所在。

经典的频繁模式挖掘算法有 Apriori、FP-Growth 和 Eclat 等。Apriori 算法是最早的频繁模式挖掘方法，通过使用逐层搜索的迭代方法，在频繁 k-项集的基础上搜索频繁 $(k+1)$-项集。FP-Growth 利用频繁模式树（FP-Tree）记录项集之间的关联信息，每个节点保存项集出现的次数，并将相同节点链接起来，按照不同路径分成多组条件 FP-Tree，然后分别在各组条件 FP-Tree 上搜索频繁项集，从而减少搜索数据的规模。然而，FP-Growth 空间开销大，即使在数据集较小的情况下，也需构建大量的 FP-Tree。与 Apriori 和 FP-Growth 算法不同，Eclat 算法将事务中的项视为键，将项对应的事务作为值，按照键进行字典排序，同时使用深度优先搜索对键值进行逻辑"交"和"并"操作，自顶向下产生频繁项集，当数据集中键的规模增大时，会因数据表太大而增大时空开销。

鉴于 Apriori 算法良好的性质和广泛的应用，本节以该算法为代表，介绍频繁模式挖掘算法的基本思想和执行步骤，并分析算法的时间复杂度。

11.2 Apriori 算法

11.2.1 基本概念

频繁模式中的最小单位信息称为项（Item），是数据集中不可分割的单位，用符号 i 表示。设 $I = \{i_1, i_2, \cdots, i_n\}$ 是数据集中所有项构成的集合，I 称为项集，若 I 中包含 k 个项，则称为 k-项集。给定事务数据集 D，D 中的每个事务 T 是项的集合，$T \subseteq I$；每个事务有一个标识符，记为 TID。在整个数据集 D 中，项集出现的频率称为支持度（Support），计算公式如下。

$$Support(A) = \frac{Sum(A)}{|D|} \tag{11-1}$$

其中，A 为项集，$|D|$ 表示 D 中事务的数量，$Sum(A)$ 表示项集 A 在 D 中出现的次数。

最小支持度（Minimum Support）是一个阈值参数，记为 min_sup，支持度不小于该阈值的项集称为频繁项集。

关联规则是形如 $X \rightarrow Y$ 的逻辑蕴涵式，其中 $X, Y \subseteq I$ 且 $X \cap Y = \varnothing$，表示项集 X 在某一数

据集中出现,则导致 Y 也会以某一概率出现。一条关联规则在数据集中成立,具有相应的支持度。支持度为数据集中包含 $X \bigcup Y$(出现过 X 和 Y)的比例,表示为联合概率分布 $P(X \bigcup Y)$,计算方法如下。

$$Support(X \rightarrow Y) = \frac{Sum(X,Y)}{|D|} = P(X \bigcup Y) \tag{11-2}$$

每条关联规则都具有表示其有效性的确定性度量,称为关联规则的置信度(Confidence)。规则 $X \rightarrow Y$ 在数据集中的置信度,表示数据集中包含 X 的同时也包含 Y 的比例,表示为条件概率分布 $P(Y|X)$,计算方法如下。

$$Confidence(X \rightarrow Y) = \frac{Sum(X,Y)}{Sum(X)} = P(Y \mid X) \tag{11-3}$$

最小置信度(Minimum Confidence)也是一个阈值参数,记为 min_conf,是有效关联规则的最低限度。若关联规则同时满足最小支持度和最小置信度,则将其称为强规则。

11.2.2　基本思想

Apriori 算法使用逐层搜索的迭代方法,基于频繁 k-项集搜索频繁 $(k+1)$-项集:首先,找出所有的频繁 1-项集,记为 L_1,接下来利用 L_1 寻找频繁 2-项集的集合 L_2,利用 L_2 寻找 L_3,……,直至无法找到任何频繁 k-项集。为实现这一过程,Apriori 算法利用了如下两个性质。

(1) 若一个集合是频繁项集,则其所有非空子集都是频繁项集。若频繁项集 $I = \{i_1, i_2, \cdots, i_m\}$ 且项集 I 支持度不小于最小支持度,基于迭代的思想,频繁项集 I 产生于上一轮频繁项集的基础上,因此,$P(i_k) \geqslant min\_sup$,$P(i_k, i_{k+1}) \geqslant min\_sup$,$\cdots$,$P(I) \geqslant min\_sup$ $(1 \leqslant k < m)$。

(2) 若某一集合为非频繁项集,则其所有超集都是非频繁项集。若项集 $I = \{i_1, i_2, \cdots, i_l\}$ 的支持度小于最小支持度,则 I 为非频繁项集。若将项 i_x 添加到 I,形成项集 $U = \{i_1, i_2, \cdots, i_l, i_x\}$,则 U 的支持度低于 I 的支持度,即 $Support(U) \leqslant Support(I) < min\_sup$,因此,$U$ 也不是频繁项集。

利用以上两个性质,基于频繁 $(k-1)$-项集的集合 L_{k-1} 产生 L_k 的过程包括以下两个步骤:

(1) 连接步:连接是指频繁项集间的并运算,将 L_{k-1} 中前 $k-2$ 个项相同的 $k-1$ 项集合并,产生候选 k-项集的集合 C_k。设 I_1 和 I_2 是 L_{k-1} 中的项集,$I_i[j]$ 表示 I_i 的第 j 项,为方便计算,设事务或项集中的项按字典次序排序。若 L_{k-1} 的元素是可连接的,则其前 $(k-2)$ 个项相同,即 L_{k-1} 的元素 I_1 和 I_2 是可连接的,满足 $(I_1[1]=I_2[1]) \wedge (I_1[2]=I_2[2]) \wedge \cdots \wedge (I_1[k-2]=I_2[k-2]) \wedge (I_1[k-1]<I_2[k-1])$。条件 $(I_1[k-1]<I_2[k-1])$ 保证项集 I_1 和 I_2 中具有不同的项。连接 I_1 和 I_2 产生的结果项集为 $l_1[1]l_1[2]\cdots l_1[k-1] l_2[k-1]$。

(2) 剪枝步:剪枝是删除 C_k 中非频繁候选项集的过程,用于快速减小 C_k 所包含项集的数目。设 C_k 是 L_k 的超集,且所有频繁 k-项集都包含于 C_k 中。扫描数据集,确定 C_k 中每个候选项集的支持度,从而确定 L_k(支持度不小于最小支持度的所有候选项集是频繁的,

且属于 L_k）。然而，当 C_k 中项集的规模较大时，所需计算量也随之变大。因此，利用任何非频繁的 $(k-1)$-项集都不可能是频繁 k-项集的子集这一性质，可有效压缩 C_k；若存在候选 k-项集的 $(k-1)$-子集不在 L_{k-1} 中，则该候选项集也不可能为频繁项集，可将其从 C_k 中删除。

11.2.3　算法步骤

频繁项集的产生，需对数据集进行多步处理。第一步，统计所有包含一个元素的项集出现的频数，并筛选出不小于最小支持度的项集；从第二步开始循环处理，直到再没有频繁项集生成。循环过程的第 k 步，根据第 $k-1$ 步生成的频繁 $(k-1)$-项集产生 k 维候选项集，然后搜索数据集 D，得到候选项集的支持度，并与最小支持度进行比较，从而找到频繁 k-项集，算法 11.1 给出了著名的 Apriori 频繁项集挖掘算法。

算法 11.1　Apriori //频繁项集挖掘

输入：

　　D：事务数据集；min_sup：最小支持度阈值

输出：

　　L：频繁项集

步骤：

1.　用 L_1 表示频繁 1-项集的集合

2.　$k \leftarrow 2$；$L \leftarrow \varnothing$

3.　While $L_{k-1} \neq \varnothing$ Do

4.　　$C_k \leftarrow$ Apriori_gen(L_{k-1})　　　　　　　　//Apriori_gen 产生候选集函数，C_k 表示第 k 个元素的候选集

5.　　For each $t \in D$ Do

6.　　　$count \leftarrow 0$；$C_t \leftarrow$ subset(C_k, t)　　//C_t 为 D 中事务 t 包含的所有候选集元素

7.　　　For each $c \in C_t$ Do

8.　　　　$count \leftarrow count + 1$

9.　　　End For

10.　　$L_k \leftarrow \{c \in C_k \mid count / |D| \geqslant min\_sup\}$

11.　End For

12.　$L \leftarrow L \cup L_k$

13.　$k \leftarrow k+1$

14. End While

15. Return L

Apriori_gen(L_{k-1})　　　　　　　　　　　　　　//产生候选集函数

1.　$C_k \leftarrow \varnothing$

2.　For Each $p \in L_{k-1}$ Do

3.　　For Each $q \in L_{k-1}$ Do

4.　　　If $p[1] = q[1] \wedge \cdots \wedge q[k-2] = q[k-2] \wedge p[k-1] < q[k-1]$ Then

5.　　　　$c \leftarrow p \cup q$　　　　　　　　　　//把 q 的第 $k-1$ 个元素连接到 p

6.　　　　If Has_infrequent_subset(c, L_{k-1}) Then　　//判断 c 是否为候选集

7.　　　　　$C_k \leftarrow C_k \setminus \{c\}$

8.　　　　Else

9.　　　　　　$C_k \leftarrow C_k \bigcup \{c\}$

10.　　　End If

11.　　End For

12.　End For

13.　Return C_k

Has_infrequent_subset(c, L_{k-1})　　　　　//判断 c 是否为候选集的函数

1.　For Each $s \in c^{(k-1)}$ Do　　　　　　//用 $c^{(k-1)}$ 表示 c 的 $(k-1)$-子集的集合

2.　　If $s \notin L_{k-1}$ Then

3.　　　Return True

4.　　Else

5.　　　Return False

6.　　End If

7.　End For

　　由算法 11.1 可知，Apriori 算法需多次扫描数据集，扫描次数取决于 k-项集中 k 的最大值，虽然采取了剪枝策略，但产生的候选项集依然较多。例如，使用 L_n 生成 $|L_n| \times |L_{n-1}|$ 个 C_{n+1}，当 L_n 包含的频繁项集较多时，C_{n+1} 的维数就会很大，从而出现组合爆炸问题，判断候选项集是否为频繁项集也需耗费大量的时间。假设频繁项集的数量为 N，则算法 11.1 的主体部分执行 $O(N^3)$ 次；函数 Apriori_gen(L_{k-1}) 的时间复杂度为 $O(N^2)$；若项集 c 的子集数为 M，则函数 Has_infrequent_subset(c, L_{k-1}) 的时间复杂度为 $O(M)$。因此，算法 11.1 的时间复杂度为 $O(N^5 \times M)$。

　　下面通过一个简单的例子展示算法 11.1 的执行过程。

　　例 11.1　给定如表 11.3 所示的事务数据集，假设 $min\_sup = 0.2$，利用算法 11.1 挖掘数据集中的频繁项集。

表 11.3　事务数据集

TID	T_1	T_2	T_3	T_4	T_5	T_6	T_7	T_8	T_9
项 ID	A B E	B D	B C	A B D	A C	B C	A C	A B C E	A B C

　　首先扫描所有事务，对每个项的出现次数计数，产生候选 1-项集的集合 C_1，通过比较候选项集 C_1 的支持度与最小支持度，确定频繁 1-项集的集合 L_1。产生 L_1 中所有可能的组合，并对每个组合进行拆分，保证频繁项集的所有非空子集也是频繁的。计算 C_2 中项集的支持度，得到频繁 2-项集的集合 L_2，比较候选集 C_2 的支持度与最小支持度，产生候选 3-项集的集合 C_3。由于频繁项集的所有子集必须是频繁的，可确定后 4 个候选项集不可能是频繁的，因此将它们从 C_3 中删除。扫描 D 中的事务，由具有最小支持度的 C_3 中的候选 3-项集组成 L_3。再利用 L_3 产生候选 4-项集的集合 C_4，可知 $C_4 = \varnothing$，即找出所有频繁项集。上述过程如图 11.1 所示。

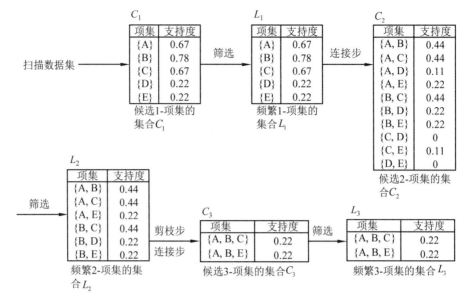

图 11.1 使用 Apriori 算法产生频繁项集过程

11.2.4 关联规则的生成

基于挖掘得到的所有频繁项集，可按以下两个步骤生成关联规则。

（1）对于每个频繁项集 l，生成 l 的所有的非空子集。

（2）对于 l 的每一个非空子集 s，若 $\dfrac{Sum(l)}{Sum(s)} \geqslant min\_conf$，则输出规则"$s \rightarrow (l-s)$"。

例 11.2 基于例 11.1 中挖掘得到的频繁项集 $L=\{A,B,E\}$，按以下步骤生成关联规则：首先，根据频繁项集 $L=\{A,B,E\}$，得到非空子集为 $\{A\}$、$\{B\}$、$\{E\}$、$\{A,B\}$、$\{A,E\}$、$\{B,E\}$；然后对每一个非空子集，计算频繁项集 L 在数据集 D 中出现的次数与非空子集出现次数的比值，结果见表 11.4，若 $min\_conf = 0.7$，则规则 $E \rightarrow A \wedge B$、$A \wedge E \rightarrow B$ 和 $B \wedge E \rightarrow A$ 为强规则。

表 11.4 基于频繁项集产生的关联规则

非 空 子 集	置 信 度	关 联 规 则
$\{A\}$	$2/6 = 0.33$	$A \rightarrow B \wedge E$
$\{B\}$	$2/7 = 0.29$	$B \rightarrow A \wedge E$
$\{E\}$	$2/2 = 1$	$E \rightarrow A \wedge B$
$\{A,B\}$	$2/4 = 0.5$	$A \wedge B \rightarrow E$
$\{A,E\}$	$2/2 = 1$	$A \wedge E \rightarrow B$
$\{B,E\}$	$2/2 = 1$	$B \wedge E \rightarrow A$

11.3 Python 程序示例

本节给出 Python 程序示例,实现频繁项集挖掘算法 Apriori(算法 11.1),其中 create_C1()
函数生成候选 1-项集集合 C_1,is_apriori()函数判断是否为候选集,create_Ck()函数生成候
选 k-项集集合 C_k,generate_Lk_by_Ck()函数通过 C_k 生成频繁 k-项集集合 L_k,generate_L()函
数生成所有的频繁项集,generate_rules()函数生成关联规则,load_data_set()函数加载表 11.3
的事务数据集。

程序示例 11.1

```
1.  def load_data_set():
2.      data = []
3.      ...
4.      return data
5.
6.
7.  def create_C1(data_set):
8.      C1 = set()
9.      for t in data_set:
10.         for item in t:
11.             item_set = frozenset([item])
12.             C1.add(item_set)
13.     return C1
14.
15.
16. def is_apriori(Ck_item, Lksub1):
17.     for item in Ck_item:
18.         sub_Ck = Ck_item - frozenset([item])
19.         if sub_Ck not in Lksub1:
20.             return False
21.     return True
22.
23.
24. def create_Ck(Lksub1, k):
25.     Ck = set()
26.     len_Lksub1 = len(Lksub1)
27.     list_Lksub1 = list(Lksub1)
28.     for i in range(len_Lksub1):
29.         for j in range(1, len_Lksub1):
30.             l1 = list(list_Lksub1[i])
31.             l2 = list(list_Lksub1[j])
32.             l1.sort()
33.             l2.sort()
```

119

```
34.            if l1[0:k - 2] == l2[0:k - 2]:
35.                Ck_item = list_Lksub1[i] | list_Lksub1[j]
36.                if is_apriori(Ck_item, Lksub1):
37.                    Ck.add(Ck_item)
38.    return Ck
39.
40.
41. def generate_Lk_by_Ck(data_set, Ck, min_support, support_data):
42.    Lk = set()
43.    item_count = {}
44.    for t in data_set:
45.        for item in Ck:
46.            if item.issubset(t):
47.                if item not in item_count:
48.                    item_count[item] = 1
49.                else:
50.                    item_count[item] += 1
51.    t_num = float(len(data_set))
52.
53.    for item in item_count:
54.        if (item_count[item] / t_num) >= min_support:
55.            Lk.add(item)
56.            support_data[item] = item_count[item] / t_num
57.    return Lk
58.
59.
60. def generate_L(data_set, k, min_support):
61.    C1 = create_C1(data_set)
62.    support_data = {}
63.    L1 = generate_Lk_by_Ck(data_set, C1, min_support, support_data)
64.    Lksub1 = L1.copy()
65.    L = []
66.    L.append(Lksub1)
67.
68.    for i in range(2, k + 1):
69.        Ci = create_Ck(Lksub1, i)
70.        Li = generate_Lk_by_Ck(data_set, Ci, min_support, support_data)
71.        Lksub1 = Li.copy()
72.        L.append(Lksub1)
73.    return L, support_data
74.
75.
76. def generate_rules(L, support_data, min_conf):
77.    big_rule_list = []
```

```
78.      sub_set_list = []
79.      for i in range(0, len(L)):
80.          for freq_set in L[i]:
81.              for sub_set in sub_set_list:
82.                  if sub_set.issubset(freq_set):
83.                      conf = support_data[freq_set] / \
84.                          support_data[freq_set - sub_set]
85.                      big_rule = (freq_set - sub_set, sub_set, conf)
86.                      if conf >= min_conf and big_rule \
87.                          not in big_rule_list:
88.                          big_rule_list.append(big_rule)
89.              sub_set_list.append(freq_set)
90.
91.      return big_rule_list
92.
93.
94. if __name__ == '__main__':
95.      data = load_data_set()
96.      L, support_data = generate_L(data, k=3, min_support=0.2)
97.      big_rules_list = generate_rules(L, support_data, min_conf=0.7)
98.      print("关联规则: ")
99.      for item in big_rules_list:
100.         print(item[0], "=>", item[1], "置信度: ", item[2])
```

运行结果：

```
关联规则：
frozenset({'D'}) => frozenset({'B'}) 置信度: 1.0
frozenset({'E'}) => frozenset({'B'}) 置信度: 1.0
frozenset({'E'}) => frozenset({'A'}) 置信度: 1.0
frozenset({'E', 'A'}) => frozenset({'B'}) 置信度: 1.0
frozenset({'B', 'E'}) => frozenset({'A'}) 置信度: 1.0
frozenset({'E'}) => frozenset({'B', 'A'}) 置信度: 1.0
```

11.4 小 结

Apriori 算法的优缺点概括如下。

- 优点：简单、易理解、数据要求低，对稀疏的、短的频繁模式挖掘具有较高的效率，且扩展性好，可并行计算。
- 缺点：在每一步产生候选项集时循环产生的组合过多，没有排除不应参与组合的元素；每次计算项集的支持度时，都对数据集 D 中的全部记录进行一遍扫描比较，对于大型的数据集，这种扫描比较将大大增加计算时间开销，且这种代价随着数据集中记录数的增加呈现出几何级数增加。

近年来，研究人员提出了许多改进的 Apriori 算法，例如，在 L_{k-1} 自连接前先对其进行扫描，按照第一项相同的频繁项集进行分组，减少连接过程对不成立组合的时间开销；采用链表数组来压缩存储数据的相关信息，修剪频繁项集，并优化连接过程，从而减少候选项集的数量，等等。基于本章的内容，读者可查阅资料学习这些算法。

思 考 题

1. AprioriTid 算法在遍历一次数据集之后就不再使用原始数据，而使用之前的候选项集进行计算，从而提升训练效率。查阅相关文献，给出该算法的基本思想和主要步骤。

2. 本章介绍的 Apriori 算法是针对离散型样本数据的算法，请思考如何在数值型样本数据上挖掘关联规则？

第 12 章 链接分析算法

12.1 链接分析概述

链接分析(Link Analysis)运用数学分析(统计学与拓扑学)和情报学等方法对图结构中的网络链接进行分析,网络中的节点可包括多种类型的对象及其组合(如组织、人员及网页等),以揭示图中节点的重要性、节点之间的关联信息及其他规律。例如,用节点表示网页、用有向边表示网页之间的链接关系,如图 12.1 所示,基于此对网页进行重要性排序,是典型的链接分析任务。链接分析算法在 Web 搜索引擎中最早应用于网页排序,随着互联网技术的快速发展和迅速普及,"链接"的概念在其他许多领域有了新的含义。例如,社交网络中,用链接来刻画用户之间的社交关系;学术网络中,用链接来刻画学者之间的引用关系;等等。最初以网页重要性度量为代表的链接分析算法,多年来广泛应用并不断扩展,为实现图模型中节点的重要性分析提供了技术支撑。

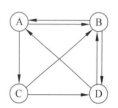

图 12.1 网页链接

链接分析方法根据学科领域的不同可分为 3 类:计算机科学链接分析(Computer Science Link Analysis,CSLA)、情报学链接分析(Information Science Link Analysis,ISLA)和社会科学链接分析(Social Science Link Analysis,SSLA)方法。CSLA 方法关注网络动力学、链接与内容的关系、链接与信息检索、网络挖掘等;SSLA 方法关注网络空间分析与超链接网络分析等;ISLA 方法基于文献计量学的引文分析,将"链接"视为一种推荐或认可,采用并改进现有的信息技术与方法,借助论文之间的相互关联,分析论文在学术网络中的重要性。

近年来,链接分析模型一直是学界和业界广泛关注的重点,主要包括随机游走(Random Walk)和子集传播(Subset Propagation)两类模型。前者以 PageRank 及其改进算法为代表,是对节点之间直接链接与远程链接两种链接方式进行抽象的概念模型;后者以 HillTop 算法和 HITS(Hyperlink Induced Topic Search)算法为代表,通过将图结构划分为子集,对特殊子集赋予初始权值,然后根据该特殊子集与其他节点之间的链接关系将权值传递到其他节点,该类算法的主题相关性低,且易发生"主题漂移"现象,从而限制了其使用场景。

PageRank 作为随机游走模型的代表性算法,具有可离线计算、计算效率高、计算结果稳定等特点。最初的 PageRank 算法利用网页全局链接信息及随机游走模型的可收敛性,有效解决了网页的全局排序问题。人们根据不同需求提出了不同的 PageRank 改进算法,例如,

个性化 PageRank(Personalized PageRank，PPR)算法改进了全局随机游走的方式,使代表用户偏好的节点具有更高的访问概率,来解决传统 PageRank 算法不能有效体现偏好性的问题;TrustRank 算法引入信任指数值来解决图结构中新节点无法获得合理的重要性排名问题;等等。本章以 PageRank 算法作为链接分析的代表性算法,详细介绍其基本思想和算法步骤。

12.2 PageRank 算法

链接流行度(Link Popularity)作为搜索引擎对网页链接数量与质量衡量的依据,对网页排名具有重要作用。基于链接流行度,决定网页排名的因素主要包括 3 个。

(1) 链接数:被其他网页链接的次数越多,该网页的访问者可能就越多。

(2) 访问数:该网页本身的访问次数越多,其重要性也越高。

(3) 链接源:如果被其他有较高排名的网页链接所指向,该网页的排名也会提升。

在网页排序中,链接流行度反映了网页的重要程度,PageRank 算法可对所有网页进行重要性排序,实现对网页链接流行度的评估。一个网页的 PageRank 值越高,代表其链接流行度越高。

12.2.1 基本思想

在有向图上定义一个随机游走模型,即给定图结构的初始 PageRank 值及转移矩阵,其中 PageRank 值代表节点的重要程度,再根据状态转移矩阵进行随机游走,从而不断更新节点的状态值。当随机游走的迭代次数趋于无穷时,访问图中每个节点的概率会收敛到平稳分布,各节点的平稳概率值就是其最终的 PageRank 值。

1. 随机游走模型

随机游走是指任何无规则行走者所带的守恒量都各自对应一个扩散运输定律,接近于布朗运动。以网页排序为例,随机游走模型就是针对浏览网页的用户行为建立的抽象概念模型,可将所有网页建模为含有 n 个节点的有向图,图中的节点表示状态,有向边表示状态之间的转移,转移矩阵为 n 阶矩阵,表示为

$$\boldsymbol{M}=\left[m_{ij}\right]_{n\times n} \tag{12-1}$$

其中,如果节点 j 有 k 个有向边链出,且节点 i 是其链出的一个节点,则第 i 行第 j 列的元素 m_{ij} 的值为 $\dfrac{1}{k}$,否则 m_{ij} 的值为 $0(i,j=1,2,\cdots,n,i\neq j)$。

转移矩阵 $\boldsymbol{M}$ 具有如下性质:

$$m_{ij}\geqslant 0, \sum_{i=1}^{n}\sum_{j=1}^{n}m_{ij}=n \tag{12-2}$$

式(12-2)满足马尔可夫矩阵的定义,即对于其任意初始分布 π^0,有 $\lim\limits_{n\to\infty}\pi^0 P^n=\pi$,且分布 π 与 P 稳定存在,因此转移矩阵 $\boldsymbol{M}$ 可平稳收敛。用 n 维的列向量 $\boldsymbol{R}_t$ 表示某个 t 时刻访问各个节点的概率分布,则在 $(t+1)$ 时刻访问各个节点的概率分布 $\boldsymbol{R}_{t+1}$ 满足:

$$\boldsymbol{R}_{t+1}=\boldsymbol{M}\boldsymbol{R}_t \tag{12-3}$$

按式(12-3)迭代计算,可使图中各节点的状态值趋于稳定,即分布 $\boldsymbol{R}$ 收敛。

2. PageRank 的定义

根据随机游走模型的思想,所有节点的 PageRank 值为

$$\boldsymbol{R} = \left(d\boldsymbol{M} + \frac{1-d}{n}\boldsymbol{I}\right)\boldsymbol{R} = d\boldsymbol{M}\boldsymbol{R} + \frac{1-d}{n}\boldsymbol{Z}_n \tag{12-4}$$

其中,$d(0 \leqslant d \leqslant 1)$ 为阻尼因子(Damping Factor),$\boldsymbol{I}$ 为元素值全为 1 的矩阵,$\boldsymbol{R}$ 为 n 维向量,$\boldsymbol{Z}_n$ 为分量均为 1 的 n 维向量;第一项表示根据转移矩阵 $\boldsymbol{M}$ 访问各个节点的概率,第二项表示完全随机访问各个节点的概率;阻尼因子 d 的取值一般为 0.85,保证了在随机游走过程中即使有节点没有链出,也能以第二项的概率随机访问其他节点。

进而根据式(12-5)得出每个节点的 PageRank 值:

$$PR(v_i) = d\left(\sum_{v_j \in M(v_i)} \frac{PR(v_j)}{L(v_j)}\right) + \frac{1-d}{n} \quad i = 1, 2, \cdots, n \tag{12-5}$$

其中,$\boldsymbol{M}(v_i)$ 为指向 v_i 的节点的集合,$L(v_j)$ 为 v_j 的链出总数;第二项称为平滑项,使所有节点的 PageRank 值均大于 0,因此,$PR(v_i) > 0(i = 1, 2, \cdots, n)$ 且具有以下性质。

$$\sum_{i=1}^{n} PR(v_i) = 1 \tag{12-6}$$

加入平滑项后,各个节点的 PageRank 值都满足式(12-2)描述的性质。因此,所有节点的 PageRank 值最终会趋于稳定分布。

12.2.2 算法步骤

幂法是一种常用的 PageRank 值计算方法,通过矩阵主特征值和主特征向量的近似计算来求得有向图中各节点的 PageRank 值,其中,主特征值为绝对值最大的特征值,主特征向量为其对应的特征向量。算法 12.1 描述了幂法的执行过程。

算法 12.1 计算 PageRank 值的幂法

输入:
  $\boldsymbol{M}$:含有 n 个节点的有向图的转移矩阵;d:阻尼系数;$\boldsymbol{x}_0$:初始向量;ε:收敛阈值
输出:
  $\boldsymbol{R}$:PageRank 矩阵

步骤:

1.　$t \leftarrow 0$

2.　Repeat

　　$\boldsymbol{A} \leftarrow d\boldsymbol{M} + \dfrac{1-d}{n}\boldsymbol{I}$　　　　　　//根据式(12-4)计算有向图的一般转移矩阵 $\boldsymbol{A}$

　　$\boldsymbol{y}_{t+1} \leftarrow \boldsymbol{A}\boldsymbol{x}_t$

　　$\boldsymbol{x}_{t+1} \leftarrow \dfrac{\boldsymbol{y}_{t+1}}{\|\boldsymbol{y}_{t+1}\|}$　　　　　　　//根据式(12-3)迭代计算,并对结果向量进行规范化

　　Until $\|\boldsymbol{x}_{t+1} - \boldsymbol{x}_t\| < \varepsilon$

3.　$\boldsymbol{R} \leftarrow \boldsymbol{x}_t$　　　　　　　　　　//停止迭代,得到各节点的概率分布

4.　$\boldsymbol{R} \leftarrow \boldsymbol{R}/sum(\boldsymbol{R})$　　　　　　　　//归一化 PageRank 矩阵，$sum(\boldsymbol{R})$ 为矩阵 $\boldsymbol{R}$ 中所有元素之和

5.　Return $\boldsymbol{R}$

对于包含 n 个网页的情形，PageRank 算法的计算开销来源于所有节点 PageRank 值的更新，每一次 PageRank 值的迭代计算，都需考虑所有节点之间的链接信息，对应计算的复杂度为 $O(n^2)$。设 PageRank 的迭代终止条件为 $\|\boldsymbol{x}_{t+1}-\boldsymbol{x}_t\|<\varepsilon$，$\boldsymbol{x}_t$ 代表第 t 步的特征向量，算法的时间复杂度为 $O(t(\varepsilon)n^2)$，其中 $t(\varepsilon)$ 代表由收敛阈值 ε 决定的迭代次数。下面通过一个简单的例子，展示算法 12.1 的执行过程。

例 12.1　使用算法 12.1 计算图 12.1 中网页的 PageRank 值，取 $d=0.85$。

① 令 $t=0$，初始化向量 $\boldsymbol{x}_0$：

$$\boldsymbol{x}_0 = \begin{bmatrix} 1 \\ 1 \\ 1 \\ 1 \end{bmatrix}$$

② 计算有向图的一般转移矩阵 $\boldsymbol{A}$：

$$\boldsymbol{A} = d\boldsymbol{M} + \frac{1-d}{n}\boldsymbol{I} = 0.85 \times \begin{bmatrix} 0 & 1/2 & 0 & 1/2 \\ 1/2 & 0 & 1/2 & 1/2 \\ 1/2 & 0 & 0 & 0 \\ 0 & 1/2 & 1/2 & 0 \end{bmatrix} + \frac{0.15}{4} \times \begin{bmatrix} 1 & 1 & 1 & 1 \\ 1 & 1 & 1 & 1 \\ 1 & 1 & 1 & 1 \\ 1 & 1 & 1 & 1 \end{bmatrix}$$

$$= \begin{bmatrix} 0.0375 & 0.4625 & 0.0375 & 0.4625 \\ 0.4625 & 0.0375 & 0.4625 & 0.4625 \\ 0.4625 & 0.0375 & 0.0375 & 0.0375 \\ 0.0375 & 0.4625 & 0.4625 & 0.0375 \end{bmatrix}$$

③ 迭代计算，并进行规范化处理：

$$\boldsymbol{y}_1 = \boldsymbol{A}\boldsymbol{x}_0 = \begin{bmatrix} 1 \\ 1.425 \\ 0.575 \\ 1 \end{bmatrix}, \boldsymbol{x}_1 = \frac{1}{1.425}\begin{bmatrix} 1 \\ 1.425 \\ 0.575 \\ 1 \end{bmatrix} = \begin{bmatrix} 0.7018 \\ 1 \\ 0.4035 \\ 0.7018 \end{bmatrix}$$

$$\boldsymbol{y}_2 = \boldsymbol{A}\boldsymbol{x}_1 = \begin{bmatrix} 0.8285 \\ 0.8732 \\ 0.4035 \\ 0.7018 \end{bmatrix}, \boldsymbol{x}_2 = \frac{1}{0.8732}\begin{bmatrix} 0.8285 \\ 0.8732 \\ 0.4035 \\ 0.7018 \end{bmatrix} = \begin{bmatrix} 0.9488 \\ 1 \\ 0.4621 \\ 0.8037 \end{bmatrix}$$

继续迭代计算和规范化处理，得到 $\boldsymbol{x}_t(t=0,1,\cdots,10)$ 的向量序列：

$$\begin{bmatrix} 1 \\ 1 \\ 1 \\ 1 \end{bmatrix}, \begin{bmatrix} 0.7018 \\ 1 \\ 0.4035 \\ 0.7018 \end{bmatrix}, \begin{bmatrix} 0.9488 \\ 1 \\ 0.4621 \\ 0.8037 \end{bmatrix}, \cdots, \begin{bmatrix} 0.2781 \\ 0.3246 \\ 0.1558 \\ 0.2415 \end{bmatrix}, \begin{bmatrix} 0.2781 \\ 0.3246 \\ 0.1557 \\ 0.2416 \end{bmatrix}$$

从而得到如下的稳定分布，即网页排序结果为

$$R = \begin{bmatrix} 0.2781 \\ 0.3245 \\ 0.1557 \\ 0.2416 \end{bmatrix}$$

PageRank 算法的优缺点可概括如下。

- 优点：可快速找出图中占主导地位的节点，对每个节点计算出全局重要性，并按重要性对网页进行排序；计算过程可离线完成，从而提高了检索效率，在实际应用中有利于快速响应用户请求；一个网页的拥有者很难将指向自己网页的链接添加到其他重要网页中，因此具有反作弊能力。

- 缺点：若出现转移矩阵某一列为 0 的情况，经过有限次迭代，图中所有节点的 PageRank 值均为 0，从而使网页的重要性排序失效。针对该问题可采取相应措施，例如，可通过增加阻尼系数防止 PageRank 值被"吞噬"；PageRank 算法具有对新节点不够友好的特点，在基于所有节点初始状态矩阵与状态转移矩阵的迭代运算来计算 PageRank 值的过程中，由于新节点加入的链接较少，因此迭代过程中该节点的 PageRank 值会不断减小。例如，在学术网络中，高质量的论文可能在短时间内被引数量较少，从而影响自身排名，TrustRank 算法可有效改善该问题，首先通过人工识别高质量网页，接着综合信任指数值与 PageRank 值对网页进行重要性排序；针对图中所有节点进行全局 PageRank 值的计算，难以应对推荐系统类应用场景，为了求解物品节点相对于某一个用户节点的相关性，改进的个性化 PageRank 算法可有效解决该问题，将式(12-5)第二项中的 $1/n$ 替换成为 0 或 1，即把随机选择一个点开始游走的操作替换为首先计算所有节点对用户 u 的相关度，再从用户 u 对应的节点开始游走，每到一个节点以 $1-d$ 的概率停止游走，并从 u 重新开始或以 d 的概率继续游走，从当前节点指向的节点按照均匀分布随机选择继续游走的节点。

12.3　基于 MapReduce 的 PageRank 算法

实际的链接分析任务中，图中的节点规模往往较大，以典型的网页排序为例，搜索引擎所需处理的网页数量级达 10^{12} 以上，对此，并行执行的 PageRank 算法应运而生。

12.3.1　基本思想

PageRank 算法在每次迭代时基于对每个网页链入和链出的统计信息计算其 PageRank 值。基于 MapReduce 框架(9.3 节介绍过 MapReduce 的概念，在此不再赘述)可对大规模网页并行地计算其 PageRank 值，利用 MapReduce 模型中的分割切块技术，Map 阶段对分割好的每一块链接信息进行预处理，接着通过 Shuffle 进行分组，最后在 Reduce 阶段对每个分组进行合并计算，最终得到网页的 PageRank 值。具体而言，预先统计各网页间的链接信息记录，设每一条记录的格式为<网页 ID,(网页 PageRank 值,网页链出列表)>，再通过 Map 和 Reduce 函数进行迭代计算。

12.3.2 算法步骤

（1）Map 阶段。

Map 阶段的任务是根据形如<网页 ID，（网页 PageRank 值，网页链出列表）>的输入信息产生两种键值对（<key，value>）。首先，对链出列表中的每个网页，根据其 PageRank 值和链出网页数，计算得到每个链出网页被源网页"贡献"的 PageRank 值，产生<链出网页，PageRank 贡献值>键值对；然后，产生<网页，链出网页列表>键值对，根据所有网页的链出列表确定网页之间的链接情况，使 Reduce 函数可接受网页的链入信息并进行迭代计算，如图 12.2 所示。算法 12.2 描述了上述计算过程。

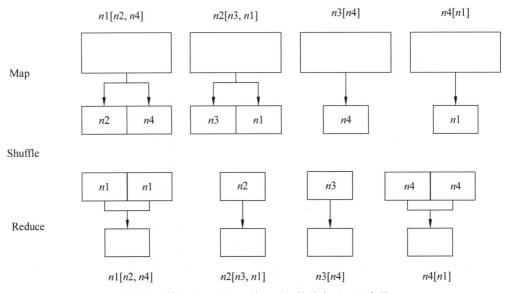

图 12.2　基于 MapReduce 的网页链接信息处理示意图

算法 12.2　Map 阶段算法

输入：

　　<*key*，*value*>：*key* 为网页 ID，*value* 为（*PR*，*O*）

　　//*PR* 为 *key* 对应网页的 PageRank 值，*O* 为 *key* 对应网页的链出网页列表

输出：

　　（1）{<*key*′$_i$，*value*′$_i$>（*i*=1,2,…,*N*）}：*key*′$_i$ 为第 *i* 个链出网页的 ID，*value*′$_i$ 为对应链出网页的 PageRank 贡献值，*N* 为 *key* 对应网页的链出数

　　（2）<*key*，*O*>

步骤：

1.　Emit（*key*，*O*）　　　　　　　　　　　　//输出网页的链出列表

2.　For *i*＝1 To |*O*| Do　　　　　　　　　　//第 *i* 个链出网页

3.　　Emit（*i*，*PR*/|*O*|）　　　　　　　　　//计算对应每个链出网页的 PageRank 贡献值

4.　End For

由图 12.2 可知,在 MapReduce 框架中,需要对 Map 函数产生的中间结果执行 Shuffle 操作,即从 Map 函数输出的所有网页的链出列表整理出每个网页的链入列表,并作为 Reduce 函数的输入,从而可根据每个网页的所有链入网页及对应的 PageRank 贡献值计算网页的 PageRank 值,且 Reduce 函数还会接收到每个网页的链出列表并将其直接输出,保证与 Map 函数的输入形式一致,为迭代计算奠定基础。

（2）Reduce 阶段。

Reduce 阶段的任务是计算每个网页的 PageRank 值,首先根据 key 找出 Map 函数输出结果对应的所有键值对,直接输出 Map 函数的中间结果 $<key$,链出网页列表$>$;将多个 $<key$,PageRank 贡献值$>$ 结果中的 PageRank 贡献值相加,并根据式（12-5）计算新的 PageRank 值。Reduce 函数保持其输出与 Map 函数输入的表示形式一致,为后一次迭代计算做准备,计算过程见算法 12.3。

算法 12.3　Reduce 阶段算法

输入：

$\{<key$, $value'_j> (j=1,2,\cdots,M)\}$：$key$ 为网页的 ID, $value$ 为该网页的多个链入网页的 PageRank 贡献值, M 为网页的链入数

$<key$, $O>$：key 为网页的 ID, O 为对应的链出网页列表

d：阻尼因子；n：网页数

输出：

$<key$, **value**$_r>$：key 为网页的 ID, **value**$_r$ 为 $(PR^{new}$, $O)$,其中 PR^{new} 为新的 PageRank 值, O 为链出网页列表

步骤：

1. $(key$, $values) \leftarrow (key$, $Collector(\{<value'_j> (j=1,2,\cdots,M)\}))$　　//根据 key 获得所有的相关键
　　　　　　　　//值对, $value'_j$ 为 key 对应网页的链入网页 j 的 PageRank 贡献值, M 为链入网页数
2. $PR_{sum} \leftarrow 0$　　　　　　　　//初始化累计 PageRank 贡献值
3. For Each $value$ In $values$ Do　　　　//$value$ 为 key 对应网页的链入网页的 PageRank 贡献值
4. 　　　$PR_{sum} \leftarrow PR_{sum} + value$
5. End for
6. $PR^{new} \leftarrow d(PR_{sum}) + (1-d)/n$　　//根据式（12-5）和 PR_{sum} 计算 key 对应网页的 PR^{new} 值
7. $(key$, **value**$_r) \leftarrow (key$, $(PR^{new}$, $O))$
8. Emit $(key$, **value**$_r)$

当所有的网页链接信息经过 Map 函数处理后,所有网页的 PageRank 值由 Reduce 函数进行一次更新,即 PageRank 算法完成一次迭代。MapReduce 框架中的 Driver 函数用来在外层负责提交作业,使用该函数控制串行处理使 PageRank 算法进入下一次迭代计算,针对海量的网页链接信息,可通过选定 PageRank 的迭代终止条件来实现所有节点 PageRank 值的并行计算。各网页的 PageRank 值不再改变时,PageRank 计算完成。若有 n 个网页,平均每个网页的链出数和链入数分别为 s 和 u,设 MapReduce 框架可同时处理 m 个 Map 或 Reduce 任务,则每次迭代中 Map 函数的时间复杂度为 $O((n \times s)/m)$,Reduce 函数的时间复杂度为 $O((n \times u)/m)$,经 t 次迭代后算法收敛,则基于 MapReduce 的 PageRank 算法的

时间复杂度为 $O(tn(s+u)/m)$。此外，从并行算法的角度，还需评估算法的加速比（串行执行时间与并行执行时间的比值）和并行效率（加速比与并行计算核数的比值）等指标。

12.4　Python 程序示例

本节给出 Python 程序示例，实现计算 PageRank 值的幂法（算法 12.1），其中 get_page_rank() 函数用于计算网页的 PageRank 值。

程序示例 12.1

```
1.   import numpy as np
2.
3.
4.   def get_page_rank(IOS, alpha, max_itrs, min_delta):
5.       PR = []
6.       times = 0
7.       N = np.shape(IOS)[0]
8.       e = np.ones(shape=(N, 1))
9.       L = [np.count_nonzero(e) for e in IOS.T]
10.
11.      def helps_efunc(ios, l):
12.          return ios / l
13.
14.      helps_func = np.frompyfunc(helps_efunc, 2, 1)
15.      helpS = helps_func(IOS, L)
16.
17.      #计算有向图的一般转移矩阵
18.      A = alpha * helpS + ((1 - alpha) / N) * np.dot(e, e.T)
19.
20.      #使用幂法计算网页的 PageRank
21.      for i in range(max_itrs):
22.          if np.shape(PR)[0] == 0:
23.              PR = np.full(shape=(N, 1), fill_value=1.0 / N)
24.
25.          old_PR = PR
26.          PR = np.dot(A, PR)
27.          D = np.array([old - new for old, new in zip(old_PR, PR)])
28.          ret = [abs(e) < min_delta for e in D]
29.
30.          if ret.count(True) == N:
31.              times = i + 1
32.              break
33.
34.      return PR, times
35.
```

```
36.
37. if __name__ == '__main__':
38.     IOS = np.array([[0, 1, 0, 1], [1, 0, 1, 1], \
39.         [1, 0, 0, 0], [0, 1, 1, 0]],dtype=float)
40.
41.     #阻尼系数
42.     alpha = 0.85
43.     #最大迭代次数
44.     max_itrs = 100
45.     #停止迭代时的误差阈值
46.     min_delta = 0.0001
47.
48.     pr, times = get_page_rank(IOS, alpha, max_itrs, min_delta)
49.     print('迭代次数:%d, 最终 PageRank 值:\n' % times, pr)
```

运行结果：

```
迭代次数:10, 最终 PageRank 值:
[[0.2781110610248023]
 [0.3245470683213672]
 [0.155697200935541]
 [0.24164469971828993]]
```

12.5　小　　结

　　链接分析一直是学界和业界共同关注的问题,随着 Web 2.0 的迅速发展和快速普及、分析对象和潜在链接关系的日益多样化,人们对链接分析算法的效率、精度和鲁棒性等指标提出了更高的要求。针对不同的链接分析任务和性能要求,人们基于不同计算模型和架构对 PageRank 这一经典算法进行了改进和扩展,例如,基于 Spark 框架的 PageRank 算法从内存管理、减少内存 I/O 开销的角度进一步提高了计算效率,由于其计算的高效性及易用性而被广泛使用,感兴趣的读者可基于本章内容自行查阅相关文献。

思　考　题

　　1. Personalized PageRank 算法与 PageRank 算法相似,但要求在随机游走过程中,每次跳转到一些代表用户偏好的固定节点。分析引入用户偏好节点的好处。

　　2. Spark 是专为处理大规模数据而设计的通用计算引擎,广泛应用于各个领域中。查阅 Spark 的相关资料,设计基于 Spark 的 PageRank 算法。

　　3. HITS 算法与 PageRank 算法的功能相似,用于网页排序,它通过权威值(Authority)和枢纽值(Hub)两个指标来刻画网页的重要性,网页的权威值和枢纽值相互增强。查阅相关材料,给出 HITS 算法与 PageRank 算法的异同。

第 13 章　概率推理算法

13.1　概率推理概述

推理是根据一定的规则,由一个或几个已知的事件(前提)推出新事件(结论)的过程。然而,由于知识的不完整、信息来源的不准确,以及测试手段的局限性等因素,现实中的推理往往具有不确定性,无法通过考虑所有事件发生的可能性以得到完全正确的推论。例如,在医疗诊断中,若一名呼吸困难患者有长期吸烟史,不能简单地推断"吸烟"是导致其"呼吸困难"的根本原因,因为一些吸烟者由于遗传或后天因素,"吸烟"可能并不会对其肺部健康造成严重损害,而一些不吸烟的人却可能因为长期接触致癌物(如石棉)、感染 COVID-19,甚至由于医学领域尚未发现的因素而感染肺部疾病,从而导致"呼吸困难"。其中,"呼吸困难""接触致癌物"这类可能发生或不发生的事件,以及这些事件的集合,被称为"随机事件"。

概率推理(Probabilistic Inference)基于概率论描述随机事件带来的不确定性,旨在将随机事件视为变量构建概率模型,并基于历史经验和已知变量信息来推导未知变量发生的可能性。通常,已知变量称为证据(Evidence)变量,待推理的未知变量称为查询(Query)变量或目标(Target)变量。概率推理的基本任务是在观察得到一组证据变量的赋值后计算一组查询变量的后验概率分布。例如,假设变量取值为"发生(T)"与"不发生(F)",考虑病人患"呼吸困难"的可能性,在没有任何证据变量信息的情形下,病人患"呼吸困难"的可能性是0.01;若得知病人有长期吸烟史,则患"呼吸困难"的可能性是 0.6;若又知道病人感染COVID-19,则可推断其患"呼吸困难"的可能性是 0.95,即 P(呼吸困难＝T|长期吸烟＝T,感染 COVID-19＝T)＝0.95。

随着 Web 2.0 的快速普及和数据的爆炸式增长,对不确定性的有效表示和推理,成为智能系统真正走向实用的关键。数据和知识的来源日益多样,不同领域知识的学习成本日益高昂,面临的实际问题日益复杂,人们对智能系统知识表示和处理能力的要求日益提高,仅依靠人工经验和专家知识进行概率推理遇到了瓶颈,通过构建概率模型、设计概率推理算法来辅助决策,成为解决智能系统中分析、挖掘和推断等问题的必要手段。

基于概率论和图论,概率图模型(Probabilistic Graphical Model,PGM)为变量间复杂依赖关系的表示和概率推理运算提供了统一框架,广泛应用于金融分析、故障检测、医疗诊断等领域。常见的概率图模型包括贝叶斯网(Bayesian Network,BN)、马尔可夫网(Markov Network,MN)、马尔可夫逻辑网(Markov Logic Network,MLN)、条件随机场(Conditional Random Field,CRF)、高斯图模型(Gaussian Graphical Model)、隐树模型(Latent Tree

Model)、云模型(Cloud Model)等。虽然形式各异,但许多概率图模型的基本思想都是利用条件独立性假设对联合概率分布进行因式分解,从而简化建模形式和推理计算过程。BN 作为 PGM 的典型代表,也称为信念网(BeliefNetwork),起源于 20 世纪 80 年代中期对人工智能中不确定性问题的研究,它将概率论和图论有机结合,具有坚实的理论基础,一方面用图论的语言直观揭示问题的结构,另一方面按概率论的原则对问题结构加以利用,在有向无环图模型上以条件概率表来量化变量间依赖关系的不确定性,广泛应用于机器学习、推荐系统、故障诊断、因果推断等领域。

BN 可通过手工构建,也可通过数据分析来构建。手工构建方法通常要求具备一定的领域知识或咨询领域专家,通过数据分析的方法通常使用机器学习技术和优化算法得到与给定数据尽可能吻合的模型。从数据学习 BN,包括参数学习和结构学习两个任务,是 BN 研究的关键问题之一。本章首先介绍基于最大似然估计的 BN 参数学习算法,然后介绍基于BIC 评分函数和爬山搜索算法的 BN 结构学习算法,最后介绍基于 BN 的概率推理算法。

13.2　贝叶斯网的构建

13.2.1　基本概念

BN 是一个有向无环图(Directed Acyclic Graph,DAG),由节点和节点间的有向边构成,每一个节点代表一个变量。节点可以是任何问题的抽象,如测试数值、观测现象、意见征询等,有向边代表变量间的依赖关系。同时,每一个节点的条件概率参数构成条件概率表(Conditional Probability Table,CPT),用于量化节点之间的依赖关系,无父节点的 CPT 由其先验概率表达。下面给出 BN 的定义。

定义 13.1　BN 表示为二元组 $\mathcal{B}=(G,\theta)$,其中:

(1) $G=(V,E)$ 是一个 DAG,$V=\{v_1,v_2,\cdots,v_n\}$ 为节点的集合,E 为边的集合,$<v_i,v_j>$ $(1\leqslant i,j\leqslant n)$ 表示节点 v_i 与节点 v_j 之间存在由 v_i 到 v_j 的依赖关系。

(2) θ 表示各节点参数的集合,包括每个节点所对应的 CPT。$\pi(v_i)$ 表示节点 v_i 的父节点集,即 $\pi(v_i)=\{v_j \mid <v_j,v_i>\in E,1\leqslant i,j\leqslant n,i\neq j\}$,$\theta_i=\{P(v_i \mid \pi(v_i))\}(1\leqslant i\leqslant n)$ 表示节点 v_i 的条件概率参数,$\theta_{ijk}=P(v_i=k \mid \pi(v_i)=j)$ 表示节点 v_i 取值为 k 且其父节点取值为第 j 种组合时所对应的参数。

例 13.1　图 13.1 给出一个简单的 BN,其中,变量 S、A、B、L 和 C 分别代表事件"吸烟""发烧""呼吸困难""肺癌"和"感染 COVID-19",所有变量都是二值变量(取值为 T 和 F)。

13.2.2　学习算法

BN 的参数学习是基于 BN 结构,基于给定数据计算变量节点条件概率参数的过程,通常包括贝叶斯估计(Bayesian Estimation)和最大似然估计(Maximum Likelihood Estimation,MLE)两类方法。

BN 的结构学习是在给定数据集的前提下寻找一个与训练样本集匹配最好的网络结构,主要包括以下两类方法:基于条件独立测试(Conditional Independence Test)或依赖分析(Dependence Analysis)的方法;基于评分搜索(Scoring and Search)的方法。基于条件独立

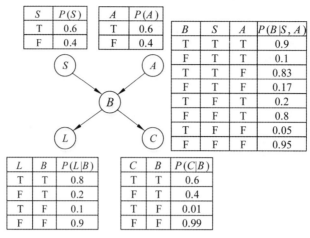

图 13.1　一个简单的 BN

测试的方法将 BN 视为描述变量之间条件独立性关系的网络模型，主要包括卡方测试（Chi-Square Test）和条件互信息测试（Conditional Mutual Information Test）两种。基于评分搜索的方法将 BN 结构学习视为组合优化问题，首先通过定义评分函数，对 BN 结构空间中的不同候选结构与样本数据的拟合程度进行度量，然后利用搜索算法确定评分最高（即与数据拟合最好）的网络结构。常用的评分函数包括最小描述长度（Minimum Description Length，MDL）、贝叶斯信息准则（Bayesian Information Criterion，BIC）、赤池信息量准则（Akaike Information Criterion，AIC）等；常用的搜索算法包括 K2 算法、爬山算法、模拟退火算法、遗传算法等。

下面分别介绍 BN 参数学习和结构学习的基本思想和算法步骤。

1. 参数学习

给定一个 BN $\mathcal{B}$，其中节点 v_i 共有 r_i 个可能的取值 $1, 2, \cdots, r_i$，v_i 的父节点集记为 $\pi(v_i)$，共有 q_i 种可能的组合（若 v_i 无父节点，则 $q_i = 1$），v_i 的参数 $\theta_{ijk} = P(v_i = k \mid \pi(v_i) = j)(1 \leqslant i \leqslant n)$，$\theta$ 为所有 θ_{ijk} 的集合。

给定一组关于 $\mathcal{B}$ 的独立同分布的完整样本数据集 $D = \{d_1, d_2, \cdots, d_m\}$，$\theta$ 的某个取值 θ_0 与 D 的拟合程度用条件概率 $P(D \mid \theta = \theta_0)$ 度量，$P(D \mid \theta = \theta_0)$ 越大，拟合程度越高。θ 的似然函数定义如下。

$$L(\theta \mid D) = P(D \mid \theta) = \prod_i^m P(d_i \mid \theta) \tag{13-1}$$

MLE 旨在利用 D 中的样本数据，反推最具有可能（最大概率）导致这些样本结果出现的参数值，即求 θ 的某个取值 $\theta = \theta^*$，使 θ 的似然函数 $L(\theta \mid D)$ 值最大。为此，任意样本 $d_a(1 \leqslant a \leqslant m)$ 的特征函数定义如下。

$$\chi(i, j, k; d_a) = \begin{cases} 1, & d_a \text{ 中 } v_i = k \text{ 且 } \pi(v_i) = j \\ 0, & \text{其他} \end{cases} \tag{13-2}$$

对 $L(\theta \mid D)$ 取对数，得到 θ 的对数似然函数：

$$l(\theta \mid D) = \log P(D \mid \theta) = \log \prod_{a=1}^{m} P(d_a \mid \theta) = \sum_{a=1}^{m} \log P(d_a \mid \theta)$$

$$= \sum_{a=1}^{m} \sum_{i=1}^{n} \sum_{j=1}^{q_i} \sum_{k=1}^{r_i} \chi(i,j,k;d_a) \log \theta_{ijk} \tag{13-3}$$

其中, $P(d_a|\theta)$ 为给定 θ 时样本 d_a 出现的概率,记为

$$m_{ijk} = \sum_{a=1}^{m} \chi(i,j,k;d_a) \tag{13-4}$$

m_{ijk} 称为充分统计量,直观上是数据集 D 中所有满足 $v_i = k$ 和 $\pi(v_i) = j$ 的样本数。将 θ 的对数似然函数化简为

$$l(\theta \mid D) = \sum_{i=1}^{n} \sum_{j=1}^{q_i} \sum_{k=1}^{r_i} m_{ijk} \log \theta_{ijk} \tag{13-5}$$

那么, θ_{ijk} 的最大似然估计为

$$\theta_{ijk}^* = \begin{cases} \dfrac{m_{ijk}}{\displaystyle\sum_{k=1}^{r_i} m_{ijk}}, & \displaystyle\sum_{k=1}^{r_i} m_{ijk} > 0 \\[4mm] \dfrac{1}{r_i}, & \displaystyle\sum_{k=1}^{r_i} m_{ijk} = 0 \end{cases} \tag{13-6}$$

其中, $\dfrac{m_{ijk}}{\displaystyle\sum_{k=1}^{r_i} m_{ijk}} = \dfrac{D \text{ 中满足 } v_i = k \text{ 和 } \pi(v_i) = j \text{ 的样本实例数}}{D \text{ 中满足 } \pi(v_i) = j \text{ 的样本实例数}}$ 。

例 13.2　针对图 13.2 所示的 BN 和独立同分布样本数据集 D ,变量 v_2 只有一个父节点 v_1 ,则 $\pi(v_2)$ 共有两种取值组合,即, $\pi(v_2) = \text{T}$ 和 $\pi(v_2) = \text{F}$,分别记为第一种和第二种组合。根据式(13-6), v_2 最大似然估计的计算过程如下。

$$\theta_{2\text{T1}}^* = \frac{D \text{ 中满足 } v_2 = \text{T} \text{ 和 } \pi(v_2) = \text{T} \text{ 的样本实例数}}{D \text{ 中满足 } \pi(v_2) = \text{T} \text{ 的样本实例数}} = \frac{2}{2}$$

$$\theta_{2\text{T2}}^* = \frac{D \text{ 中满足 } v_2 = \text{T} \text{ 和 } \pi(v_2) = \text{F} \text{ 的样本实例数}}{D \text{ 中满足 } \pi(v_2) = \text{F} \text{ 的样本实例数}} = 0$$

$$\theta_{2\text{F1}}^* = \frac{D \text{ 中满足 } v_2 = \text{F} \text{ 和 } \pi(v_2) = \text{T} \text{ 的样本实例数}}{D \text{ 中满足 } \pi(v_2) = \text{T} \text{ 的样本实例数}} = 0$$

$$\theta_{2\text{F2}}^* = \frac{D \text{ 中满足 } v_2 = \text{F} \text{ 和 } \pi(v_2) = \text{F} \text{ 的样本实例数}}{D \text{ 中满足 } \pi(v_2) = \text{F} \text{ 的样本实例数}} = \frac{2}{2}$$

BN 中各节点参数的最大似然估计如图 13.3 所示。

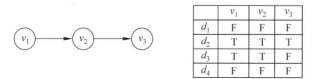

	v_1	v_2	v_3
d_1	F	F	F
d_2	T	T	T
d_3	T	T	F
d_4	F	F	F

图 13.2　BN 和独立同分布数据

	$P(v_1)$	
v_1	T	F
$P(v_1)$	2/4	2/4

	$P(v_2\|v_1)$	
v_1	v_2	
	T	F
T	2/2	0
F	0	2/2

	$P(v_3\|v_2)$	
v_2	v_3	
	T	F
T	1/2	1/2
F	0	2/2

图 13.3　BN 中各节点参数的最大似然估计

2. 结构学习

（1）BIC 评分。

BIC 评分是在大样本前提下对边缘似然函数的一种近似，具有明确直观的意义，且使用方便，是实际中最常见的评分函数，其计算方法如下。

$$\text{BIC}(\mathcal{B} \mid D) = \sum_{i=1}^{n} \sum_{j=1}^{q_i} \sum_{k=1}^{r_i} m_{ijk} \log \frac{m_{ijk}}{m_{ij*}} - \sum_{i=1}^{n} \frac{q_i(r_i - 1)}{2} \log m \tag{13-7}$$

其中，第一项是模型结构 G 的优参对数似然度（Parameter Maximized Loglikelihood），用于度量模型结构 G 与数据集 D 的拟合程度。若仅基于第一项选择模型，会得到一个任意两个节点之间都存在一条边的 BN，因此增加第二项作为惩罚项（Penalty），防止模型过拟合。

BIC 评分是可分解的，用 $<\pi(v_i), v_i>$ 表示 v_i、其父节点集 $\pi(v_i)$ 构成的局部结构，称为 v_i 的家族（Family）。v_i 的家族 BIC 评分定义如下。

$$\text{BIC}(<\pi(v_i), v_i> \mid D) = \sum_{j=1}^{q_i} \sum_{k=1}^{r_i} m_{ijk} \log \frac{m_{ijk}}{m_{ij*}} - \sum_{i=1}^{n} \frac{q_i(r_i - 1)}{2} \log m \tag{13-8}$$

则有

$$\text{BIC}(\mathcal{B} \mid D) = \sum_{i=1}^{n} \text{BIC}(<\pi(v_i), v_i> \mid D) \tag{13-9}$$

因此，BIC 评分可分解为各变量的家族 BIC 评分之和，在基于评分搜索方法构建 BN时，用于减少搜索过程中的计算开销。

（2）基于爬山法的 BN 结构学习。

爬山法试图找到 BIC 评分最高的模型（爬山法仍可适用于其他评分函数）。首先，初始结构一般为无边模型，也可基于领域知识设置初始结构；然后，通过搜索算子（Search Operator）对当前结构局部进行修改得到一系列候选模型，3 种搜索算子分别为加边（Adding Edge）、减边（Deleting Edge）、反转边（Reversing Edge），如图 13.4 所示；再基于不同候选模型计算参数的最大似然估计及相应的 BIC 评分。算法每次迭代选出当前评分最高的候选结构所对应的模型作为最优模型，直至收敛。

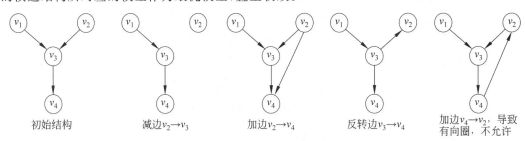

图 13.4　爬山法使用的 3 个搜索算子

在模型搜索过程中的每次迭代,爬山法都会根据当前模型结构 G 通过搜索算子进行修改(加边、减边或反转边),得到另一个结构 G',然后再计算两者的 BIC 评分并进行比较。通常,G 与 G' 的差别仅是一两个变量的父节点发生变化,可通过只计算该变量的家族 BIC 评分来简化计算。

例如,设 G 为图 13.4 中 BN 的初始结构,通过增加边 $<v_2,v_4>$ 得到结构 G'。G 和 G' 的唯一区别是,变量 v_4 的父节点集由 $\pi(v_4)=\{v_3\}$ 变为 $\pi'(v_4)=\{v_3,v_2\}$,则 $\text{BIC}(\mathcal{B}'|D)$ 的计算如下:

$$\text{BIC}(\mathcal{B}'\mid D)=\text{BIC}(\mathcal{B}\mid D)+\text{BIC}(<\pi'(v_i),v_i>\mid D)-\text{BIC}(<\pi(v_i),v_i>\mid D)$$

$$(13\text{-}10)$$

算法 13.1 给出了基于爬山法的 BN 结构学习方法。

算法 13.1　基于爬山法的 BN 结构学习

输入:

　　V:随机变量集合;D:关于 V 的完整数据;f:BIC 评分函数;G_0:初始 BN 结构

输出:

　　$\mathcal{B}=(G,\theta)$:BN

步骤:

1.　$G \leftarrow G_0$

2.　$\theta \leftarrow L(\theta|D)$　　　　　　　　　　　//根据式(13-6)计算 G 的参数最大似然估计

3.　$oldScore \leftarrow f(G,\theta|D)$　　　　　　　//根据式(13-10)计算 G 的 BIC 评分

4.　While true Do

5.　　$G^* \leftarrow \varnothing$;$\theta^* \leftarrow \varnothing$;newScore$\leftarrow -\infty$

6.　　For 每一个 G 中无边相连的节点对 Do

7.　　　进行加边、减边和反转边操作,得到结构 G'

8.　　　$\theta' \leftarrow L(\theta'|D)$　　　　　　　　//根据式(13-6)计算 G' 的参数最大似然估计

9.　　　$tmpScore \leftarrow f(G',\theta'|D)$　　　//根据式(13-10)计算 G' 的 BIC 评分

10.　　　If $tmpScore > newScore$ Then

11.　　　　$G^* \leftarrow G'$; $\theta^* \leftarrow \theta'$

12.　　　　$newScore \leftarrow tmpScore$

13.　　　End If

14.　　End For

15.　　If $newScore > oldScore$ Then

16.　　　$G \leftarrow G^*$; $\theta \leftarrow \theta^*$

17.　　　$oldScore \leftarrow newScore$

18.　　Else

19.　　　Return(G,θ)

20.　　End if

21.　End While

算法 13.1 的执行代价主要取决于对 V 中的变量构建 DAG 时计算 BIC 评分的时间开销。最坏情况下任意节点对之间都需要计算一次 BIC 评分,计算 $f(G',\theta'|D)$ 的时间随着

D 中的样本数呈线性增长。因此，算法 13.1 在最坏情况下的时间复杂度为 $O(n^2 \times m)$，其中，n 为 V 中的随机变量数，m 为 D 中的样本数。

13.3 基于贝叶斯网的概率推理

基于 BN 的概率推理问题一般分为 3 类，分别是后验概率问题、最大后验假设问题（Maximum A Posteriori Hypothesis，MAP）和最大可能解释问题（Most Probable Explanation，MPE），本节介绍解决后验概率问题的概率推理算法，包括精确推理和近似推理。

13.3.1 精确推理算法

用 E 和 Q 分别表示证据变量和查询变量。精确推理在已知证据变量 E 取值为 e 的条件下，利用联合概率和边缘概率来计算查询变量 Q 取值为 q 的后验概率，即求 $P(Q=q \mid E=e)$。例如，针对图 13.1 中的 BN，已知病人患有"肺癌"，需计算该病人"长期吸烟"的概率，则该问题可转换为：$L=\text{T}$ 作为证据、$S=\text{T}$ 作为查询，求后验概率 $P(S=\text{T} \mid L=\text{T})$。

若采用一般联合概率分布推理的方法，首先从联合概率 $P(S, A, B, L, C)$ 出发，计算边缘概率分布 $P(S, L) = \sum_{A,B,C} P(S, A, B, L, C)$，再计算 $P(S=\text{T} \mid L=\text{T}) = \dfrac{P(S=\text{T}, L=\text{T})}{P(L=\text{T})}$。然而，这样的方法具有极高的复杂度，以图 13.1 中的 BN 为例，针对 5 个二值变量，整个联合概率分布包含 $(2^5 - 1)$ 个独立参数，即计算联合概率分布的复杂度随着变量的增加呈指数增长。

事实上，BN 利用变量间的条件独立性对联合概率分布进行分解，可减少模型参数个数，从而简化知识的表达。例如，针对图 13.1 中的 BN，采用如下的链规则计算 $P(L)$。

$$P(L) = \sum_S \sum_A \sum_B \sum_C P(S)P(A)P(B \mid S, A)P(L \mid B)P(C \mid B) \qquad (13\text{-}11)$$

基于链规则计算 $P(L)$ 的过程见表 13.1。

表 13.1 基于链规则计算 $P(L)$ 的过程

计 算 步 骤	乘法/次	加法/次
$P(S)P(A) \rightarrow P(S, A)$	4	—
$P(S, A)P(B \mid S, A) \rightarrow P(B, S, A)$	8	—
$P(B, S, A)P(L \mid B) \rightarrow P(L, B, S, A)$	16	—
$P(L, B, S, A)P(C \mid B) \rightarrow P(C, L, B, S, A)$	32	—
$P(C, L, B, S, A) \rightarrow P(C, L, B, E)$	—	16
$P(C, L, B, E) \rightarrow P(L, B, E)$	—	8
$P(L, B, E) \rightarrow P(L, E)$	—	4
$P(L, E) \rightarrow P(L)$	—	2
总计	60	30

注意,式(13-11)中,只有 $P(A)$ 和 $P(B|S,A)$ 与 A 有关,$P(S)$ 和 $P(B|S,A)$ 和 S 有关,$P(C|B)$ 与 C 有关,因此,式(13-11)可分解为

$$P(L) = \sum_B P(L \mid B) \sum_C P(C \mid B) \sum_S P(S) \sum_A P(A)P(B \mid S,A) \qquad (13\text{-}12)$$

基于式(13-12)计算 $P(L)$ 的过程见表 13.2。

表 13.2 基于式(13-12)计算 $P(L)$ 的过程

计 算 步 骤	数字乘法/次	数字加法/次
$P(A)P(B|S,A) \rightarrow P(B,A|S)$	8	—
$P(B,A|S) \rightarrow P(B|S)$	—	4
$P(S)P(B|S) \rightarrow P(B,S)$	4	—
$P(B,S) \rightarrow P(B)$	—	2
$P(C|B)P(B) \rightarrow P(C,B)$	4	—
$P(C,B) \rightarrow P(B)$	—	2
$P(L|B)P(B) \rightarrow P(L,B)$	4	—
$P(L,B) \rightarrow P(L)$	—	2
总计	20	10

利用式(13-12)计算 $P(L)$ 仅需要 20 次乘法和 10 次加法,运算次数低于式(13-11)。像这样通过分解联合分布简化推理的方法称为变量消元法(Variable Elimination,VE)。该方法中,联合概率分布视为一个多变量函数,设 $\mathcal{N}(v_1,v_2,\cdots,v_n)$ 为 $\{v_1,v_2,\cdots,v_n\}$ 的函数,用 $\mathcal{F}=\{f_1,f_2,\cdots,f_b\}$ 表示一组函数,其中,每个 f_i $(1 \leqslant i \leqslant b)$ 涉及变量为 $\{v_1,v_2,\cdots,v_n\}$ 的一个子集。如果

$$\mathcal{N} = \prod_{i=1}^{b} f_i \qquad (13\text{-}13)$$

则称 $\mathcal{F}$ 是 $\mathcal{N}$ 的一个分解(Factorization),$f_1,f_2,\cdots,f_b$ 称为这个分解的因子(Factor)。

从 $\mathcal{N}(v_1,v_2,\cdots,v_n)$ 出发,可通过式(13-14)获得变量 $\{v_2,v_3,\cdots,v_n\}$ 的一个函数,该过程称为消元(Elimination)。

$$\sum_{v_1} \mathcal{N}(v_1,v_2,\cdots,v_y) \qquad (13\text{-}14)$$

设 $\mathcal{F}=\{f_1,f_2,\cdots,f_b\}$ 为函数 $\mathcal{N}(v_1,v_2,\cdots,v_n)$ 的一个分解,从 $\mathcal{F}$ 中消去变量 v_1 的过程如下。

(1) 从 $\mathcal{F}$ 中删去所有 v_1 涉及的函数(不失一般性,设这些函数为 $\{f_1,f_2,\cdots,f_k\}$);

(2) 将新函数 $\sum_{v_1} \prod_{i=1}^{k} f_i$ 放回 $\mathcal{F}$ 中。

上述思想见算法 13.2。

算法 13.2 **基于变量消元法的 BN 精确推理**

输入：

    $\mathcal{B}$：BN；E：证据变量；e：证据变量取值；Q：查询变量；

    ρ：待消元变量顺序，包括所有不在 $E\cup Q$ 中的变量

输出：

    $P(Q\,|\,E=e)$：概率值

步骤：

1. $\mathcal{F}\leftarrow\mathcal{N}(v_1,v_2,\cdots,v_n)$ //得到 $\mathcal{B}$ 中所有变量对应条件概率分布的函数集合

2. 在 $\mathcal{F}$ 的因子中，将证据变量 E 设置为其观测值 e

3. While $\rho\neq\varnothing$ Do

4. $\rho\leftarrow\rho\backslash\{Z\}$ //Z 为 ρ 中第一个变量，将 Z 从 ρ 中删除

5. $\mathcal{F}\leftarrow\text{Elim}(\mathcal{F},Z)$ //对变量 Z 进行消元

6. End While

7. $h(Q)\leftarrow\prod\limits_{i=1}^{|F|}f_i$ //将 $\mathcal{F}$ 中所有因子相乘，得到一个 Q 的函数 $h(Q)$

8. Return $h(Q)/\sum\limits_{Q}h(Q)$

$\text{Elim}(\mathcal{F},Z)$

1. $\mathcal{F}\leftarrow\mathcal{F}\backslash\{f_1,F_2,\cdots,f_k\}$ //从 $\mathcal{F}$ 中删去所有涉及 Z 的函数 $\{f_1,f_2,\cdots,f_k\}$

2. $g\leftarrow\prod\limits_{i=1}^{k}f_i$

3. $h\leftarrow\sum\limits_{Z}g$

4. $\mathcal{F}\leftarrow\mathcal{F}\cup\{h\}$ //将 h 放回 $\mathcal{F}$

5. Return $\mathcal{F}$

    假设 $\mathcal{B}$ 中每个变量有 x 种取值，$|\rho|$ 为待消元变量个数，最坏情况下对某一变量消元时，$\mathcal{F}$ 中的所有函数都与该变量相关，则此次消元需进行 $x\times\prod\limits_{i=1}^{|\rho|}x$ 次运算。假设 $\mathcal{B}$ 中一共有 n 个变量，则算法 13.2 的时间复杂度为 $O(n\times x^{|\rho|+1})$。

    例 13.3 针对图 13.1 所示的 BN，利用算法 13.2 计算 $P(S\,|\,L=\text{F})$ 的步骤如下。

    (1) 设置变量消元顺序 $\rho=<A,B,C>$，BN 的联合概率分解为 $\mathcal{F}=\{P(S),P(A),P(B\,|\,S,A),P(L\,|\,B),P(C\,|\,B)\}$。

    (2) 设置证据 $L=\text{F}$，得到 $\mathcal{F}=\{P(S),P(A),P(B\,|\,S,A),P(L=\text{F}\,|\,B),P(C\,|\,B)\}$。

    (3) 消去 A：A 为第一个消元变量，与之相关的函数是 $P(A)$ 和 $P(B\,|\,S,A)$，消去 A 得到 $\mathcal{F}=\{P(S),P(L=\text{F}\,|\,B),P(C\,|\,B),\varphi_1(B,S)\}$，其中，$\varphi_1(B,S)=\sum\limits_{A}P(A)P(B\,|\,S,A)$。

    (4) 消去 B：与之相关的函数是 $P(L=\text{F}\,|\,B)$、$P(C\,|\,B)$ 和 $\varphi_1(B,S)$，消去 B 得到 $\mathcal{F}=\{P(S),\varphi_2(S,C)\}$，其中，$\varphi_2(S,C)=\sum\limits_{B}P(L=\text{F}\,|\,B)P(C\,|\,B)\varphi_1(B,S)$。

（5）消去 C：与之相关的函数是 $\varphi_2(S,C)$，消去 C 得到 $\mathcal{F} = \{P(S), \varphi_3(S)\}$，其中，

$$\varphi_3(S) = \sum_C \varphi_2(S,C)。$$

（6）计算 $h(S) = \varphi_3(S)$。

（7）返回 $h(S) / \sum_S h(S)$。

13.3.2 近似推理算法

如前所述，BN 的精确推理算法在网络节点众多且稠密时具有指数计算复杂度。因此，实际应用中可通过降低对精度的要求，在限定时间内得到一个近似解，这样的方法称作近似推理，其基本思想是：从某个概率分布随机采样、生成一组样本，然后从样本出发近似估计要计算的量。典型的近似推理方法包括基于重要性采样（Importance Sampling）和基于马尔可夫链蒙特卡罗（Markov Chain Monte Carlo，MCMC）的算法，其主要区别在于，前者的采样样本相互独立，而后者的采样样本相互关联。本节以 MCMC 算法中广泛使用的 Gibbs 采样算法为代表，介绍 BN 的近似推理算法。

Gibbs 采样首先随机产生一个与证据 $E = e$ 一致的样本 $\mathcal{D}_1$ 作为初始样本，此后每一步都从当前样本出发产生下一个样本。对于当前第 $i-1$ 步，为了从 $\mathcal{D}_{i-1}$ 出发得到 $\mathcal{D}_i$，算法首先设 $\mathcal{D}_{i-1} = \mathcal{D}_i$，然后按某个顺序对非证据变量逐个采样，改变 $\mathcal{D}_i$ 中变量的取值。设 Z 是下一个待采样变量，$mb(Z)$ 是 Z 的马尔可夫覆盖（包括 Z 的直接孩子节点、直接父亲节点，以及直接孩子节点的其他父亲节点）上的变量集合，z_i 是 $mb(Z)$ 在 $\mathcal{D}_i$ 中的当前取值。算法根据分布 $P(Z \mid mb(Z) = z_i)$ 对 Z 采样，并用采样结果替代 $\mathcal{D}_i$ 中 Z 的当前取值。上述思想见算法 13.3。

算法 13.3　基于 Gibbs 采样的 BN 近似推理

输入：

　　$\mathcal{B}$：BN；η：采样次数；E：证据变量；e：证据变量取值；

　　Q：查询变量；q：查询变量取值；ρ：非证据变量采样顺序

输出：

　　$P(Q = q \mid E = e)$：概率值

步骤：

1.　$m_q \leftarrow 0$

2.　随机生成一个样本 $\mathcal{D}_1$，使 $E = e$

3.　If $Q = q$ Then

4.　　$m_q \leftarrow m_q + 1$

5.　End If

6.　For $i = 2$ To η Do

7.　　$\mathcal{D}_i \leftarrow \mathcal{D}_{i-1}$

8.　　For ρ 中每一个变量 Z Do

9.　　　$\mathbb{Y} \leftarrow \sum_i P(z_i \mid mb(Z))$　　　　　　　// 计算 Z 的下一个状态，z_i 为 Z 的不同状态取值

10.　　　生成一个随机数 $\gamma \in [0, \chi]$，Z 的取值为

$$Z = \begin{cases} z_1, \gamma \leqslant P(z_1 | mb(Z)) \\ z_2, P(z_1 | mb(Z)) \leqslant \gamma \leqslant P(z_1 | mb(Z)) + P(z_2 | mb(Z)) \\ \cdots \end{cases}$$

11.　　　$\mathcal{D}_i \leftarrow \text{replace}(\mathcal{D}_i, Z)$　　　　　　　　//用采样结果代替$\mathcal{D}_i$中的 Z 值

12.　　End for

13.　　If $Q = q$ Then

14.　　　$m_q \leftarrow m_q + 1$

15.　　End If

16.　End for

17.　Return m_q / η

算法 13.3 的执行代价主要取决于样本量，以及生成样本时对每个变量采样的计算。假设每个变量的取值状态有 $|z|$ 种，其父变量共有 c 种组合，则算法 13.3 的时间复杂度为 $O(\eta \times \rho \times |z|^c)$。

例 13.4　针对图 13.1 中的 BN，利用算法 13.3 计算 $P(S | L = \text{F})$，首先随机生成一个与证据 $L = \text{F}$ 一致的样本，假设为 $\mathcal{D}_1 = \{S = \text{T}, A = \text{F}, B = \text{T}, L = \text{F}, C = \text{F}\}$。接下来，由 $\mathcal{D}_1$ 生成样本 $\mathcal{D}_2$。算法从 $\mathcal{D}_2 = \mathcal{D}_1 = \{S = \text{T}, A = \text{F}, B = \text{T}, L = \text{F}\}$ 出发，对非证据变量逐个采样，设采样顺序为 $<S, A, B, L, C>$。采样过程如下。

① 对 S 进行采样，$mb(S)$ 包含节点 A 和 B，计算 S 的概率分布 $P(S | A = \text{F}, B = \text{T})$，假设采样结果为 $S = \text{F}$，则有 $\mathcal{D}_2 = \{S = \text{F}, A = \text{F}, B = \text{T}, L = \text{F}, C = \text{F}\}$。

② 对 A 进行采样，此时 $S = \text{F}$，$mb(A)$ 包含节点 S 和 B，计算 F 的概率分布 $P(A | S = \text{F}, B = \text{T})$。假设采样结果为 $A = \text{T}$，则有 $\mathcal{D}_2 = \{S - \text{F}, A = \text{T}, B = \text{T}, L = \text{F}, C = \text{F}\}$。

③ 对 B 进行采样，此时 $A = \text{T}$，$mb(B)$ 包含节点 S、A、L 和 C，因此，计算 B 的概率分布 $P(B | S = \text{F}, A = \text{T}, L = \text{F}, C = \text{F})$，假设采样结果为 $B = \text{T}$，则有 $\mathcal{D}_2 = \{S = \text{F}, A = \text{T}, B = \text{T}, L = \text{F}, C = \text{F}\}$。

④ 对 L 进行采样，此时 $B = \text{T}$，$mb(L)$ 包含节点 B 和 C，计算 L 的概率分布 $P(L | B = \text{T}, C = \text{F})$，假设采样结果为 $L = \text{T}$，则有 $\mathcal{D}_2 = \{S = \text{F}, A = \text{T}, B = \text{T}, L = \text{T}, C = \text{F}\}$。

⑤ 对 C 进行采样，此时 $L = \text{T}$，$mb(C)$ 包含节点 B 和 L，计算 C 的概率分布 $P(C | B = \text{T}, L = \text{T})$，假设采样结果为 $C = \text{F}$，则有 $\mathcal{D}_2 = \{S = \text{F}, A = \text{T}, B = y, L = \text{T}, C = \text{F}\}$，即为 $\mathcal{D}_2$ 的最终值。

假设采样共得到 η 个样本，其中满足 $Q = q$ 的有 m_q 个，近似的后验概率为

$$P(Q = q) \approx \frac{m_q}{\eta} \tag{13-15}$$

Gibbs 采样实际上是在 BN 所有变量的联合状态中与 $E = e$ 一致的子空间中进行随机游走。首先任意选择一个起点，后续每一步都只依赖于前一步的状态（即上一个样本），构成一个马尔可夫链。在满足一定条件的前提下，无论从何种状态开始，马尔可夫链第 i 步状态的分布在 $i \rightarrow \infty$ 时都将收敛至一个平稳分布（Stationary Distribution）。Gibbs 采样算法中的马尔可夫链所对应的平稳分布就是 $P(Q | E = e)$。因此，当样本总数 η 趋于无穷时，相当于从

$P(Q|E{=}e)$ 中采样,保证了所得样本中 $Q{=}q$ 出现的频率收敛于 $P(Q{=}q|E{=}e)$。

　　Gibbs 采样算法的缺点是收敛速度慢,且当网络中存在极端概率 0 或 1 时,无法保证马尔可夫链存在平稳分布,此时,Gibbs 采样算法将给出错误结果。

13.4　Python 程序示例

　　本节首先给出 Python 程序示例 13.1,实现基于爬山法的 BN 结构学习(算法 13.1),其中 mle()函数计算最大似然估计,BNsearch()函数从数据学习 BN。然后给出 Python 程序示例 13.2,实现基于变量消元法的 BN 精确推理(算法 13.2),其中使用 pgmpy 库中的 VariableElimination()函数实现基于变量消元的 BN 精确推理。最后给出 Python 程序示例 13.3,实现基于 Gibbs 采样的 BN 近似推理(算法 13.3),其中,使用 pgmpy 库中的 ApproxInference()函数实现 BN 的近似推理。

程序示例 13.1

```
1.  import numpy as np
2.  import pandas as pd
3.  from pgmpy.estimators import (BicScore, HillClimbSearch,
4.                                MaximumLikelihoodEstimator)
5.  from pgmpy.models import BayesianNetwork
6.
7.
8.  class BN():
9.      def __init__(self, V=[], E=[]):
10.         #BN 节点集合
11.         self.V = V
12.         #BN 边集合
13.         self.E = E
14.
15.
16. def mle(V, E, D):
17.     V = list(V)
18.     E = list(E)
19.     data = pd.DataFrame(np.array(D), columns=V)
20.     model = BayesianNetwork(E)
21.     for v in V:
22.         cpd_v = MaximumLikelihoodEstimator(model, data).estimate_cpd(v)
23.         print(cpd_v)
24.
25.
26. def BNsearch(g, D):
27.     V = g.V
28.     E = g.E
```

```
29.     data = pd.DataFrame(np.array(D), columns=V)
30.
31.     #使用爬山法学习 BN 结构
32.     est = HillClimbSearch(data)
33.     best_model = est.estimate(scoring_method=BicScore(data))
34.     E = best_model.edges()
35.     g.E = E
36.
37.     #输出各节点的条件概率
38.     mle(g.V, g.E, D)
39.
40.     return g
41.
42.
43. if __name__ == '__main__':
44.     V = ['A', 'B', 'C']
45.     D = [['F', 'F', 'F'], ['T', 'T', 'T'], \
46.              ['T', 'T', 'F'], ['F', 'F', 'F']]
47.     g = BN(V=V)
48.     G = BNsearch(g, D)
49.     print(G.E)
```

运行结果：

```
+------+-----+
| A(F) | 0.5 |
+------+-----+
| A(T) | 0.5 |
+------+-----+

+------+-----+------+
| A    | A(F) | A(T) |
+------+-----+------+
| B(F) | 1.0 | 0.0  |
+------+-----+------+
| B(T) | 0.0 | 1.0  |
+------+-----+------+

+------+-----+------+
| A    | A(F) | A(T) |
+------+-----+------+
| C(F) | 1.0 | 0.5  |
+------+-----+------+
| C(T) | 0.0 | 0.5  |
+------+-----+------+
[('A', 'B'), ('A', 'C')]
```

程序示例 13.2

```
1.  from pgmpy.factors.discrete import TabularCPD
2.  from pgmpy.inference import VariableElimination
3.  from pgmpy.models import BayesianNetwork
4.
5.
6.  def precise_reasoning(bayes_model, cpdsList):
7.      for cpd in cpdsList:
8.          bayes_model.add_cpds(cpd)
9.      bayes_infer = VariableElimination(bayes_model)
10.     return bayes_infer
11.
12.
13. if __name__ == '__main__':
14.     #定义 BN 模型
15.     bayes_model = BayesianNetwork([("S", "B"), ("A", "B"), ("B", "L"),
16.                                    ("B", "C")])
17.
18.     #定义条件概率分布
19.     #variable    节点名称
20.     #variable_card   节点取值个数
21.     #values   该节点的概率表
22.     #evidence 该节点的依赖节点
23.     #evidence_card   依赖节点的取值个数
24.
25.     smoking_cpd = TabularCPD(variable="S",
26.                             variable_card=2,
27.                             values=[[0.6], [0.4]])
28.
29.     fever_cpd = TabularCPD(variable="A",
30.                           variable_card=2,
31.                           values=[[0.6], [0.4]])
32.
33.     breath_cpd = TabularCPD(variable="B",
34.                            variable_card=2,
35.                            values=[[0.9, 0.83, 0.2, 0.05],
36.                                    [0.1, 0.17, 0.8, 0.95]],
37.                            evidence=["S", "A"],
38.                            evidence_card=[2, 2])
39.
40.     lung_cpd = TabularCPD(variable="L",
41.                          variable_card=2,
42.                          values=[[0.8, 0.1], [0.2, 0.9]],
43.                          evidence=["B"],
```

```
44.                              evidence_card=[2])
45.
46.    communicate_cpd = TabularCPD(variable="C",
47.                                 variable_card=2,
48.                                 values=[[0.6, 0.01], [0.4, 0.99]],
49.                                 evidence=["B"],
50.                                 evidence_card=[2])
51.
52.    cpdsList = [smoking_cpd, fever_cpd, breath_cpd, lung_cpd, communicate_cpd]
53.
54.    bayes_infer = precise_reasoning(bayes_model, cpdsList)
55.
56.    #查询呼吸困难发生的情况下,病人吸烟的概率
57.    prob_G = bayes_infer.query(variables=["S"], evidence={"L": 1})
58.    print(prob_G)
```

运行结果：

```
+------+----------+
| S    | phi(S)   |
+======+==========+
| S(0) | 0.3513   |
+------+----------+
| S(1) | 0.6487   |
+------+----------+
```

程序示例 13.3

```
1.  from pgmpy.factors.discrete import TabularCPD
2.  from pgmpy.inference import ApproxInference
3.  from pgmpy.models import BayesianNetwork
4.
5.
6.  def approximate_reasoning(bayes_model, cpdsList):
7.     for cpd in cpdsList:
8.         bayes_model.add_cpds(cpd)
9.     bayes_infer = ApproxInference(bayes_model)
10.    return bayes_infer
11.
12.
13. if __name__ == '__main__':
14.    #定义 BN 模型
15.    bayes_model = BayesianNetwork([("S", "B"), ("A", "B"), ("B", "L"),
16.                                   ("B", "C")])
17.
18.    #定义条件概率分布
```

```
19.     #variable  节点名称
20.     #variable_card  节点取值个数
21.     #values  该节点的概率表
22.     #evidence 该节点的依赖节点
23.     #evidence_card   依赖节点的取值个数
24.
25.     smoking_cpd = TabularCPD(variable="S",
26.                              variable_card=2,
27.                              values=[[0.6], [0.4]])
28.
29.     fever_cpd = TabularCPD(variable="A",
30.                            variable_card=2,
31.                            values=[[0.6], [0.4]])
32.
33.     breath_cpd = TabularCPD(variable="B",
34.                             variable_card=2,
35.                             values=[[0.9, 0.83, 0.2, 0.05],
36.                                     [0.1, 0.17, 0.8, 0.95]],
37.                             evidence=["S", "A"],
38.                             evidence_card=[2, 2])
39.
40.     lung_cpd = TabularCPD(variable="L",
41.                           variable_card=2,
42.                           values=[[0.8, 0.1], [0.2, 0.9]],
43.                           evidence=["B"],
44.                           evidence_card=[2])
45.
46.     communicate_cpd = TabularCPD(variable="C",
47.                                  variable_card=2,
48.                                  values=[[0.6, 0.01], [0.4, 0.99]],
49.                                  evidence=["B"],
50.                                  evidence_card=[2])
51.
52.     cpdsList = [smoking_cpd, fever_cpd, breath_cpd, lung_cpd, \
53.         communicate_cpd]
54.
55.     bayes_infer = approximate_reasoning(bayes_model, cpdsList)
56.
57.     #查询呼吸困难发生的情况下,病人吸烟的概率
58.     prob_G = bayes_infer.query(variables=["S"],
59.                                n_samples=20000,
60.                                evidence={"L": 1})
61.     print(prob_G)
```

运行结果：

```
+------+----------+
| S    | phi(S)   |
+=== ==+==========+
| S(0) | 0.3534   |
+------+----------+
| S(1) | 0.6465   |
+------+----------+
```

13.5 小   结

作为一种重要的概率图模型,BN 描述了图模型的概率性质,以及基于图结构的联合概率分解方法,本章介绍基于 BN 进行知识建模和推理的技术路线和相关算法,也阐述了知识表示、知识建模、知识推理的知识工程关键步骤,为基于 BN 解决实际中的知识发现问题提供了参考。读者可基于本章的内容,更容易地学习其他的概率图模型。

基于 BN 的概率推理算法的优缺点概括如下。

- 优点:具有坚实的理论基础,应用广泛,在缺少专家领域知识时,可通过无监督学习从数据样本中学习 BN,进而基于概率推理来分析数据中变量间的不确定性关系。并且,当 BN 节点数较少、连接关系较为简单时,选择合适的推理算法能实现高效准确的概率推理。

- 缺点:概率推理是 NP 难问题,当 BN 节点成百上千且连接稠密,或变量的状态取值维度较高时,概率推理具有指数时间复杂度,导致概率推理算法难以适用这样的场景。

为了实现高效的 BN 概率推理,通过设计并行算法提高概率推理计算效率的方法应运而生。近年来,随着图嵌入和深度学习技术的不断发展,可使用矩阵分解、随机游走、自编码器、注意力机制等深度学习模型将高维、复杂的 BN 嵌入低维、统一的向量空间,再基于向量间的相似度计算实现大规模 BN 上高效的概率推理,这一思路日益受到学界的关注。此外,将概率图模型与深度学习模型相结合,发挥两类模型的优势,使得知识模型既能用于高效的高维数据感知处理,也能进行有效的知识推理和诊断分析,实现端到端的"感知＋推理"分析任务,贝叶斯深度学习(Bayes Deep Learning)模型及相应支撑技术的研究方兴未艾,成为学界和业界关注的热点问题。感兴趣的读者,可基于本章介绍的内容查阅文献资料进行深入学习。

思 考 题

1.13.2 节给出了从数据学习 BN 的算法;从实际应用的角度看,随机变量间的依赖关系不仅蕴含于数据中,也可能体现在描述领域知识的逻辑规则中。如何构建 BN,既体现数据中蕴含的知识,也体现逻辑规则中蕴含的知识?

2. 13.3 节给出的 BN 推理算法,无论是精确推理还是近似推理,当证据变量的取值在 CPT 中时都无法进行推理计算。例如,若 BN 的 CPT 中包含年龄取值 20、23、25、26、30,但不包含 21(即构建 BN 时的历史数据或经验知识中不包含该值),则无法实现以该值为证据的推理。如何基于数据挖掘算法或深度学习模型,实现无论证据是否包含于 CPT 中都能执行的 BN 概率推理?

　　3. 第 8 章介绍的朴素贝叶斯分类建立在各分类变量之间互相独立的假设之上,而实际中,各分类变量之间可能并不独立,它们之间存在着相互依赖的关系,数据的多个属性变量对分类变量的联合影响,会影响分类的结果。作为朴素贝叶斯分类方法的一般化扩展,贝叶斯网分类器(Bayesian Network Classifier)考虑各属性变量之间的相互关系,通过构建 BN、利用 BN 的概率推理算法,来实现数据的分类。20 世纪 90 年代后期,人们提出的贝叶斯网分类器,至今已广泛应用于经济、金融、科学观测和工程等各个领域。

　　对于给定的样本数据集 D、类变量集合 $C = \{c_1, c_2, \cdots, c_m\}$ 和数据属性变量集合 $X = \{x_1, x_2, \cdots, x_n\}$,贝叶斯网分类器主要包括以下两个步骤。

　　(1) 贝叶斯网分类器的学习。从 D 中学习相应的 BN,以描述联合概率分布 $P(x_1, x_2, \cdots, x_n, C)$,反映各属性变量和类变量之间的不确定性依赖关系。

　　(2) 贝叶斯网分类器的推理。计算类节点的条件概率,对分类数据进行分类。对于待分类数据,属于类别 c_i 的概率 $P(c_i | x_1, x_2, \cdots, x_n)(i = 1, 2, \cdots, m)$,应满足 $P(c_i | x) = \max\{P(c_1 | x), P(c_2 | x), \cdots, P(c_m | x)\}$,其中,$P(c_i | x)$ 的计算实质上就是基于 BN 进行概率推理。

　　使用 13.2 节和 13.3 节介绍的 BN 构建和推理算法,给出贝叶斯网分类的基本思想和主要步骤。

新 技 术 篇
深度学习算法

随着硬件计算能力的不断提升,海量数据采集和存储、网络基础设施和互联网技术的快速发展,以及开源框架和 Web 2.0 应用的迅速普及,人们对数据进行分析和利用的期望和需求日益迫切,数据挖掘和知识发现拥有了崭新的内涵和更加丰富的外延。深度学习逐渐成为机器学习领域的主流技术,它使机器学习能实现众多的真实应用,与其他领域的渗透融合加剧,使机器辅助功能成为可能、智能系统真正走向实用,极大地推动了人工智能的发展,受到学界和业界越来越多的研究人员关注。源于人工神经网络和多层神经网络,深度学习在数据降维、目标检测、问答系统、图分析等领域取得了突破性进展,深度学习算法成为这些领域最优秀的方法之一,是计算机算法在人工智能时代的新发展,也是当代计算机算法的重要组成部分。

新技术篇介绍深度学习算法。第 14 章介绍人工神经网络和深度学习的相关知识和基本框架,是后续深度学习算法的理论基础,第 15 章以自编码器、变分自编码器和生成对抗网络为代表介绍降维算法,第 16 章以卷积神经网络为代表介绍目标检测算法,第 17 章以循环神经网络和长短期记忆网络为代表介绍问答系统算法,第 18 章以图神经网络为代表介绍图分析算法,各章也给出相应的思考题。

第14章 人工神经网络和深度学习概述

在新一轮人工智能热潮中，以人工神经网络为主要模型的深度学习技术，在学界和业界都取得了成功，受到广泛关注和高度重视，涌现出层出不穷的热点，推动了人工智能发展和智能系统的产业化应用。作为这一背景下的核心支撑技术，本章介绍人工神经网络的相关知识，作为后续深度学习算法的理论基础。首先介绍神经元模型，它通过模拟生物神经元工作方式对输入数据进行处理，是神经网络的基本组成单元。接着介绍感知机这一最早的神经网络模型，它由单个神经元模型构成，能通过学习算法从数据中自动获得模型参数，为机器学习任务提供一个通用的学习框架。然后介绍由多个神经元模型构成的多层神经网络，重点讨论多层神经网络的学习算法。最后，概述深度学习的发展历史和基本思想，具体的深度学习算法在后续几章详细讨论。

14.1 人工神经网络

人工神经网络（Artificial Neural Network，ANN），通常简称为神经网络（Neural Network，NN），是从信息处理角度对人脑神经元网络进行抽象而构建人工神经元，并按一定拓扑结构建立神经元间的连接来模拟人脑神经网络的数学模型。神经网络方面的研究由来已久，是人工智能领域的重要研究方向。随着训练数据规模的增大和计算能力的提升，神经网络在很多机器学习任务上取得了显著突破，尤其是以深度学习为代表的深度神经网络，在自然语言处理、目标检测、图分析等方面具有卓越的表现。

14.1.1 神经元模型

神经网络的基本组成单元称为神经元（Neuron），负责模拟生物神经元的结构和功能，接收一组输入信号并产生相应的输出。一个被普遍采用的神经元模型是1943年由心理学家McCulloch和数学家Pitts提出的MP神经元模型。该模型接收d个输入信号$x_1, x_2, \cdots, x_d$，对这些信号进行加权求和，再通过一个激活函数的处理产生神经元的输出。图14.1给出了一个MP神经元模型的示例。

将输入信号表示为向量$\boldsymbol{x} = [x_1; x_2; \cdots; x_d]$，MP

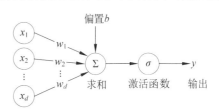

图14.1　MP神经元模型

神经元模型可以表示为

$$y = \sigma\left(\sum_{i=1}^{d} w_i x_i + b\right) = \sigma(\boldsymbol{w}^{\mathrm{T}} \boldsymbol{x} + b) \tag{14-1}$$

其中，$\boldsymbol{w} = [w_1; w_2; \cdots; w_d]$ 为权重参数的向量，b 为偏置，激活函数 σ 是一个非线性函数。

MP 神经元模型中，激活函数为如图 14.2 所示的阶跃函数，将输入值映射为输出值 1 或 0，分别对应神经元兴奋或抑制的状态，从而实现对生物神经网络的模拟。

图 14.2 阶跃函数

然而，生物神经网络的实际运作方式要比这种加权求和的方式复杂得多。一种对 MP 神经元模型的理解，是把模型看作一个由输入和输出构成的复杂函数 $y = f(x_1, x_2, \cdots, x_d)$，并将该函数进行泰勒展开：

$$y = f(x_1, x_2, \cdots, x_d) = f(0, \cdots, 0) + \sum_{i=1}^{d}\left[\frac{\partial f}{\partial x_i}(0, \cdots, 0)\right] x_i + \cdots$$

$$= \sum_{i=1}^{d} w_i x_i + b \tag{14-2}$$

其中，w_i 为函数 f 在 $(0, \cdots, 0)$ 处对 x_i 的偏导数，b 为 $f(0, \cdots, 0)$。

由式（14-2）可知，MP 模型为复杂函数 f 的一阶泰勒近似。尽管单个神经元模型难以模拟真正的生物神经元，但把许多个这样的神经元模型按一定的层次结构连接起来，就能构成功能强大的神经网络，进而处理更为复杂的任务。

14.1.2 感知机

感知机（Perceptron）是计算机科学家 Roseblatt 于 1957 年提出的一个基于神经元模型的人工神经网络，其输入为实例的特征向量，输出为实例的类型，取 $+1$ 和 -1 两个值，是一个被广泛使用的二分类模型。给定输入向量 $\boldsymbol{x}$，感知机定义为以下函数。

$$y = f(\boldsymbol{x}) = \mathrm{sign}(\boldsymbol{w}^{\mathrm{T}} \boldsymbol{x} + b) \tag{14-3}$$

其中，$\boldsymbol{w}$ 和 b 为感知机模型参数，$\mathrm{sign}()$ 是符号函数，定义如下。

$$\mathrm{sign}(x) = \begin{cases} +1, & x \geqslant 0 \\ -1, & x < 0 \end{cases}$$

可见，感知机就是由神经元模型构成的一个二分类器。给定一个包含 n 个样本的训练数据集 $D = \{(\boldsymbol{x}_1, y_1), (\boldsymbol{x}_2, y_2), \cdots, (\boldsymbol{x}_n, y_n)\}$，感知机可通过学习算法从 D 中自动找到参数 $\boldsymbol{w}$ 和 b，即一个分离超平面 $\boldsymbol{w}^{\mathrm{T}} \boldsymbol{x} + b$，使得对于所有 $y_i = +1$ 的实例 $\boldsymbol{x}_i$，有 $\boldsymbol{w}^{\mathrm{T}} \boldsymbol{x}_i + b > 0$，对于所有 $y_i = -1$ 的实例 $\boldsymbol{x}_i$，有 $\boldsymbol{w}^{\mathrm{T}} \boldsymbol{x}_i + b < 0$，并将这样的数据集称为线性可分数据集。给定数据集 D，感知机学习算法针对以下优化问题，求解参数 $\boldsymbol{w}$ 和 b，使以下损失函数（Loss Function）取值最小。

$$\min_{\boldsymbol{w}, b} L(\boldsymbol{w}, b) = -\sum_{x_i \in M} y_i (\boldsymbol{w}^{\mathrm{T}} \boldsymbol{x}_i + b) \tag{14-4}$$

其中，M 为误分类的样本集合。

感知机学习算法使用梯度下降法（Gradient Descent）进行求解。首先随机选取参数的初始值 $\boldsymbol{w}_0$ 和 b_0，然后使用梯度下降法不断地极小化式（14-4）中的目标函数。需注意的是，极小化过程不是一次使用 M 中所有样本的梯度，而是每次随机选取一个样本的梯度进行参数更新。算法 14.1 描述了感知机学习的基本思想。

算法 14.1　感知机学习算法

输入：
$\quad D=\{(\boldsymbol{x}_1,y_1),(\boldsymbol{x}_2,y_2),\cdots,(\boldsymbol{x}_n,y_n)\}$：训练数据集；$\eta(0<\eta<1)$：学习率

输出：
$\quad \boldsymbol{w}$：权重；b：偏置　//感知机 $f(\boldsymbol{x})=\text{sign}(\boldsymbol{w}^{\text{T}}\boldsymbol{x}+b)$

步骤：
1. 随机初始化 $\boldsymbol{w}$ 和 b
2. Repeat
3. 　在训练集 D 中随机选取一个样本 $(\boldsymbol{x}_i,y_i)$
4. 　If $y_i(\boldsymbol{w}^{\text{T}}\boldsymbol{x}_i+b)\leqslant 0$ Then
5. 　　$\boldsymbol{w}\leftarrow\boldsymbol{w}+\eta\,y_i\boldsymbol{x}_i$
6. 　　$b\leftarrow b+\eta\,y_i$
7. 　End If
8. Until 没有误分类的样本
9. Return $\boldsymbol{w}$ 和 b

需要说明的是，在针对实际问题的感知机学习中，往往通过控制最大迭代次数，并标记所有样本是否被误分类来实现参数更新和迭代计算，这里以随机抽取的一个训练样本为代表讨论参数更新的条件。由算法 14.1 可知，当一个样本被误分类（即 $y_i(\boldsymbol{w}^{\text{T}}\boldsymbol{x}_i+b)\leqslant 0$）时，算法通过调整 $\boldsymbol{w}$ 和 b 的值，使该样本向正确的方向移动，从而减小损失函数 $L(\boldsymbol{w},b)$ 的值，直至所有样本都被正确分类。具体而言，$y_i(\boldsymbol{w}^{\text{T}}\boldsymbol{x}_i+b)\leqslant 0$ 包括两种情况：① $y_i=+1$ 且 $\boldsymbol{w}^{\text{T}}\boldsymbol{x}_i+b\leqslant 0$；② $y_i=-1$ 且 $\boldsymbol{w}^{\text{T}}\boldsymbol{x}_i+b\geqslant 0$。以第一种情况为例，执行第 5 步和第 6 步后，若 $\boldsymbol{w}$ 更新为 $\boldsymbol{w}'$，b 更新 b'，则分类结果为

$$
\begin{aligned}
y_i' &= (\boldsymbol{w}')^{\text{T}}\boldsymbol{x}_i+b' \\
&= (\boldsymbol{w}+\eta y_i\boldsymbol{x}_i)^{\text{T}}\boldsymbol{x}_i+b+\eta y_i \\
&= \boldsymbol{w}^{\text{T}}\boldsymbol{x}_i+\eta y_i\,\boldsymbol{x}_i^{\text{T}}\boldsymbol{x}_i+b+\eta y_i \\
&= \boldsymbol{w}^{\text{T}}\boldsymbol{x}_i+b+\eta(\parallel\boldsymbol{x}_i\parallel^2+1) \\
&\geqslant \boldsymbol{w}^{\text{T}}\boldsymbol{x}_i+b+\eta
\end{aligned}
$$

当一个样本被误分类后，会进行参数更新，使分离超平面至少向该误分类样本的一侧移动 η，以减少该样本与超平面间的距离，直至超平面越过该样本并将其正确分类。第二种情况类似。对于线性可分的数据集，可证明感知机学习算法是收敛的，即经过有限次迭代后可得到将数据集完全正确划分开的一组参数 $\boldsymbol{w}$ 和 b。假设算法 14.1 迭代 t 次，则时间复杂度为 $O(td)$，其中 d 为输入向量的维度。

感知机学习算法本质上是找出一个可将两类样本划分开的超平面，其分类性能往往不如 SVM 等利用全部训练数据来寻找几何间隔最大的分离超平面的方法（见本书 8.3 节）。然而，机器学习的目的是在给定训练数据集 $D=\{(\boldsymbol{x}_1,y_1),(\boldsymbol{x}_2,y_2),\cdots,(\boldsymbol{x}_n,y_n)\}$ 后，寻找一个函数 $y=f(\boldsymbol{x},\theta)$，当给定一个新的样本 $\boldsymbol{x}'$ 时，可使用 f 预测出 $\boldsymbol{x}'$ 对应的 y'，其中 θ 是机器学习过程中需求解的模型参数；感知机的主要贡献在于为机器学习任务提供一个通用的

框架。感知机学习算法中,待估计参数 $\theta=(w,b)$, $f(x,\theta)=\text{sign}(w^\mathrm{T}x+b)$,该学习框架适用于绝大多数机器学习问题,包括前面几章介绍的分类、聚类,以及后续章节将介绍的深度学习算法。感知机的另一个优势在于,它所占用的计算和存储资源都很少。首先,算法 14.1 仅需存储参数 w 和 b 的空间资源;其次,算法每次更新参数时只选择一个训练样本进行乘法和加法运算,不需使用所有的训练数据,因此占用的计算资源也很少。这种每次只选择一小部分训练数据进行模型训练并不断迭代获得最终模型的方法,非常适用于当前大数据环境下的机器学习任务,为处理大规模数据上的机器学习任务提供了理论支撑。

14.1.3　多层神经网络

感知机仅包含单个神经元模型,只能处理线性可分问题。要解决非线性可分问题,需更多的神经元一起协作完成。将多个神经元模型按一定层次结构组合在一起,构成一个功能

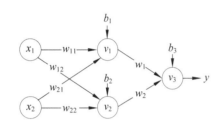

图 14.3　多层前馈神经网络示例

更强大的神经网络,就能处理更复杂的问题。图 14.3 给出一个常见的多层神经网络结构,由一个输入层、一个隐藏层、一个输出层构成,每层包含多个神经元,与下一层的神经元完全连接,同层的神经元间不存在连接,且没有跨层的连接。这样的神经网络被称为多层前馈神经网络（Multi-layer Feedforward Neural Network）,其输入层接收输入数据,经过隐藏层及输出层对数据进行处理,最终由输出层将处理结果输出。

一般情况下,输入层仅接受输入数据,不对输入数据进行加工,只有隐藏层和输出层才对数据进行处理。多层神经网络的学习任务与感知机的学习任务类似,同样是利用训练数据来寻找连接所有神经元的权重及偏置,进而得到一个功能强大的模型。

以图 14.3 所示的神经网络为例,各层间的关系可表示为

$$v_1=\sigma(w_{11}x_1+w_{21}x_2+b_1)$$
$$v_2=\sigma(w_{12}x_1+w_{22}x_2+b_2)$$
$$v_3=\sigma(w_1v_1+w_2v_2+b_3)$$

神经网络的输出值 $y=v_3$。学习这样的神经网络,就是要确定参数 $w=[w_{11};w_{12};w_{21};w_{22};w_1;w_2]$ 及参数 $b=[b_1;b_2;b_3]$ 的取值。需注意的是,激活函数 σ 必须是非线性函数,否则输出 y 会退化为输入的线性函数。理想的激活函数是如图 14.2 所示的阶跃函数。可以证明,当激活函数为阶跃函数时,只需一个包含足够多神经元的隐藏层,多层神经网络就能以任意精度逼近任意复杂的连续函数。

尽管多层神经网络拥有强大的表示能力,但我们并不知道该网络所模拟的复杂函数的具体形式,也无法得出该神经网络的具体结构。这与感知机的学习不同,因为感知机所模拟的函数 $f(x,\theta)$ 是确定的,即 $f(x,\theta)=\text{sign}(w^\mathrm{T}x+b)$。因此,多层神经网络模型要比感知机复杂得多,不能直接利用算法 14.1 来训练多层神经网络,需更强大的学习算法。目前的神经网络训练方法一般包含两个步骤:首先,人工设计神经网络的结构,即网络包含多少层、每层有多少个神经元;然后,将训练数据输入这个网络中,计算出该网络的待求参数。

然而,设计神经网络的结构具有相当的难度,迄今还没有完美的解决办法,通常只能依

靠经验进行设计。设计网络结构时,两个可供参考的准则如下:一个准则是,如果问题简单,那么网络结构也应该简单,即层数少或每层的神经元少,如果问题复杂,那么网络结构也应该设计得更复杂一些;另一个准则是,如果训练数据较多,则网络结构可以设计得复杂一些,从而学习到功能更强大的模型,如果训练数据较少,则网络结构应该设计得简单一些。

确定神经网络结构之后,就需求解神经网络中的待求参数。以图 14.3 中的神经网络为例,给定训练样本$(\boldsymbol{x}, y)$,输入 $\boldsymbol{x}=[x_1; x_2]$,$y$ 为样本标签,设 $\boldsymbol{x}$ 经过该网络处理后得到的输出为$\hat{y}$,我们希望通过调整参数 $\boldsymbol{w}$ 和 $\boldsymbol{b}$,使网络输出 $\hat{y}$ 与样本标签y 尽可能接近,也就是网络输出与真实标签之间的均方误差尽可能小,即

$$\min E(\boldsymbol{y}, \hat{\boldsymbol{y}}) = \frac{1}{n} \sum_{i=1}^{n} (y_i - \hat{y}_i)^2 \tag{14-5}$$

其中,n 为样本数量,$E(\boldsymbol{y}, \hat{\boldsymbol{y}})$为损失函数,用于量化模型预测值与真实值之间的差异。

求解参数的常用方法是梯度下降法。首先随机选取 $\boldsymbol{w}$ 和 $\boldsymbol{b}$ 的初始值$(w_i \in \boldsymbol{w}, b_i \in \boldsymbol{b})$,然后应用迭代算法求损失函数的极小值,在每次迭代中按以下方式更新所有参数。

$$w_i \leftarrow w_i - \eta \frac{\partial E}{\partial w_i} \tag{14-6}$$

$$b_i \leftarrow b_i - \eta \frac{\partial E}{\partial b_i} \tag{14-7}$$

其中,η $(0<\eta<1)$为学习率。

通过不断迭代计算,最终可确定模型参数 $\boldsymbol{w}$ 和 $\boldsymbol{b}$。直接计算损失函数 E 对各个参数的偏导数会耗费大量资源。然而,这些偏导数是互相关联的,能基于链式求导法则使用已求出的部分偏导数高效地求解出其他偏导数,从而减少求解的计算量。因此,可根据神经网络的结构来简化偏导数的计算,这种算法称为反向传播(Back Propagation, BP)算法。利用 BP 算法求解图 14.3 中神经网络的参数偏导数,首先根据当前参数计算给定训练样本的输出值,并将网络各层间的关系表示为

$$a_1 = w_{11} x_1 + w_{21} x_2 + b_1$$
$$a_2 = w_{12} x_1 + w_{22} x_2 + b_2$$
$$v_1 = \sigma(a_1)$$
$$v_2 = \sigma(a_2)$$
$$a_3 = w_1 v_1 + w_2 v_2 + b_3$$
$$v_3 = \sigma(a_3) = \hat{y}$$

设损失函数为

$$E = \frac{1}{2} (y - \hat{y})^2$$

则 E 对输出 $\hat{y}$ 的偏导数为

$$\frac{\partial E}{\partial \hat{y}} = \hat{y} - y$$

根据链式求导法则,有

$$\frac{\partial E}{\partial a_3} = \frac{\partial E}{\partial \hat{y}} \frac{\partial \hat{y}}{\partial a_3} = (\hat{y} - y)\sigma'(a_3)$$

利用对 a_3 的偏导数，可计算出对 w_1、w_2 和 b_3 的偏导数。

$$\frac{\partial E}{\partial w_1} = \frac{\partial E}{\partial a_3}\frac{\partial a_3}{\partial w_1} = (\hat{y} - y)\sigma'(a_3)v_1$$

$$\frac{\partial E}{\partial w_2} = \frac{\partial E}{\partial a_3}\frac{\partial a_3}{\partial w_2} = (\hat{y} - y)\sigma'(a_3)v_2$$

$$\frac{\partial E}{\partial b_3} = \frac{\partial E}{\partial a_3}\frac{\partial a_3}{\partial b_3} = (\hat{y} - y)\sigma'(a_3)$$

继续使用链式求导法则，有

$$\frac{\partial E}{\partial a_1} = \frac{\partial E}{\partial a_3}\frac{\partial a_3}{\partial v_1}\frac{\partial v_1}{\partial a_1} = (\hat{y} - y)\sigma'(a_3)v_1\sigma'(a_1)$$

进而利用对 a_1 的偏导数可得

$$\frac{\partial E}{\partial w_{11}} = \frac{\partial E}{\partial a_1}\frac{\partial a_1}{\partial w_{11}} = (\hat{y} - y)\sigma'(a_3)v_1\sigma'(a_1)x_1$$

同理，可快速地计算出 E 对其他参数的偏导数。

由此可见，BP 算法通过重用 $\hat{y}$、a_1、a_2 和 a_3 几个点的偏导数，能方便地计算出所有参数的偏导数，算法的时间复杂度与参数的数量成正比。获得所有偏导数之后，就可利用梯度下降法求解神经网络的模型参数，上述思想见算法 14.2。

算法 14.2　基于反向传播的神经网络学习算法

输入：

　　$D = \{(\boldsymbol{x}_1, y_1), (\boldsymbol{x}_2, y_2), \cdots, (\boldsymbol{x}_n, y_n)\}$：训练数据集；$\eta(0 < \eta < 1)$：学习率

输出：

　　$\boldsymbol{w}$：权重；$\boldsymbol{b}$：偏置

步骤：

1.　随机初始化 $\boldsymbol{w}$ 和 $\boldsymbol{b}$

2.　Repeat

3.　　利用反向传播计算各个参数 w_i 和 $b_i (w_i \in \boldsymbol{w}, b_i \in \boldsymbol{b})$ 的偏导数 $\dfrac{\partial E}{\partial w_i}$ 和 $\dfrac{\partial E}{\partial b_i}$

4.　　$w_i \leftarrow w_i - \eta\dfrac{\partial E}{\partial w_i}$　　　　　　　　　//迭代更新参数

5.　　$b_i \leftarrow b_i - \eta\dfrac{\partial E}{\partial b_i}$　　　　　　　　　//迭代更新参数

6.　Until $\dfrac{\partial E}{\partial w_i} = 0$ 且 $\dfrac{\partial E}{\partial b_i} = 0$

7.　Return $\boldsymbol{w}, \boldsymbol{b}$

假设神经网络模型包括 m 个参数，算法迭代 t 次，那么反向传播的时间复杂度为 $O(m)$，算法 14.2 的时间复杂度为 $O(tm)$。

在实际应用中，还需对算法 14.2 进行以下几方面的改进，才能顺利地训练出神经网络模型。

（1）针对激活函数的改进。

由于阶跃函数在 0 点处不可导，因此需将激活函数替换为其他连续可导的函数。目前常用的激活函数有如下的 Sigmoid 函数和 ReLU 函数。

$$\mathrm{Sigmoid}(x) = \frac{1}{1 - \mathrm{e}^{-x}} \qquad (14\text{-}8)$$

$$\mathrm{ReLU}(x) = \max\{0, x\} \qquad (14\text{-}9)$$

（2）针对输出层及损失函数的改进。

假设神经网络最后一层输出的是 k 维向量 $z = [z_1; z_2; \cdots; z_k]$，则将向量 z 经过一个如下的 Softmax 层处理得到最终的输出 $\hat{y} = [\hat{y}_1; \hat{y}_2; \cdots; \hat{y}_k]$。

$$\hat{y}_i = \frac{\mathrm{e}^{z_i}}{\sum\limits_{j=1}^{k} \mathrm{e}^{z_j}}, \quad i = 1, 2, \cdots, k \qquad (14\text{-}10)$$

可容易地得出 $\sum\limits_{j=1}^{k} \hat{y}_i = 1$。然后，将损失函数改为如下的交叉熵（Cross-entropy）函数。

$$E(\boldsymbol{y}, \hat{\boldsymbol{y}}) = -\sum_{j=1}^{k} y_i \log(\hat{y}_i) \qquad (14\text{-}11)$$

其中，$\boldsymbol{y} = [y_1; y_2; \cdots; y_k]$ 为样本标签向量。

交叉熵函数反映了 $\boldsymbol{y}$ 与 $\hat{\boldsymbol{y}}$ 之间的相似程度，具有以下两个性质：$E(\boldsymbol{y}, \hat{\boldsymbol{y}}) \geqslant 0$；当且仅当 $\boldsymbol{y} = \hat{\boldsymbol{y}}$ 时，$E(\boldsymbol{y}, \hat{\boldsymbol{y}})$ 取最小值。因此，同样可使用梯度下降进行求解。对于很多机器学习问题，尤其是分类问题，使用 Softmax 输出和交叉熵损失函数往往能训练出性能更好的神经网络模型，进而实现更为准确的预测。

（3）使用随机梯度下降法进行模型训练。

算法 14.2 中，每输入一个训练样本，都会进行一次参数更新，这种方式的缺点在于单个训练样本包含的噪声会传导到所有参数，且每个样本都更新全部参数，效率也较低。为了解决以上问题，实际应用中往往使用随机梯度下降（Stochastic Gradient Descent，SGD）算法训练模型，主要步骤如下。

① 输入一批样本（称为一个 Batch），计算这批样本的梯度平均值，再利用该平均值来更新参数。

② 将训练数据按 Batch Size（通常为几十至几百）划分为多个不同的 Batch，再基于这些 Batch 训练神经网络。按 Batch 遍历所有训练样本一次，称为一次 Epoch 训练。例如，若训练样本的数量为 1000，Batch Size 为 100，则所有训练数据会被划分为 10 个不同的 Batch，即一个 Epoch 会使用这 10 个 Batch 进行训练。

③ 模型训练需多个 Epoch，且对于每个 Epoch 都需随机划分训练样本，以保证 Batch 不重复。使用随机梯度下降法的优势在于，每次更新参数只涉及一个 Batch 的训练数据，与整个训练数据的大小无关，这为基于大规模数据训练神经网络提供了支持，还能减少单个样本噪声造成的不良影响，进而得到性能更好的模型。

14.2　深 度 学 习

20 世纪 80 年代，随着误差反向传播算法的提出，多层神经网络的相关理论已趋于完善。然而，由于多层神经网络存在许多不足之处，神经网络并未成为当时机器学习的主流，例如，

使用梯度下降法只能获取局部最优值，而非全局最优；网络参数与实际任务的关联模糊，模型可解释性差；模型需调整的参数太多，包括网络结构、激活函数、学习率、损失函数等，训练模型的工作量太大；训练复杂的神经网络需大量的训练数据；由几百或上千个神经元组成的神经网络模型，在性能上远远不如约包含 800 亿个神经元的人脑。由于以上原因，多层神经网络的研究在 20 世纪 90 年代陷入了低谷，甚至不如后来的 SVM 等模型。

到 21 世纪初，随着大规模硬件加速设备的出现（如 GPU），计算能力得到显著提升。同时，大容量存储设备快速普及，海量数据采集和存储技术迅速发展，这为训练大规模神经网络提供了充足的训练数据和计算资源。2006 年，Hinton（BP 算法的提出者之一、2018 年图灵奖得主）在 Science 杂志上发表了《深度信念网络（Deep Belief Network）》的论文，通过"预训练＋微调"的方式成功地训练出超过 7 层的神经网络，缓解了多层神经网络存在的问题，并把这类多层神经网络的学习方法称为深度学习（Deep Learning）。之后，深度学习逐渐成为机器学习领域的主流技术，受到学界和业界越来越多研究人员的关注。

随后几年，深度学习在各个领域都取得了突破性进展。2009 年，微软的研究人员将深度神经网络引入语音识别系统，大幅提升了连续词汇的语音识别率，彻底代替了统治这一领域 20 多年的隐马尔可夫模型及高斯混合模型。2013 年，Hinton 的学生使用一个包含 65 万个神经元的深度神经网络 AlexNet 在图像识别比赛 ImageNet 上夺得冠军，且错误率远远小于第 2 名 Google 和第 3 名 Facebook 提出的模型。2016 年，由 Google 开发的基于深度学习的 AlphaGo 打败了围棋世界冠军李世石。目前，深度学习中的 Transformer 模型已经成为自然语言处理、计算机视觉、图数据分析等领域最优秀的方法之一，将深度神经网络的研究与应用推向高潮。

深度学习的关键在于构建具有一定"深度"的神经网络模型（层数多、每层的神经元也多），并通过学习算法让模型自动获得较好的特征表示，从而提升模型的预测准确率。一种对深度学习的理解，是将深度神经网络的多层结构看作对输入数据进行逐层加工，从而把初始与预测目标之间联系不够紧密的输入表示转化为与预测目标联系更为紧密的表示，为后续任务提供更为有效的特征。传统的机器学习任务中，通常需要耗费大量人力来设计特征，称为"特征工程"。而采用深度学习技术，则可利用机器学习算法从数据中自动产生较好的特征，进而处理各类机器学习任务。本书将在后续章节中介绍几类常用的深度学习算法，包括用于数据降维的自编码器（Autoencoder）和生成对抗网络（Generative Adversarial Network）、用于图像特征提取的卷积神经网络（Convolutional Neural Network）、用于文本特征提取的循环神经网络（Recurrent Neural Network）和长短期记忆网络（Long Short-Term Memory）以及用于图数据分析的图神经网络（Graph Neutral Network）等。

14.3 小 结

本章从人工神经网络的基本组成单元出发，首先介绍了 MP 神经元模型和基于单个神经元模型的感知机及其学习算法，并介绍了一个通用的机器学习框架。然后介绍由多个神经元组成的多层神经网络，重点介绍了训练多层神经网络的误差反向传播算法及随机梯度下降算法。最后，介绍了深度学习的发展历史及相关技术，为后续章节的学习奠定了基础。

思 考 题

1. 将图 14.3 中的神经网络扩展为深度和每层内神经元数不受限制的深度神经网络，然后推导在此网络上的反向传播算法。

2. 根据式(14-10)推导 Softmax 的偏导数。

3. 分析训练数据集包含的样本数量和神经网络模型参数的数量对训练神经网络的影响。如何根据样本数量和参数数量来优化神经网络的训练过程？

第15章 降维算法

15.1 降维算法概述

现实中，人们可以在二维、三维甚至四维的数据上进行推理和计算，但是面对数千维或数万维的数据时，计算就变得非常困难。一个典型的降维问题如下：作为经典的手写数字数据集，由 0～9 手写数字图片和数字标签组成的 MNIST[1] 包含 60000 个训练样本和 10000 个测试样本，每个样本都是一张 28×28 像素的灰度手写数字图片。如图 15.1 所示，MNIST 数据集可看作一个 60000×784 维的张量。其中，每个像素点用 0～1 的灰度值表示，如图 15.2 所示。在测试样本集中，为了能准确、高效地识别出每张手写数字图片对应的数字，解决高维数据推理困难的问题，可基于神经网络的降维算法将 60000×784 维的训练样本集映射到低维空间，进而实现低维嵌入向量的相似性计算，并能识别出每张测试图片中的数字。

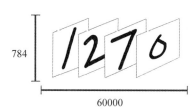

图 15.1　28×28 像素手写数字图片的 MNIST 数据集

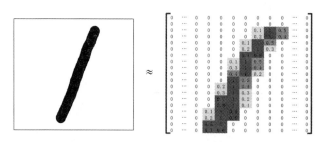

图 15.2　手写数字"1"的图片及相应的像素矩阵

---

① http://yann.lecun.com/exdb/mnist/。

降维技术旨在减少高维数据的维数灾难问题,支持数据的分类、压缩和可视化,广泛应用于模式识别、图像处理、计算机视觉和文本分析等领域。降维技术包括基于特征选择的降维和基于特征变换的降维。基于特征选择的降维技术从相关特征集中挑选出一个重要子集,也称为基于变量选择、特征压缩、属性选择、变量子集选择的降维技术。基于特征变换的降维技术将高维空间中的数据通过线性或非线性映射投影到低维空间中,找出隐蔽在高维观测数据中有意义的且能揭示数据本质的低维向量。本章主要讨论基于特征变换的降维技术,该类技术也是目前数据降维研究的热点。

　　现有的基于特征变换的降维技术分为线性降维和非线性降维技术。典型的线性降维技术包括奇异值分解(Singular Value Decomposition,SVD)、主成分分析(Principal Component Analysis,PCA)和线性判别分析(Linear Discriminant Analysis,LDA)等。针对线性降维技术通常不能在真实数据集的降维过程中较好地保持数据集的非线性特性的问题,人们提出了非线性降维技术。非线性降维技术通常基于线性降维技术进行非线性扩展或采用神经网络等方法来进行优化降维,包括局部线性嵌入(Local Linear Embedding,LLE)、等距特征映射(Isometric Feature Mapping,ISOMAP)和自编码器(Autoencoder,AE)等。局部线性嵌入在高维空间中计算出样本间的局部线性关系的权重系数,使得这些样本对应的嵌入向量在低维空间中也能保持原有的线性关系,从而实现降维。等距特征映射利用局部邻域距离近似计算数据点间的流形测地距离,用多维缩放(Multiple Dimensional Scaling,MDS)方法将流形测地距离转化为低维空间的嵌入向量,从而达到降维目的。自编码器采用带隐藏层的神经网络,将高维数据映射成低维空间中的嵌入向量,进而实现数据的降维。

　　实际中,大多数的情形,降维不仅是为了减少数据维度,而是在减少维度的同时将刻画数据的主要信息保留在低维空间中,并支持新样本的生成。如何根据隐变量生成目标数据?不同于自编码器将输入编码为低维空间中的单个取值,变分自编码器(Variational Autoencoder,VAE)通过将输入编码为低维空间中的概率分布(如高斯分布),使低维空间中的两个相邻取值解码后呈现相似的内容,以达到样本生成的目的。不同于基于样本重构的自编码器和变分自编码器,生成对抗网络(Generative Adversarial Network,GAN)的思想源于博弈论中的二人零和博弈(Zero-Sum Game),以生成器(Generator)和鉴别器(Discriminator)不断博弈的方式训练模型,使生成器能直接从低维空间中生成"以假乱真"的样本。

　　本章以自编码器、变分自编码器和生成对抗网络为降维算法的代表,介绍这些算法的基本思想和执行步骤,并分析算法的时间复杂度。

15.2　自编码器概述

　　自编码器是一种无监督学习算法,其输出能实现对输入数据的复现,由编码器(Encoder)和解码器(Decoder)两部分组成,其中,编码器将高维数据映射为低维数据,实现对输入数据的降维;解码器则将低维数据映射成高维数据,实现对输入数据的复现。自编码器具有重构过程简单、可堆叠多层的优点,广泛用于图像分类、视频异常检测、模式识别、数

据生成等领域。

15.2.1 自编码器

1. 基本思想

自编码器主要包括编码器和解码器，如图 15.3 所示，其结构是对称的，旨在输出层重构输入数据，最理想的情况是输入数据与输出数据完全一样。

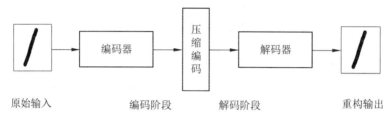

原始输入　　　　　编码阶段　　　解码阶段　　　　　重构输出

图 15.3　自编码器的网络结构

（1）编码阶段。

对于输入数据 $\boldsymbol{x}$，通过编码函数 f 得到编码向量 $\boldsymbol{h}$：

$$\boldsymbol{h} = f(\boldsymbol{x}) = s_f(\boldsymbol{Vx} + \boldsymbol{\gamma}) \tag{15-1}$$

其中，$\boldsymbol{V}$ 为输入层和隐藏层之间的权重矩阵，$\boldsymbol{\gamma}$ 为偏置，s_f 为编码器的激活函数（常用 Sigmoid 函数）。

（2）解码阶段。

对于编码得到的编码向量 $\boldsymbol{h}$，通过解码函数 g 得到输出数据 $\boldsymbol{y}$：

$$\boldsymbol{y} = g(\boldsymbol{h}) = s_g(\boldsymbol{Wh} + \boldsymbol{\theta}) \tag{15-2}$$

其中，$\boldsymbol{W}$ 为隐藏层和输出层之间的权重矩阵，$\boldsymbol{\theta}$ 为偏置，s_g 为解码器的激活函数（常用 Sigmoid 函数和恒等函数）。

（3）重构误差。

将自编码器的重构误差 $J_{\mathrm{AE}}(\boldsymbol{V}, \boldsymbol{W}, \boldsymbol{\gamma}, \boldsymbol{\theta})$ 作为损失函数，即

$$J_{\mathrm{AE}}(\boldsymbol{V}, \boldsymbol{W}, \boldsymbol{\gamma}, \boldsymbol{\theta}) = L(\boldsymbol{x}, g(f(\boldsymbol{x}))) \tag{15-3}$$

$L(\boldsymbol{x}, g(f(\boldsymbol{x})))$ 可为均方误差，具体表示为

$$L(\boldsymbol{x}, g(f(\boldsymbol{x}))) = \| g(f(\boldsymbol{x})) - \boldsymbol{x} \|_2^2 \tag{15-4}$$

$L(\boldsymbol{x}, g(f(\boldsymbol{x})))$ 也可为交叉熵，具体表示为

$$L(\boldsymbol{x}, g(f(\boldsymbol{x}))) = -\sum_{x_i \in \boldsymbol{x}} [x_i \log(g(f(x_i))) + (1 - x_i)\log(1 - g(f(x_i)))] \tag{15-5}$$

2. 模型训练

训练数据集 D 由 m 个输入数据 $\boldsymbol{x}$ 构成，其中 $\boldsymbol{x} \in \mathbb{R}^d$ 表示输入的 d 维实值向量。图 15.4 给出了一个包含 d 个输入神经元、d 个输出神经元、q 个隐藏层神经元的 3 层自编码器网络结构，其中输出层第 j 个神经元的偏置用 θ_j 表示，隐藏层第 k 个神经元的偏置用 γ_k 表示，输入层第 i 个神经元与隐藏层第 k 个神经元之间的权重用 v_{ik} 表示，隐藏层第 k 个神经元与输出层第 j 个神经元之间的权重用 w_{kj} 表示。记隐藏层第 k 个神经元接收到的输入为 $\alpha_k =$

$\displaystyle\sum_{i=1}^{d} v_{ik} x_i$，输出层第 j 个神经元接收到的输入为 $\beta_j =$

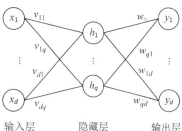

$\displaystyle\sum_{k=1}^{q} w_{kj} h_k$，其中 h_k 为隐藏层第 k 个神经元的输出。隐藏层和输出层神经元均用 Sigmoid 激活函数，采用梯度下降法训练自编码器网络。

图 15.4 自编码器网络中的变量符号

对 D 中的输入数据 $\pmb{x}$，训练步骤如下。

（1）输入层到隐藏层的计算。

隐藏层的输出记为 $\pmb{h} = \{h_1, h_2, \cdots, h_q\}$，即

$$h_k = S_f(\alpha_k + \gamma_k) = \frac{1}{1 + e^{-(\alpha_k + \gamma_k)}} \tag{15-6}$$

（2）隐藏层到输出层的输出计算。

输出层的输出记为 $\pmb{y} = \{y_1, y_2, \cdots, y_d\}$，即

$$\hat{y}_j = S_g(\beta_j + \theta_j) = \frac{1}{1 + e^{-(\beta_j + \theta_j)}} \tag{15-7}$$

（3）权重和偏置更新。

令自编码器网络在输入数据 $\pmb{x}$ 上的重构误差为均方误差，则 $\pmb{x}$ 对应的损失函数为

$$L = \sum_{j=1}^{d} (y_j^t - x_j)^2 \tag{15-8}$$

使用梯度下降法，以损失函数的负梯度方向对参数进行调整，给定学习率 $\eta(0 < \eta < 1)$，参数的更新过程如下。

$$w_{kj} = w_{kj} - \eta \frac{\partial L}{\partial w_{kj}} \tag{15-9}$$

$$v_{ik} = v_{ik} - \eta \frac{\partial L}{\partial v_{ik}} \tag{15-10}$$

$$\theta_j = \theta_j - \eta \frac{\partial L}{\partial \theta_j} \tag{15-11}$$

$$\gamma_k = \gamma_k - \eta \frac{\partial L}{\partial \gamma_k} \tag{15-12}$$

算法 15.1 给出了自编码器训练算法，时间复杂度为 $O(N \times m \times d \times q)$，其中 N 为算法总迭代次数。

算法 15.1 Auto-encoder // 自编码器（AE）训练

输入：

　　D：训练数据集；$\eta(0 < \eta < 1)$：学习率；N：总迭代次数。

输出：

　　$\pmb{V} = \{v_{ik}\}_{i=1, k=1}^{d, q}$：输入层到隐藏层的权重矩阵；

　　$\pmb{W} = \{w_{kj}\}_{k=1, j=1}^{q, d}$：隐藏层到输出层的权重矩阵；

　　$\pmb{\gamma} = \{\gamma_k\}_{k=1}^{q}$：输入层到隐藏层的偏置向量；

　　$\pmb{\theta} = \{\theta_j\}_{j=1}^{d}$：隐藏层到输出层的偏置向量。

步骤：
1. 随机初始化网络中的所有权重矩阵 $\boldsymbol{V}$ 和 $\boldsymbol{W}$，以及偏置向量 $\boldsymbol{\gamma}$ 和 $\boldsymbol{\theta}$
2. $t \leftarrow 1$
3. While $t \leqslant N$ Do
4. For Each $\boldsymbol{x}$ In D Do
5.   根据当前参数、式(15-6)和式(15-7)计算 $\boldsymbol{x}$ 对应的输出 $\boldsymbol{y}_k$
6. $L \leftarrow L + \sum_{j=1}^{d}(y_j - x_j)^2$ //根据式(15-8)计算损失函数值
7. End For
8. 根据式(15-9)～式(15-12)更新权重 w_{kj} 和 v_{ik}、偏置 θ_j 和 γ_k
9. $t \leftarrow t + 1$
10. End While
11. Return $\boldsymbol{V}, \boldsymbol{W}, \boldsymbol{\gamma}, \boldsymbol{\theta}$

例 15.1 采用 MNIST 数据集构建具有 3 层网络的自编码器模型，该模型的输入层、隐藏层和输出层的维度分别为 784、256 和 784。隐藏层和输出层的激活函数均用 Sigmoid 函数，损失函数采用均方误差，训练迭代次数设为 5 次。前 5 个测试样本数据和数据重构结果对比如图 15.5 所示，其中，Image 1～Image 5 是原始输入数据，Image 6～Image 10 是对应的重构结果。

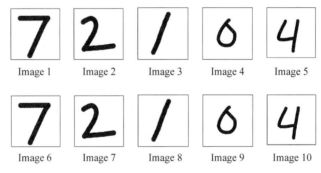

图 15.5 自编码器模型输入数据和重构结果对比

15.2.2 自编码器的改进

自编码器是降维算法的一种，其目的是让隐藏层表示尽可能低维且包含输入数据中最主要的特征。自编码器的改进，主要是改变输入数据或对自编码器的隐藏层增加约束，典型的改进模型主要包括降噪自编码器（Denosing Autoencoder，DAE）、稀疏自编码器（Sparse Autoencoder，SAE）、收缩自编码器（Contractive Autoencoder，CAE）等。降噪自编码器通过对输入数据加入噪声，提高模型对输入噪声数据的鲁棒性。稀疏自编码器在自编码器的隐藏层神经元增加稀疏性约束，用尽可能少的神经元提取有用的数据特征，使网络达到稀疏的效果。收缩自编码器通过在自编码器的目标函数上增加一个惩罚项来抵抗输入中的微扰。

1. 降噪自编码器

事实上,人们对于部分遮挡或损坏的图像仍然可以准确地识别,基于此,研究人员提出了降噪自编码器,将其应用到图像识别领域。降噪自编码器对原始输入数据加入噪声,产生与原始输入数据对应的噪声数据,再将噪声数据作为自编码器的输入数据,通过训练自编码器,使得重构的输出数据与原始输入数据相同。降噪自编码器的网络结构如图 15.6 所示,也采用梯度下降法进行模型训练,训练步骤可参考算法 15.1。

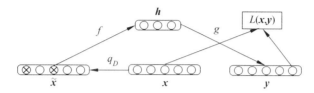

图 15.6　降噪自编码器的网络结构

对于原始输入数据 $\boldsymbol{x}$,用 $\widetilde{\boldsymbol{x}} \sim q_D(\widetilde{\boldsymbol{x}} \mid \boldsymbol{x})$ 生成噪声数据 $\widetilde{\boldsymbol{x}}$,通过编码函数得到编码向量 $\boldsymbol{h}$:

$$\boldsymbol{h} = f(\widetilde{\boldsymbol{x}}) = s_f(\boldsymbol{V}\widetilde{\boldsymbol{x}} + \boldsymbol{r}) \tag{15-13}$$

其中,$\boldsymbol{V}$ 为输入层和隐藏层之间的权重矩阵,$\boldsymbol{r}$ 为偏置,s_f 为编码器的激活函数。

对于编码阶段得到的编码向量 $\boldsymbol{h}$,通过解码函数得到输出 $\boldsymbol{y}$:

$$\boldsymbol{y} = g(\boldsymbol{h}) = s_g(\boldsymbol{W}\boldsymbol{h} + \boldsymbol{\theta}) \tag{15-14}$$

其中,$\boldsymbol{W}$ 为输入层和隐藏层之间的权重矩阵,$\boldsymbol{\theta}$ 为偏置,s_g 为解码器的激活函数。

降噪自编码器的损失函数表示为

$$J_{\mathrm{DAE}}(\boldsymbol{V}, \boldsymbol{W}, \boldsymbol{r}, \boldsymbol{\theta}) = E_{\widetilde{\boldsymbol{x}} \sim q_D(\widetilde{\boldsymbol{x}} \mid \boldsymbol{x})}\left[L(\boldsymbol{x}, g(f(\widetilde{\boldsymbol{x}})))\right] \tag{15-15}$$

降噪自编码器的优缺点可概括如下。

- 优点:通过改变原始输入数据,使隐藏层神经元学习到的特征表示能对抗原始输入数据的改变,提高模型的鲁棒性。
- 缺点:需对原始输入数据添加噪声,增加了模型的计算开销。

2. 稀疏自编码器

真实数据中存在大量的无类别标签的数据,为无类别标签的数据增加类别标签需要较大的人力成本。基于此,人们提出稀疏自编码器,从输入的无类别标签数据中自动学习到数据的稀疏表示,将其应用到图像分类等任务中。稀疏自编码器在自编码器基础上通过增加稀疏性约束,即在同一时间只有某些隐藏层的神经元是"活跃"的,而大部分隐藏层的神经元是"不活跃"的,从而对输出进行抑制,使网络达到稀疏的效果。假设隐藏层采用 Sigmoid 激活函数,那么隐藏层输出"1"代表神经元很"活跃",隐藏层输出"0"代表神经元"不活跃"。基于此,稀疏自编码器通过对隐藏层神经元输出的平均激活值进行约束,利用 KL 散度(Kullback-Leibler Divergence)度量两个不同分布之间的差异,使隐藏层神经元输出与给定的稀疏值相近,并将其作为惩罚项添加到损失函数中。稀疏自编码器的训练采用梯度下降法,训练步骤可参考算法 15.1,其损失函数可表示为

$$J_{\mathrm{SAE}}(\boldsymbol{V}, \boldsymbol{W}, \boldsymbol{\gamma}, \boldsymbol{\theta}) = L(\boldsymbol{x}, g(f(\boldsymbol{x}))) + \beta \sum_{j=1}^{q} KL(\rho \parallel \hat{\rho}_j) \tag{15-16}$$

其中，$\hat{\rho}_j = \dfrac{1}{m}\sum\limits_{i=1}^{m}(h_j(x_i))$ 表示 m 个训练样本在隐藏层神经元 j 上的平均激活值；h_j 为隐藏层神经元 j 上的激活值；β 用于控制稀疏惩罚项的权重，可取 $0 \sim 1$ 的任意值；$\sum\limits_{j=1}^{q} KL(\rho \parallel \hat{\rho}_j) =$

$\sum\limits_{j=1}^{q}\left(\rho\log\dfrac{\rho}{\hat{\rho}_j} + (1-\rho)\log\dfrac{1-\rho}{1-\hat{\rho}_j}\right)$，为了达到大部分神经元都被抑制的效果，$\rho$ 一般取接近于 0 的值。

稀疏自编码器的优缺点可概括如下。

- 优点：通过抑制隐藏层神经元学习隐藏层神经元的稀疏表示，对数据过拟合有泛化能力，极大降低了数据的维度，提升了模型的性能。
- 缺点：无法指定抑制哪些隐藏层神经元，学习到的隐藏层的稀疏表示的物理意义不明确。

3. 收缩自编码器

图像在传播过程中可能会受到各种噪声的干扰，噪声会影响图像的视觉效果，掩盖图像细节。基于此，研究人员提出收缩自编码器，将其应用于图像降噪问题。收缩自编码器的主要目的是抑制训练样本在所有方向上的扰动，即当输入数据出现微小变化时（例如，在输入数据中加入噪声），其隐藏层表示应该和原始输入数据的隐藏层表示非常接近。收缩自编码器通过在自编码器的损失函数上增加惩罚项，其训练方法采用梯度下降法，训练步骤可参考算法 15.1，其损失函数表示为

$$J_{CAE}(\boldsymbol{V},\boldsymbol{W},\boldsymbol{\gamma},\boldsymbol{\theta}) = L(\boldsymbol{x},g(f(\boldsymbol{x}))) + \lambda \parallel \boldsymbol{J}_f(\boldsymbol{x}) \parallel_F^2 \tag{15-17}$$

其中，λ 为用于控制惩罚项强度的超参数，可取 $0 \sim 1$ 的任意值；$\boldsymbol{J}_f(\boldsymbol{x})$ 为隐藏层激活函数关于输入 $\boldsymbol{x}$ 的 Jacobi 矩阵，即

$$\boldsymbol{J}_f(\boldsymbol{x}) = \begin{vmatrix} \dfrac{\partial h_1}{\partial x_1} & \cdots & \dfrac{\partial h_1}{\partial x_d} \\ \vdots & & \vdots \\ \dfrac{\partial h_q}{\partial x_1} & \cdots & \dfrac{\partial h_q}{\partial x_d} \end{vmatrix}_{q \times d} \tag{15-18}$$

$\parallel \boldsymbol{J}_f(\boldsymbol{x}) \parallel_F^2$ 表示矩阵 $\boldsymbol{J}_f(\boldsymbol{x})$ 的 Frobenius 范数，具体为

$$\parallel \boldsymbol{J}_f(\boldsymbol{x}) \parallel_F^2 = \sum_{i=1}^{d}\sum_{j=1}^{q}\left(\dfrac{\partial h_j}{\partial x_i}\right)^2 \tag{15-19}$$

收缩自编码器的优缺点可概括如下。

- 优点：学习到的隐藏层表示对输入数据的微小变化不敏感，会提高模型对输入噪声数据的鲁棒性。
- 缺点：含有多层隐藏层时，计算时间复杂度较高。

15.3　变分自编码器

变分自编码器是以自编码器结构为基础的深度生成模型，通过编码器将样本映射到低维空间的隐变量，然后通过解码器将隐变量还原为重构样本。作为一种特殊的自编码器，变

分自编码器并非判别模型,而属于生成模型。为了使自编码器具有生成能力,变分自编码器假设隐变量为服从概率分布(通常假设为高斯分布)的随机变量,从分布中采样进而生成样本。变分自编码器主要用于降维、特征提取、变分推理、聚类和图像生成等。

1. 基本思想

变分自编码器的网络结构如图 15.7 所示。首先,编码器将输入数据 $x(x\in\mathbb{R}^d)$ 映射为隐变量所服从的概率分布,通常是彼此独立的均值和标准差,分别为 μ 和 σ 的多元高斯分布。然后,从高斯分布中采样得到隐变量对应的样本 z,其中 $z\in\mathbb{R}^l$ 且 $z_i\sim N(\mu_i,\sigma_i^2)$。最后,解码器将隐变量对应的样本 z 重构为 $\hat{x}$。其中,$Q(z|x)$ 和 $P(x|z)$ 分别为编码过程和解码过程学习到的概率分布。

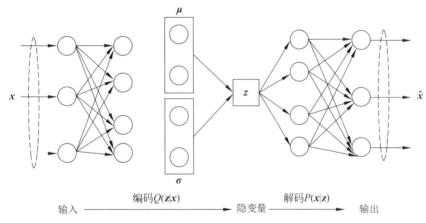

图 15.7 变分自编码器的网络结构

变分自编码器的目标是最小化输入数据分布 $P(x)$ 和重构数据分布 $P(\hat{x})$ 间的距离,通常采用 KL 散度来衡量分布之间的距离,即

$$D_{KL}(P(x)\parallel P(\hat{x}))=\int P(x)\log\frac{P(x)}{P(\hat{x})}dx \tag{15-20}$$

但由于分布 $P(x)$ 未知,不可直接计算 KL 散度,因此,变分自编码器引入近似后验分布 $Q(z|x)$,旨在逼近未知的真实后验分布 $P(z|x)$,并采用极大似然法优化目标函数,推导出如下的对数似然函数。

$$\log P(x)=D_{KL}(Q(z\mid x)\parallel P(z\mid x))+L(x) \tag{15-21}$$

由于 KL 散度具有非负性,故将其称为似然函数的变分下界,计算公式为

$$L(x)=E_{Q(z|x)}\big[-\log Q(z\mid x)+\log P(z)+\log P(x\mid z)\big] \tag{15-22}$$

由于变分自编码器旨在同时最大化 $P(x)$ 和最小化 $D_{KL}(Q(z|x)\parallel P(z|x))$,因此,由式(15-21)和式(15-22)可推导出如下的损失函数。

$$J_{VAE}=D_{KL}(Q(z\mid x)\parallel P(z))-E_{Q(z|x)}\big[\log(P(x\mid z))\big] \tag{15-23}$$

其中,等号右边的第一项为正则化项,第二项为变分自编码器期望重构误差的负值。

为了简化计算,通常假设隐变量服从多元标准高斯分布,即 $P(z)\sim N(0,I)$,给定 $Q(z|x)\sim N(\mu,\sigma^2)$,式(15-23)中的第一项可化简为

169

$$D_{\mathrm{KL}}(Q(\boldsymbol{z} \mid \boldsymbol{x}) \| P(\boldsymbol{z})) = \frac{1}{2} \sum_{i=1}^{f} (\boldsymbol{\mu}_i^2 + \boldsymbol{\sigma}_i^2 - \log \boldsymbol{\sigma}_i^2 - 1) \tag{15-24}$$

其中，f 为隐变量的个数。

假设 $P(\boldsymbol{x}|\boldsymbol{z})$ 服从高斯分布，解码器（$\hat{\boldsymbol{x}} = g(\boldsymbol{z})$）用于拟合高斯分布的均值，且标准差为常数 c，则 $P(\boldsymbol{x}|\boldsymbol{z})$ 可以表示为 $N(g(\boldsymbol{z}), c^2)$。令隐变量的随机采样样本数为 1，则式（15-23）中的第二项可化简为

$$-E_{Q(\boldsymbol{z}|\boldsymbol{x})}\big[\log(P(\boldsymbol{x} \mid \boldsymbol{z}))\big] \backsimeq \| \boldsymbol{x} - \hat{\boldsymbol{x}} \|_2^2 (\text{二范数}) \tag{15-25}$$

变分自编码器通过最小化损失函数使后验分布 $Q(\boldsymbol{z}|\boldsymbol{x})$ 接近 $P(\boldsymbol{z})$，且期望重构误差接近 0。值得注意的是，对隐变量进行随机采样的操作不能求导，导致无法采用反向传播算法进行参数优化。对此，变分自编码器通过重参数化（Re-parameterization）方法，引入参数 $\boldsymbol{\epsilon} \sim N(\boldsymbol{0}, \boldsymbol{I})$，通过从标准高斯分布采样 $\boldsymbol{\epsilon}$，将隐变量的直接采样转化为 $z_i = \boldsymbol{\mu}_i + \boldsymbol{\sigma}_i \boldsymbol{\epsilon}_i (1 \leqslant i \leqslant f)$ 的线性运算，从而利用梯度下降法优化参数。

2. 模型训练

训练数据集 D 由 m 个输入数据 $\boldsymbol{x}$ 构成，其中 $\boldsymbol{x} \in \mathbb{R}^d$ 表示 d 维实值向量。变分自编码器的训练过程如图 15.8 所示，其训练过程包括编码、采样、解码和参数更新 4 个阶段。

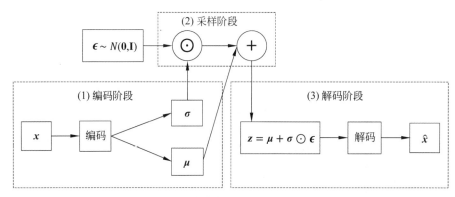

图 15.8　变分自编码器的训练过程

（1）编码阶段。

对于 D 中的输入数据 $\boldsymbol{x}$，通过编码器首先将 $\boldsymbol{x}$ 映射到 $\boldsymbol{h}$，再将 $\boldsymbol{h}$ 分别映射为隐变量所服从多元高斯分布的均值 $\boldsymbol{\mu}$ 和标准差 $\boldsymbol{\sigma}$，计算公式为

$$\boldsymbol{h} = \sigma_h(\boldsymbol{W}_h \boldsymbol{x} + \boldsymbol{b}_h) \tag{15-26}$$

$$\boldsymbol{\mu} = \sigma_\mu(\boldsymbol{W}_\mu \boldsymbol{h} + \boldsymbol{b}_\mu) \tag{15-27}$$

$$\boldsymbol{\sigma} = \sigma_\sigma(\boldsymbol{W}_\sigma \boldsymbol{h} + \boldsymbol{b}_\sigma) \tag{15-28}$$

其中，$\boldsymbol{W}_h$、$\boldsymbol{W}_\mu$ 和 $\boldsymbol{W}_\sigma$ 为权重矩阵，$\boldsymbol{b}_h$、$\boldsymbol{b}_\mu$ 和 $\boldsymbol{b}_\sigma$ 为偏置，σ_h、σ_μ 和 σ_σ 为激活函数。

（2）采样阶段。

使用重参数化方法，从高斯分布中生成隐变量的随机采样样本 $\boldsymbol{z}$，即

$$\boldsymbol{z} = \boldsymbol{\mu} + \boldsymbol{\sigma} \odot \boldsymbol{\epsilon} \tag{15-29}$$

其中，$\odot$ 为对应矩阵元素相乘的哈达玛乘积（Hadamard Product）。

（3）解码阶段。

对于采样样本 z，通过解码器映射为重构数据 $\hat{x}$，计算公式为

$$h' = \sigma_{h'}(W_{h'}z + b_{h'}) \tag{15-30}$$

$$\hat{x} = \sigma_g(W_g h' + b_g) \tag{15-31}$$

其中，$W_{h'}$ 和 W_g 为权重矩阵，$b_{h'}$ 和 b_g 为偏置，$\sigma_{h'}$ 和 σ_g 为激活函数。

（4）参数更新阶段。

利用式（15-23）～式（15-25）计算损失函数值，再计算参数的梯度，并基于梯度更新参数。算法 15.2 给出了变分自编码器的训练算法，时间复杂度为 $O(N \times m \times d)$，其中，N 为算法总迭代次数，m 为数据集规模，且输入数据维度远大于隐变量的维度（$d \gg f$）。

算法 15.2　Variational Autoencoder //变分自编码器（VAE）训练

输入：

　　D：训练数据集；$\eta(0 < \eta < 1)$：学习率；N：总迭代次数

输出：

　　W：权重矩阵；b：偏置

步骤：

1.　随机初始化网络中的权重矩阵 W 和偏置 b；$t \leftarrow 1$

2.　While $t \leqslant N$ Do

3.　　　$J_{\text{VAE}} \leftarrow 0$

4.　　　For each x In D Do

5.　　　　　$h \leftarrow \sigma_h(W_h x + b_h)$

6.　　　　　$\mu \leftarrow \sigma_\mu(W_\mu h + b_\mu)$

7.　　　　　$\sigma \leftarrow \sigma_\sigma(W_\sigma h + b_\sigma)$

8.　　　　　从 $N(\mathbf{0}, \mathbf{I})$ 采样 ϵ

9.　　　　　$z \leftarrow \mu + \sigma \odot \epsilon$

10.　　　　$h' \leftarrow \sigma_{h'}(W_{h'}z + b_{h'})$

11.　　　　$\hat{x} \leftarrow \sigma_g(W_g h' + b_g)$

12.　　　　$J_{\text{VAE}} \leftarrow J_{\text{VAE}} + \dfrac{1}{2} \sum\limits_{i=1}^{f}(\mu_i^2 + \sigma_i^2 - \log\sigma_i^2 - 1) + \| x - \hat{x} \|_2^2$（二范数）

　　　　　　//根据式（15-23）～式（15-25）计算损失函数值

13.　　　End For

14.　　　$W \leftarrow W - \eta \dfrac{\partial J_{\text{VAE}}}{\partial W}$；$b \leftarrow b - \eta \dfrac{\partial J_{\text{VAE}}}{\partial b}$

15.　　　$t \leftarrow t + 1$

16.　End While

17.　Return W, b

15.4　生成对抗网络

生成不存在于真实世界的数据，就像使智能系统具有创造力或想象力一样，是建立生成对抗网络的初衷。生成对抗网络是一种经典的深度生成模型，是近年来无监督学习最具前

景的方法之一，该模型通过生成器和判别器互相博弈来学习数据的真实分布。生成对抗网络消除了对模型分布的依赖，也不限制生成数据的维度，大大拓宽了生成数据的适用范围，因此广泛应用于计算机视觉、自然语言处理和数据生成等领域。生成对抗网络主要包括生成器和判别器，如图 15.9 所示，生成器学习真实数据的分布并生成数据，判别器判别是真实数据还是生成数据，最理想的情况是生成器生成与真实数据极其相似的数据，且判别器难以判别。

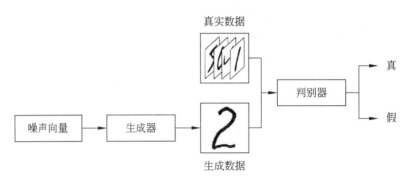

图 15.9　生成对抗网络的网络结构

1. 模型结构

（1）生成器。

对于输入噪声向量 z，通过生成器得到生成数据：

$$\mathcal{G}(z;\theta_g) \tag{15-32}$$

其中，$\mathcal{G}$ 是参数为 θ_g 的生成器，噪声向量 z 从噪声数据分布 $P_z(z)$ 中采样得到（$P_z(z)$ 一般服从标准正态分布）。

（2）判别器。

对于数据 x，通过判别器得到 x 为真实数据的概率：

$$\mathcal{D}(x;\theta_d) \tag{15-33}$$

其中，$\mathcal{D}$ 是参数为 θ_d 的判别器。

（3）损失函数。

生成器和判别器分别通过最小化和最大化函数 $V(\mathcal{D},\mathcal{G})$ 来完成训练：

$$\min_{\mathcal{G}} \max_{\mathcal{D}} V(\mathcal{D},\mathcal{G}) = \min_{\mathcal{G}} \max_{\mathcal{D}} E_{x\sim P_{data}(x)}\big[\log(\mathcal{D}(x))\big] + E_{z\sim P_z(z)}\big[\log(1-\mathcal{D}(\mathcal{G}(z)))\big] \tag{15-34}$$

其中，$P_{data}(x)$ 为真实数据的概率分布。

考虑到式（15-34）的第一项与生成器无关，因此，生成器的损失函数为

$$E_{z\sim P_z(x)}\big[\log(1-\mathcal{D}(\mathcal{G}(z)))\big] \tag{15-35}$$

同理，判别器的损失函数为

$$-E_{x\sim P_{data}(x)}\big[\log(D(x))\big] - E_{z\sim P_z(x)}\big[\log(1-\mathcal{D}(\mathcal{G}(z)))\big] \tag{15-36}$$

2. 模型训练

生成对抗网络训练过程中，生成器和判别器交替训练，通常训练 K 次判别器后训练一次生成器。

（1）判别器训练。

首先，固定生成器的参数，从噪声数据分布 $P_z(z)$ 中采样 m 个噪声向量 $\{z_i\}_{i=1}^m, z_i \in \mathbb{R}^q$ 为 q 维实值向量，将采样的噪声向量通过式（15-32）得到 $\mathbb{R}^d$ 中的 m 个生成数据 $\{\mathcal{G}(z_i)\}_{i=1}^m$。然后，从真实数据中采样 m 个数据 $\{x_i\}_{i=1}^m, x_i \in \mathbb{R}^d$。最后，基于生成数据 $\{\mathcal{G}(z_i)\}_{i=1}^m$ 和采样的真实数据 $\{x_i\}_{i=1}^m$，计算判别器的损失函数（见式（15-37）），再基于梯度下降法更新判别器的参数 θ_d。

$$L_{\mathcal{D}} = -\frac{1}{m}\sum_{i=1}^m \log(\mathcal{D}(x_i)) - \frac{1}{m}\sum_{i=1}^m \log(1 - \mathcal{D}(\mathcal{G}(z_i))) \tag{15-37}$$

（2）生成器训练。

首先，固定判别器的参数，从噪声数据分布 $P_z(z)$ 中采样 m 个噪声向量 $\{z_i'\}_{i=1}^m$，将采样的噪声向量通过式（15-32）得到 m 个生成数据 $\{\mathcal{G}(z_i')\}_{i=1}^m$；然后基于生成数据 $\{\mathcal{G}(z_i')\}_{i=1}^m$ 计算生成器的损失函数（见（15-38））；最后，基于梯度下降法更新生成器的参数 θ_g。

$$L_{\mathcal{G}} = \frac{1}{m}\sum_i^m \log(1 - \mathcal{D}(\mathcal{G}(z_i'))) \tag{15-38}$$

算法 15.3 给出了生成对抗网络的训练算法，其时间复杂度为 $O(N \times m \times q \times d \times K)$。

算法 15.3 Generative Adversarial Network //生成对抗网络（GAN）训练

输入：

　　D：真实数据集；m：采样数；$P_z(z)$：噪声数据分布；$\eta(0 < \eta < 1)$：学习率；

　　K：判别器训练次数；N：总迭代次数

输出：

　　θ_g：生成器的参数；θ_d：判别器的参数

步骤：

1. 随机初始化生成器和判别器的参数 θ_g 和 θ_d；$t \leftarrow 1$

2. While $t \leqslant N$ Do

3. 　　For $k = 1$ To K Do

4. 　　　　从 D 中采样 m 个真实数据 $\{x_i\}_{i=1}^m$

5. 　　　　从 $P_z(z)$ 中采样 m 个噪声向量 $\{z_i\}_{i=1}^m$

6. 　　　　$\{\mathcal{G}(z_i)\}_{i=1}^m \leftarrow \mathcal{G}(\{z_i\}_{i=1}^m; \theta_g)$ 　　　　//根据式（15-32）得到 m 个生成数据

7. 　　　　根据式（15-37）计算判别器的损失函数值 $L_{\mathcal{D}}$

8. 　　　　$\theta_d \leftarrow \theta_d - \eta \dfrac{\partial L_{\mathcal{D}}}{\partial \theta_d}$

9. 　　End For

10. 　　从 $P_z(z)$ 中采样 m 个噪声向量 $\{z_i'\}_{i=1}^m$

11. 　　$\{\mathcal{G}(z_i')\}_{i=1}^m$（增加赋值符号）$\mathcal{G}(\{z_i'\}_{i=1}^m; \theta_g)$ 　　//根据式（15-32）得到 m 个生成数据

12. 　　根据式（15-38）计算生成器的损失函数值 $L_{\mathcal{G}}$

13. 　　$\theta_g \leftarrow \theta_g - \eta \dfrac{\partial L_{\mathcal{G}}}{\partial \theta_g}$

14. 　　$t \leftarrow t + 1$

15. End While

16. Return θ_g, θ_d

15.5 Python 程序示例

本节首先给出 Python 程序示例 15.1，实现 AE 训练（算法 15.1），其中 Autoencoder 类定义 AE 模型。然后给出 Python 程序示例 15.2，实现 VAE 训练（算法 15.2），其中 build_model() 函数构建 VAE 模型。最后给出 Python 程序实例 15.3，实现 GAN 训练（算法 15.3），其中，Generator 和 Discriminator 分别定义生成器类和判别器类，train() 函数实现 GAN 训练。

程序示例 15.1

```
1.   import argparse
2.
3.   import matplotlib.pyplot as plt
4.   import tensorflow as tf
5.   import tensorflow.keras as keras
6.   from tensorflow.keras import layers, losses
7.   from tensorflow.keras.models import Model
8.
9.
10.  class Autoencoder(Model):
11.      def __init__(self, input_dim, latent_dim):
12.          super(Autoencoder, self).__init__()
13.          self.input_dim = input_dim
14.          self.latent_dim = latent_dim
15.          #定义编码器
16.          self.encoder = tf.keras.Sequential([
17.              layers.Input(shape=(self.input_dim, ), name='inputs'),
18.              layers.Dense(units=self.latent_dim,
19.                          activation='sigmoid',
20.                          name='hidden'),
21.          ])
22.          #定义解码器
23.          self.decoder = tf.keras.Sequential([
24.              layers.Dense(units=self.input_dim,
25.                          activation='sigmoid',
26.                          name='outputs'),
27.          ])
28.
29.      #模型调用
30.      def call(self, x):
31.          encoded = self.encoder(x)
32.          decoded = self.decoder(encoded)
33.          return decoded
```

```
34.
35.
36. def load_mnist():
37.     (train_data, _), (test_data, _) = keras.datasets.mnist.load_data()
38.     train_data = train_data.reshape((-1, 28 * 28)) / 255.0
39.     test_data = test_data.reshape((-1, 28 * 28)) / 255.0
40.     return train_data, test_data
41.
42.
43. def draw(test_data, decoded_imgs, n):
44.     plt.figure(figsize=(10, 4))
45.     for i in range(n):
46.         ax = plt.subplot(1, n, i + 1)
47.         plt.imshow(decoded_imgs[i].reshape(28, 28), cmap='Greys')
48.         ax.get_xaxis().set_visible(False)
49.         ax.get_yaxis().set_visible(False)
50.     plt.show()
51.
52.
53. def main(params):
54.     train_data, test_data = load_mnist()
55.     autoencoder = Autoencoder(train_data.shape[1], params.latent_dim)
56.     autoencoder.compile(optimizer='adam', \
57.         loss=losses.MeanSquaredError())
58.     autoencoder.fit(train_data,
59.                     train_data,
60.                     epochs=params.epochs,
61.                     shuffle=True,
62.                     validation_data=(test_data, test_data))
63.     encoded_embedding = autoencoder.encoder(test_data).numpy()
64.     decoded_imgs = autoencoder.decoder(encoded_embedding).numpy()
65.     n = 5
66.     draw(test_data, decoded_imgs, n)
67.
68.
69. if __name__ == '__main__':
70.     parser = argparse.ArgumentParser()
71.     parser.add_argument('--epochs', default=5, type=int)
72.     parser.add_argument('--latent_dim', default=256, type=int)
73.     params = parser.parse_args()
74.     main(params)
```

运行结果：

迭代训练 10 次后，测试样本中前 5 张手写数字图片对应的重构结果

程序示例 15.2

```
1.  import argparse
2.
3.  import keras.backend as K
4.  import matplotlib.pyplot as plt
5.  import tensorflow as tf
6.  from keras.layers import Dense, Input, Lambda
7.  from keras.losses import binary_crossentropy
8.  from keras.models import Model
9.
10.
11. def load_mnist():
12.     (train_data, _), (test_data, _) = \
13.         tf.keras.datasets.mnist.load_data()
14.     train_data = train_data.reshape((-1, 28 * 28)) / 255.0
15.     test_data = test_data.reshape((-1, 28 * 28)) / 255.0
16.     return train_data, test_data
17.
18.
19. #变分自编码器模型搭建
20. def build_model(params):
21.     #编码器
22.     inputs = Input(shape=params.input_shape, name='encoder_input')
23.     x = Dense(params.intermediate_dim, activation='relu')(inputs)
24.     z_mean = Dense(params.latent_dim, name='z_mean')(x)
25.     z_log_var = Dense(params.latent_dim, name='z_log_var')(x)
26.
27.     #采样
28.     def sampling(args):
29.         z_mean, z_log_var = args
30.         batch_size, latent_dim = K.shape(z_mean)[0], K.int_shape(\
31.             z_mean)[1]
32.         epsilon = K.random_normal(shape=(batch_size, latent_dim))
33.         return z_mean + K.exp(z_log_var / 2) * epsilon
34.
35.     z = Lambda(sampling, output_shape=(params.latent_dim, ),
36.                name='z')([z_mean, z_log_var])
37.     encoder = Model(inputs, z, name='encoder')
38.
39.     #解码器
40.     latent_inputs = Input(shape=(params.latent_dim, ), \
```

```
41.          name='z_sampling')
42.     x = Dense(params.intermediate_dim, activation='relu')\
43.         (latent_inputs)
44.     outputs = Dense(params.input_shape, activation='sigmoid')(x)
45.     decoder = Model(latent_inputs, outputs, name='decoder')
46.     outputs = decoder(encoder(inputs))
47.     vae = Model(inputs, outputs, name='vae_mlp')
48.     reconstruction_loss = binary_crossentropy(inputs, outputs)
49.     xent_loss = params.input_shape * reconstruction_loss
50.     kl_loss = -0.5 * K.sum(1 + z_log_var - K.square(z_mean) \
51.         - K.exp(z_log_var), axis=-1)
52.     vae_loss = K.mean(xent_loss + kl_loss)
53.     vae.add_loss(vae_loss)
54.     vae.compile(optimizer='rmsprop')
55.     return vae
56.
57.
58. def draw(test_data, decoded_imgs, n):
59.     plt.figure(figsize=(10, 4))
60.     for i in range(n):
61.         ax = plt.subplot(1, n, i + 1)
62.         plt.imshow(decoded_imgs[i].reshape(28, 28), cmap='Greys')
63.         ax.get_xaxis().set_visible(False)
64.         ax.get_yaxis().set_visible(False)
65.     plt.show()
66.
67.
68. def main(params):
69.     x_train, x_test = load_mnist()
70.     vae = build_model(params)
71.     vae.fit(x_train,
72.             batch_size=params.batch_size,
73.             epochs=params.epochs,
74.             validation_data=(x_test, None),
75.             verbose=2)
76.     decoded = vae.predict(x_test)
77.     n = 5
78.     draw(x_test, decoded, n)
79.
80.
81. if __name__ == '__main__':
82.     parser = argparse.ArgumentParser()
83.     parser.add_argument('--epochs', default=1, type=int)
84.     parser.add_argument('--input_shape', default=784, type=int)
```

```
85.    parser.add_argument('--intermediate_dim', default=512, type=int)
86.    parser.add_argument('--batch_size', default=128, type=int)
87.    parser.add_argument('--latent_dim', default=2, type=int)
88.    params = parser.parse_args()
89.    main(params)
```

运行结果：

迭代训练 10 次后，测试样本中前 5 张手写数字图片对应的重构结果

程序示例 15.3

```
1.   import os
2.
3.   import numpy as np
4.   import torch
5.   import torch.nn as nn
6.   import torchvision.transforms as transforms
7.   from torch.autograd import Variable
8.   from torchvision import datasets
9.   from torchvision.utils import save_image
10.
11.  os.makedirs("images", exist_ok=True)
12.
13.  opt = {
14.      'n_epochs': 200,
15.      'batch_size': 64,
16.      'lr': 0.0002,
17.      'b1': 0.5,
18.      'b2': 0.999,
19.      'n_cpu': 8,
20.      'latent_dim': 100,
21.      'img_size': 28,
22.      'channels': 1,
23.      'sample_interval': 1000,
24.      'n_critic': 3
25.  }
26.
27.  img_shape = (opt['channels'], opt['img_size'], opt['img_size'])
28.  cuda = True if torch.cuda.is_available() else False
29.
30.
31.  #定义生成器类
32.  class Generator(nn.Module):
```

```
33.     def __init__(self):
34.         super(Generator, self).__init__()
35.
36.         def block(in_feat, out_feat, normalize=True):
37.             layers = [nn.Linear(in_feat, out_feat)]
38.             if normalize:
39.                 layers.append(nn.BatchNorm1d(out_feat, 0.8))
40.             layers.append(nn.LeakyReLU(0.2, inplace=True))
41.             return layers
42.
43.         self.model = nn.Sequential(
44.             *block(opt['latent_dim'], 128, normalize=False), \
45.                 *block(128, 256),
46.             *block(256, 512), *block(512, 1024),
47.             nn.Linear(1024, int(np.prod(img_shape))), nn.Tanh())
48.
49.     def forward(self, z):
50.         img = self.model(z)
51.         img = img.view(img.size(0), *img_shape)
52.         return img
53.
54.
55. #定义判别器类
56. class Discriminator(nn.Module):
57.     def __init__(self):
58.         super(Discriminator, self).__init__()
59.         self.model = nn.Sequential(
60.             nn.Linear(int(np.prod(img_shape)), 512),
61.             nn.LeakyReLU(0.2, inplace=True),
62.             nn.Linear(512, 256),
63.             nn.LeakyReLU(0.2, inplace=True),
64.             nn.Linear(256, 1),
65.             nn.Sigmoid(),
66.         )
67.
68.     def forward(self, img):
69.         img_flat = img.view(img.size(0), -1)
70.         validity = self.model(img_flat)
71.         return validity
72.
73.
74. #定义损失函数
75. adversarial_loss = torch.nn.BCELoss()
76.
```

```
77.  #初始化生成器和判别器
78.  generator = Generator()
79.  discriminator = Discriminator()
80.
81.  if cuda:
82.      generator.cuda()
83.      discriminator.cuda()
84.      adversarial_loss.cuda()
85.
86.  os.makedirs("../../data/mnist", exist_ok=True)
87.  dataloader = torch.utils.data.DataLoader(
88.      datasets.MNIST(
89.          "../../data/mnist",
90.          train=True,
91.          download=True,
92.          transform=transforms.Compose([
93.              transforms.Resize(opt['img_size']),
94.              transforms.ToTensor(),
95.              transforms.Normalize([0.5], [0.5])
96.          ]),
97.      ),
98.      batch_size=opt['batch_size'],
99.      shuffle=True,
100. )
101.
102. #定义优化器
103. optimizer_G = torch.optim.Adam(generator.parameters(),
104.                                lr=opt['lr'],
105.                                betas=(opt['b1'], opt['b2']))
106. optimizer_D = torch.optim.Adam(discriminator.parameters(),
107.                                lr=opt['lr'],
108.                                betas=(opt['b1'], opt['b2']))
109.
110. Tensor = torch.cuda.FloatTensor if cuda else torch.FloatTensor
111.
112.
113. def train():
114.     for epoch in range(opt['n_epochs']):
115.         for i, (imgs, _) in enumerate(dataloader):
116.
117.             #Adversarial ground truths
118.             valid = Variable(Tensor(imgs.size(0), 1).fill_(1.0),
119.                             requires_grad=False)
120.             fake = Variable(Tensor(imgs.size(0), 1).fill_(0.0),
```

```
121.                              requires_grad=False)
122.          real_imgs = Variable(imgs.type(Tensor))
123.          #采样噪声向量作为生成器的输入
124.          z = Variable(
125.              Tensor(
126.                  np.random.normal(\
127.                      0, 1, (imgs.shape[0], opt['latent_dim']))))

128.
129.          #生成图片
130.          gen_imgs = generator(z)

131.
132.          #训练判别器
133.          optimizer_D.zero_grad()
134.          real_loss = adversarial_loss(discriminator(real_imgs), \
135.              valid)
136.          fake_loss = adversarial_loss(discriminator(\
137.              gen_imgs.detach()),fake)
138.          d_loss = (real_loss + fake_loss) / 2

139.
140.          d_loss.backward()
141.          optimizer_D.step()

142.
143.          #训练 K 次判别器后训练一次生成器
144.          if i % opt['n_critic'] == 0:
145.              optimizer_G.zero_grad()
146.              z = Variable(
147.                  Tensor(
148.                      np.random.normal(\
149.                          0, 1, \
150.                          (imgs.shape[0], opt['latent_dim']))))

151.
152.              gen_imgs = generator(z)
153.              g_loss = adversarial_loss(discriminator(gen_imgs), \
154.                  valid)
155.              g_loss.backward()
156.              optimizer_G.step()

157.
158.              print("[Epoch %d/%d] [Batch %d/%d] [D loss: %f] \
159.                  [G loss: %f]" %
160.                      (epoch, opt['n_epochs'], i, len(dataloader),
161.                          d_loss.item(), g_loss.item()))

162.
163.          batches_done = epoch * len(dataloader) + i
164.          if batches_done % opt['sample_interval'] == 0:
```

```
165.                  save_image(gen_imgs.data[:25],
166.                           "images/%d.png" % batches_done,
167.                           nrow=5,
168.                           normalize=True)
169.
170.
171. if __name__ == "__main__":
172.     train()
```

运行结果：

迭代训练 200 次后生成的手写数字图片

15.6 小 结

随着数据维度、模态、规模的快速增长，数据降维成为数据挖掘和模型训练中的重要手段，自编码器、变分自编码器和生成对抗网络的良好表现使其在实际中得到广泛应用，人们通过改变输入数据或对隐藏层增加约束来对这些模型进行有针对性的改进。本章介绍的自编码器、变分自编码器和生成对抗网络，为实际应用中高维数据高效处理、模型高效构建和数据生成任务提供了有效的技术手段。下面总结本章介绍的 3 种模型的优缺点，为读者选择和使用相关模型提供参考。

（1）自编码器的优缺点。

- 优点：结构简单，能自动提取特征，有效降低了手工提取特征的不足。自编码器泛化性强，能从数据样本中进行无监督学习，不需要新的特征工程，只能适当的训练数据就能学到输入数据的高效表示，且对大数据训练问题能有效地避免过拟合。

- 缺点：自编码器的无监督学习特性，使得学习获得的特征表示的物理意义并不明确，无法用于新样本的生成。

（2）变分自编码器的优缺点。

- 优点：作为一种显式生成模型，能显式地构建样本的概率分布，具有生成新样本的能力；用描述每个隐变量的概率分布来替代自编码器中描述每个隐变量的单值，并通过最大似然估计来求解参数。

- 缺点：具有很多假设性的前提约束条件，与生成对抗网络相比，生成的样本质量较低（如生成图像较模糊），对于复杂场景的表现较差。

（3）生成对抗网络的优缺点。

- 优点：生成高质量的样本数据，训练时无须对隐变量分布做推断。当真实样本的概率分布难以计算时，能通过对抗训练机制使得生成器逼近难以计算的概率分布。
- 缺点：作为一种隐式生成模型，无法显式地估计出样本的概率分布，可解释性较差，且在模型训练时可能面临梯度不稳定和模式坍塌等问题。

思　考　题

1. 实际应用中，高维数据通常存在稀疏、距离计算困难等问题，严重影响机器学习方法的性能，被称为维度灾难（Curse of Dimensionality），降维是缓解维度灾难的一个重要手段。以高维数据的分类任务为例，可使用自编码器对数据进行降维，再进行分类，也可通过 8.3.3 节中 SVM 的核函数实现类似降维的功能，分析这两种方法的区别。

2. 将自编码器与 9.2 节中的 k-均值聚类算法结合，设计针对高维数据的聚类算法。

3. 异常检测是自编码器的一个重要功能。给定一个数据样本，如果它经过编码并解码后的重构误差较大，则表明该样本与其他训练样本间存在较大差异。如何使用自编码器实现异常检测？

4. 生成对抗网络的判别器能够将生成的样本划分到不同的类别（可包括描述异常的类），如何使用生成对抗网络实现异常检测？

5. 变分自编码器采用无监督的训练方式。对于有标签数据，是否可将标签信息加入以辅助生成样本？

6. 由于变分自编码器没有采用对抗网络，因此生成的图像往往比较模糊。如何对其进行扩展生成对抗样本？

7. 如何使用生成对抗网络实现文本、图像、结构化数据等多模态数据的融合？

第16章　目标检测算法

16.1　目标检测算法概述

随着信息技术的快速发展,人们希望计算机能够像人眼一样感知生活中的各种物体。在这一背景下,目标检测(Object Detection)旨在使用计算机算法对图像中的目标物体进行自动识别和定位。例如,在图 16.1 所示的 5G 基站建设中,为保证施工人员安全,必须确保施工人员正确佩戴各类安全护具(包括安全帽、安全绳和反光衣等)。依靠安全员人工进行监测的传统方法人工成本高,且无法保证安全护具检测的实时性,尤其是大规模检测对象的情形下,上述问题尤其突出。使用目标检测算法对摄像头采集到的视频和图像进行实时检测,可有效提高安全检测的效率及准确性,且减少人工成本。

图 16.1　安全帽佩戴检测

传统的目标检测算法主要依靠人工来选取图像中的特征,图像识别的准确率和泛化能力都较低。随着深度学习技术的快速发展演进,新一代的目标检测算法以卷积神经网络(Convolutional Neural Network,CNN)为核心,基于 CNN 及其改进模型的目标检测算法具有结构灵活、特征自动提取、检测精度高、检测速度快等优点,能应用于更广泛的场景。

基于 CNN 的目标检测包括两个关键子任务:目标分类和目标定位。目标分类子任务负责判断输入图像中是否有需检测的目标物体出现,目标定位子任务负责确定输入图像中目标物体的位置和范围、输出物体的检测框(Bounding Box)来表示物体的位置信息。围绕这两个子任务,可将目标检测算法分为两阶段(Two Stage)算法和一阶段(One Stage)算法。两阶段算法将目标检测任务分为两个阶段:首先生成目标物体的检测框,再对其类别进行预测;一阶段算法将检测框定位问题转化为回归(Regression)问题进行处理,直接计算目标物体的类别和检测框坐标。因此,两阶段算法通常比一阶段算法准确率更高,而一阶段算法比两阶段算法速度更快。常用的两阶段算法包括 R-CNN(Region-based CNN)和 Faster R-CNN(Faster Region-based CNN)等,常用的一阶段算法包括 YOLO(You Only Look Once)和 SSD(Single Shot MultiBox Detector)等。

YOLO 算法是第一个基于回归模型来处理目标检测问题的算法,极大地提升了检测速度,也能对视频进行实时检测,是经典的一阶段目标检测算法。本章介绍 CNN 的相关概念,以 YOLO 算法为代表,介绍目标检测算法的基本思想和具体步骤,并分析算法的复杂度。

16.2　卷积神经网络

16.2.1　模型结构

CNN 是一种深度学习模型,对于处理计算机视觉任务尤为有效,由纽约大学的 Yann LeCun 于 20 世纪 80 年代提出,能自主地提取图像特征、实现图像分类,具有良好的泛化能力和分类准确率。CNN 的层级结构主要包含输入层(Input Layer)、卷积层(Convolutional Layer)、池化层(Pooling Layer)、全连接层(Fully Connected Layer)等,通过层级的组合可构建不同的卷积神经网络。通常,CNN 的层级网络结构如图 16.2 所示。

图 16.2　CNN 的层级网络结构

1. 输入层

输入层即输入的图像,一张图像在计算机中通常采用矩阵形式来存储,并由红绿蓝(RGB)3 个通道叠加而成,因此,一张图像通常存储为(长×宽×通道数)的多维矩阵(也称为特征图),其中的数值表示 RGB 通道的 256 级亮度值,如图 16.3 所示。

2. 卷积层

卷积层是 CNN 的核心层级,其作用是对输入矩阵进行特征提取。每个卷积层中与输入特征图进行卷积运算的结构称为卷积核。输入特征图经过卷积层,与卷积核进行卷积计算,得出输出特征图。卷积计算在信号处理领域和图像处理领域有不同的定义,在信号处理领域中,使用式(16-1)进行卷积计算,描述系统某一时刻的输出是多个输入共同作用的结果。

$$f(t) * \mathcal{G}(t) = \int_{-\infty}^{\infty} f(\tau)\,\mathcal{G}(t-\tau)d\tau \qquad (16\text{-}1)$$

对于图像处理，卷积在二维图像空间上的计算过程是在图像上翻转、滑动卷积核，从而提取图像的特征。为了减少不必要的翻转开销，在 CNN 的具体实现中，通常以互相关（Cross Correlation）计算替代二维卷积计算（本章讨论的卷积计算均为图像领域中的互相关计算），具体为卷积核中的所有作用点依次与输入特征图中的像素点相乘并相加的结果。对于图 16.4 所示的例子中，互相关的计算过程为 $(7\times5)+(3\times3)+(6\times3)+(1\times9)+(2\times1)+(7\times4)+(5\times2)+(3\times1)+(9\times9)=195$；卷积计算后，通常会为每个输出特征图加一个偏置，若偏置为 3，则最终结果为 $195+3=198$。

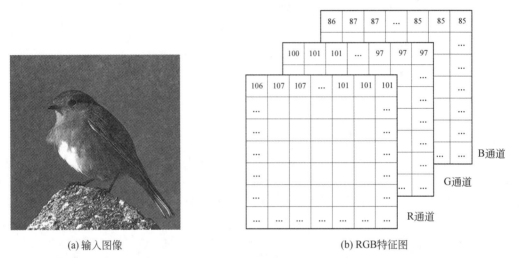

(a) 输入图像   (b) RGB特征图

图 16.3　输入图像及其对应的特征图形式

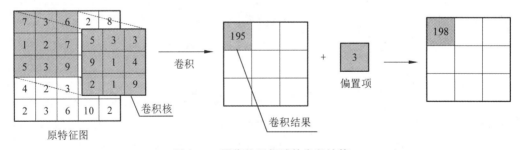

图 16.4　图像处理领域的卷积计算

一个卷积层中包括多个卷积核，其参数可通过误差反向传播进行训练。与其他神经网络模型相比，卷积计算能高效地提取图像中的特征，并减少计算量。

下面首先介绍卷积计算所涉及的几个概念。深度指特征图的通道数量，输出特征图的深度与卷积计算的卷积核数量一致。步长用来描述卷积核移动的间隔。填充是指对特征图边缘添加适当数目的行和列，旨在使卷积核能完整地覆盖特征图。

3. 池化层

池化是一种将特征图进行压缩抽象的步骤，常见的池化操作包括最大池化和平均池化。最大池化在对应区域内取最大值作为输出，平均池化取对应区域内所有点的平均值作为输出。池化层可降低网络模型的计算量，避免过拟合。步长为 2 的 2×2 最大池化操作如图 16.5 所示，即为取出原特征图中每 2×2 个位置的最大值。

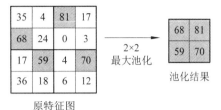

图 16.5　池化操作

4. 全连接层

全连接层通常作为 CNN 的输出层级，旨在将高维的特征图通过降维算法映射成低维数据，进而实现"分类器"的作用。CNN 中全连接操作通常通过卷积计算实现，例如，对于输入的长和宽都为 a、深度为 b 的特征图，全连接操作可转化为该特征图与 c 个同样长和宽都为 a、深度为 b 的卷积核进行的卷积计算，生成 c 维的向量。

16.2.2　模型训练和预测

CNN 的训练方式与 14.1.3 节中的多层神经网络类似，包括两个阶段：第一个阶段是输入数据由浅层向深层传播的阶段，即前向传播阶段；第二个阶段是前向传播得出的结果与预期不相符时将误差从深层向浅层进行传播训练的阶段，即反向传播阶段。而 CNN 的预测是将待检测图像输入训练完成的网络模型中进行一次前向传播，得到的输出即为预测结果。CNN 训练和预测的流程如图 16.6 所示。

下面以用于图像分类的 CNN 训练为例，详细介绍 CNN 训练的关键步骤。

（1）准备训练数据集 D，可采用通用数据集或自己标注的数据集，训练数据集分为图像数据和标注信息，标注信息即图像的分类信息。

（2）构建 CNN 网络结构，并初始化权重参数 $\boldsymbol{W}$ 和偏量参数 b。

（3）将训练数据集 D 输入网络，计算得到输出特征图 $\boldsymbol{O}$。例如，在图像分类中输出特征图通常表示为一维向量，由目标物体的置信度构成。

以卷积层 l 为例，设输入该卷积层的是深度为 d 的特征图 $X^{(l-1)}$，则输出的第 p 个通道的特征图 $Z^{(l,p)}$ 为

$$Z^{(l,p)} = \sum_{i=1}^{d} W^{(l,p,i)} * X^{(l-1,i)} + b^{(l,p)} \tag{16-2}$$

其中，$X^{(l-1,i)}$ 为输入特征图第 i 个通道上的特征，$W^{(l,p,i)}$ 为第 l 层第 p 个卷积核中第 i 个通道的权重参数，$b^{l,p}$ 为第 l 层第 p 个卷积核的偏量参数，$*$ 表示卷积计算。

（4）基于训练数据集 D 和输出特征图 $\boldsymbol{O}$，计算网络输出值与真实值之间的损失函数值 L。CNN 中常用的损失函数有交叉熵损失函数和平方损失函数等。以平方损失函数为例，计算方法为

$$L(Y, \hat{Y}) = \| Y - \hat{Y} \|_2^2 \tag{16-3}$$

其中，Y 表示标注的真实类别，$\hat{Y}$ 表示 CNN 预测的类别。

需要说明的是，平方损失函数常用于线性回归，是一种简单且方便计算的损失函数。不

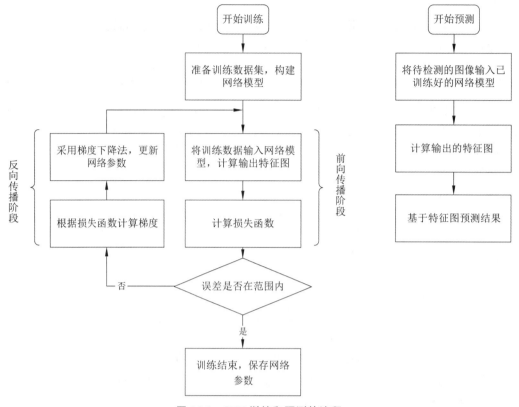

图 16.6　CNN 训练和预测的流程

同种类的损失函数效果不同,因此需针对不同应用场景的特点和需要来选择或设计相应的损失函数。

(5) 当损失函数值大于目标期望值时,采用反向传播算法对 W 和 b 进行迭代更新。与第 14 章中介绍的多层神经网络类似,CNN 也可通过误差反向传播进行参数学习,具体步骤如下。

① 计算损失函数对各参数的偏导数(即梯度)。

根据式(16-2),损失函数 $L(Y,\hat{Y})$ 对 $W^{(l,p,i)}$ 的偏导数为

$$\frac{\partial L(Y,\hat{Y})}{\partial W^{(l,p,i)}}=\frac{\partial L(Y,\hat{Y})}{\partial Z^{(l,p)}}*X^{(l-1,i)}=\delta^{(l,p)}*X^{(l-1,i)} \tag{16-4}$$

其中, $\delta^{(l,p)}=\dfrac{\partial L(Y,\hat{Y})}{\partial Z^{(l,p)}}$ 表示损失函数 $L(Y,\hat{Y})$ 对第 l 层第 p 个通道的特征图 $Z^{(l,p)}$ 的偏导数,也被称为梯度的误差项。

同理,可得损失函数 $L(Y,\hat{Y})$ 对 $b^{(l,p)}$ 的偏导数为

$$\frac{\partial L(Y,\hat{Y})}{\partial b^{(l,p)}}=\frac{\partial L(Y,\hat{Y})}{\partial Z^{(l,p)}}\frac{\partial Z^{(l,p)}}{\partial b^{(l,p)}}=\sum_{x,y}\left[\delta^{(l,p)}\right]_{x,y} \tag{16-5}$$

其中, x 和 y 分别表示 $\delta^{(l,p)}$ 的行数和列数。

由式(16-4)和式(16-5)可知,偏导数的计算需首先计算出误差项 $\delta^{(l,p)}$。$\delta^{(l,p)}$ 在卷积层和池化层中的计算方式并不相同。池化层中,$\delta^{(l,p)}$ 按以下方法计算。

$$\delta^{(l,p)} = \sigma'(Z^{(l,p)}) \odot \mathrm{upsample}(\delta^{(l+1,p)}) \tag{16-6}$$

其中,$\odot$ 为对应矩阵元素相乘的哈达玛乘积(Hadamard Product)。$\mathrm{upsample}(\cdot)$ 表示上采样操作。例如,在最大池化中,每个梯度会直接传递到上一层对应区域中最大值所对应的神经元,该区域中其他神经元的梯度都为 0。若前向传播时在当前层使用过非线性激活函数 $\sigma(\cdot)$,则在求解梯度时使用 $\sigma'(\cdot)$ 表示该层所使用激活函数的导数;若未使用激活函数,则令 $\sigma'(Z^{(l,p)})$ 为 1。

卷积层中,$\delta^{(l,p)}$ 按以下方法计算。

$$\delta^{(l,p)} = \sigma'(Z^{(l,p)}) \odot \sum_{j=1}^{J} (rot180(W^{(l+1,j,p)}) \,\widetilde{*}\, \delta^{(l+1,j)}) \tag{16-7}$$

其中,$rot180(\cdot)$ 表示将卷积核旋转 $180°$;J 为第 $l+1$ 层的卷积核数量;$\widetilde{*}$ 表示宽卷积运算符,定义为先对 $\delta^{(l+1,j)}$ 进行零填充,再进行卷积计算,从而满足梯度反向传播。

根据式(16-6)和式(16-7)求出误差项,再根据式(16-4)和式(16-5)即可求出损失函数 $L(Y,\hat{Y})$ 对 $W^{(l,p,i)}$ 和 $b^{(l,p)}$ 的偏导数 $\dfrac{\partial L(Y,\hat{Y})}{\partial W^{(l,p,i)}}$ 和 $\dfrac{\partial L(Y,\hat{Y})}{\partial b^{(l,p)}}$。

② 使用梯度下降法优化 CNN 中的参数。

$W^{(l,p,i)}$ 和 $b^{(l,p)}$ 的更新规则如下。

$$W^{(l,p,i)} \leftarrow W^{(l,p,i)} - \eta \delta^{(l,p)} * X^{(l-1,i)} \tag{16-8}$$

$$b^{(l,p)} \leftarrow b^{(l,p)} - \eta \sum_{x,y} [\delta^{(l,p)}]_{x,y} \tag{16-9}$$

其中,$\eta\,(0<\eta<1)$ 为学习率。

③ 返回步骤(3),输入新的数据继续训练。

(6)当损失函数的值小于目标期望值时,保存训练得到的参数 $\boldsymbol{W}$ 和 b,完成模型训练。

与第 14 章中介绍的全连接神经网络相比,CNN 具有两方面的优势。

- 稀疏交互(Sparse Interaction)。在全连接的神经网络中,每一个参数都描述了一个输入单元与一个输出单元间的交互,即每个输出单元与每个输入单元都存在交互。但 CNN 的输入和输出通过卷积核进行交互,其中卷积核的参数数量远小于全连接网络中的参数数量,具有稀疏交互的特征。例如,输入一幅上万个像素点的人脸图像,只需用几十或上百个像素点的卷积核,就能检测出眼睛或鼻子等局部特征。

- 参数共享(Parameter Sharing)。使用 CNN 的另一个优势在于卷积核上的每个元素都作用在输入的所有单元上(边缘单元可能需填充),即输入的所有单元会共享卷积核上的参数。CNN 只需学习一个参数集合,而不是对每个输入单元都学习一个单独的参数集合。以人脸图像的输入为例,若存在一个能检测眼睛的卷积核,那么该核就能用于检测输入图像上任意位置出现的眼睛,而不需为图像中的所有眼睛分别学习一组单独的参数。一般地,若输入数据中存在某些规模明显小于输入规模的局部特征,且这些特征可能在输入数据的不同位置重复出现,非常适合使用卷积核来提取这些局部特征,不仅能够减少所需要存储的参数,还能显著提升计算效率。

16.3 YOLO 算法

YOLO 算法是由 Joseph Redmon 和 Ali Farhadi 等于 2015 年提出的目标检测算法。与 R-CNN 等采用多个 CNN 模型分别负责目标定位和分类的二阶段算法不同的是，YOLO 仅基于单个 CNN，并将特征提取和检测框定位两个步骤相结合，可直接从完整的图像中预测检测框，得到分类置信度。本节将使用 YOLO 算法训练得到的 CNN 称为 YOLO 网络模型，其训练主要包括以下 6 个步骤。

（1）图像预处理。

训练数据集包括原始图像和标注信息两部分，标注信息中包含任意多个检测框的位置信息、置信度 $\widehat{Conf}$ 及类别信息。其中，位置信息用 $(\hat{x}, \hat{y}, \hat{w}, \hat{h})$ 四元组表示；$(\hat{x}, \hat{y})$ 表示检测框的中心坐标；$(\hat{w}, \hat{h})$ 表示检测框的宽度和高度；置信度描述检测框包含目标物体的可能性及位置信息的准确性；$\widehat{Conf}$ 在人工标注的检测框中为 1，表示该检测框有目标物体且位置准确；由于目标物体类别数为 C，类别信息用 $\hat{p} = \{\hat{p}(c)\}_{c=1}^{C}$ 表示且 $\hat{p}(c) \in \{0, 1\}$，1 和 0 分别表示检测框及对应网格（Grid）是否包含第 c 类物体，因此一张原始图像的标注信息由 $(\hat{x}, \hat{y}, \hat{w}, \hat{h}, \widehat{Conf}, \hat{p})$ 六元组构成。

① 图像缩放。

基于 YOLO 的网络结构，为获取固定大小的输出特征图，需将输入图像的长、宽像素缩放为固定值 448×448。为实现图像缩放，首先将图片中最长的边缩放到 448 像素，再对短边的空白位置补上灰色。

② 设置检测框。

把经缩放的图像划分为 $S \times S$ 个网格，每个网格中设置 B 个检测框负责检测物体。例如，分别将 S 和 B 设置为 7 和 2，也就是将输入图像划分为 7×7 个网格，每个网格有 2 个检测框负责检测目标物体。

（2）网络模型构建。

YOLO 网络模型的构建，是 YOLO 算法的核心。该网络模型结构共包含 24 个卷积层、4 个池化层和 2 个全连接层，如图 16.7 所示。图中，s 和 p 分别表示步长和填充值，括号中的数字表示卷积层、池化层和全连接层的维度。

（3）前向传播。

将训练图像输入 YOLO 网络进行前向传播，最终对输入的 $448 \times 448 \times 3$ 的特征图，得到维度为 $S \times S \times (B \times 5 + C)$ 的输出特征图 O。图 16.7 中，当 S 和 B 分别为 7 和 2 时，最终输出维度为 $7 \times 7 \times (2 \times 5 + C)$ 的特征图，其中，长度为 $(2 \times 5 + C)$ 的一维向量中包含预测得到的 2 个检测框的坐标值 (x, y, w, h) 与置信度 $Conf$，以及类别概率 $\{p(c)\}_{c=1}^{C}$。

（4）非极大值抑制。

根据预测检测框的坐标值、置信度及类别概率，利用非极大值抑制（Non-Maximum Suppression，NMS）方法进行筛选，得到包含目标物体的检测框。两个检测框的交集面积与

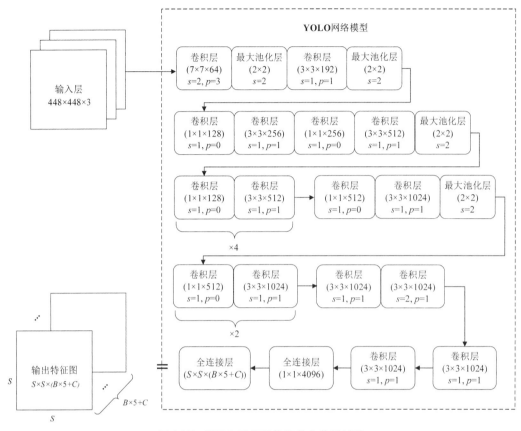

图 16.7　YOLO 网络结构和前向传播过程

并集面积的比值称为交互比（Intersection over Union，IoU），用于度量两个检测框的交叠程度。非极大值抑制首先从检测框集合中取出最大 $Conf$ 对应的检测框 A 并作为结果输出；然后逐一计算其余检测框与检测框 A 的 IoU，将 IoU 大于给定阈值的检测框从检测框集合中移除；最后，重复上述步骤，直至检测框集合为空。

（5）计算损失函数。

目标检测算法中的损失误差，通常包括检测框定位损失、检测框目标损失和分类损失，其中，检测框定位损失反映了检测框位置的误差，检测框目标损失反映了检测框中是否有目标物体的误差，分类损失反映了检测框的分类是否准确的误差。因此，YOLO 算法的损失函数如下。

$$L = l_{xy} + l_{wh} + l_{obj} + l_{cls} \tag{16-10}$$

其中，l_{xy} 表示检测框中心坐标的损失项，根据式（16-3）将输出特征图中所有表示中心坐标的预测值与对应的标注信息中的真实值求完全平方差再求和，计算方法为

$$l_{xy} = \lambda_{coord} \sum_{i=1}^{S^2} \sum_{j=1}^{B} \mathbf{1}_{ij}^{obj} \left[(x_i - \hat{x}_i)^2 + (y_i - \hat{y}_i)^2 \right] \tag{16-11}$$

其中，λ_{coord} 表示该损失项的系数，系数越大，表示该误差项对损失函数的影响越大，YOLO 算法设 $\lambda_{coord} = 5$，$\mathbf{1}_{ij}^{obj}$ 表示第 i 个单元格存在目标且第 j 个检测框负责预测该目标物体。

l_{wh}表示检测框的高与宽的损失项，计算方法为

$$l_{\mathrm{wh}} = \lambda_{\mathrm{coord}} \sum_{i=1}^{S^2} \sum_{j=1}^{B} \mathbf{1}_{ij}^{\mathrm{obj}} \left[(\sqrt{w_i} - \sqrt{\hat{w}_i})^2 + (\sqrt{h_i} - \sqrt{\hat{h}_i})^2 \right] \tag{16-12}$$

l_{obj}表示检测框是否包含目标的置信度损失项，计算方法为

$$l_{\mathrm{obj}} = \sum_{i=1}^{S^2} \sum_{j=1}^{B} \mathbf{1}_{ij}^{\mathrm{obj}} (Conf_i - \widehat{Conf_i})^2 + \lambda_{\mathrm{noob}_j} \sum_{i=1}^{S^2} \sum_{j=1}^{B} \mathbf{1}_{ij}^{\mathrm{noob}_j} (Conf_i - \widehat{Conf_i})^2 \tag{16-13}$$

其中，$\lambda_{\mathrm{noob}_j}$表示该损失项的系数，在 YOLO 算法中设 $\lambda_{\mathrm{noob}_j}=0.5$，$\mathbf{1}_{ij}^{\mathrm{noob}_j}$表示第 i 个单元格不存在目标物体且第 j 个检测框负责预测不存在的目标。

l_{cls}表示在包含目标的检测框中的分类损失项，计算方法为

$$l_{\mathrm{cls}} = \sum_{i=1}^{S^2} \mathbf{1}_i^{\mathrm{obj}} \sum_{c \in C} (p_i(c) - \hat{p}_i(c))^2 \tag{16-14}$$

其中，$\mathbf{1}_i^{\mathrm{obj}}$表示第 i 个网格中是否存在物体，$\hat{p}_i(c)$表示第 i 个网格所包含目标物体是否属于类别 c，$p_i(c)$为 YOLO 预测的第 i 个网格所包含目标物体属于类别 c 的概率。

（6）反向传播。

损失函数值大于目标期望值时，采用反向传播算法对网络参数 W 和 b 进行迭代更新，并重复步骤（3）～（6），直到达到停止条件（通常设置为当 L 小于或等于期望值或达到设定的迭代次数时停止），训练停止并保存 W 和 b。算法 16.1 给出了 YOLO 网络模型的训练过程。

算法 16.1　YOLO 网络模型训练

输入：

　　$D = \{d_1, d_2, \ldots, d_n\}$：训练图像集合；

　　$Q = \{\hat{q}_1, \hat{q}_2, \cdots, \hat{q}_n\}$：标注数据集；

　　$\eta(0 < \eta < 1)$：学习率

输出：

　　W：权重参数；b：偏置参数

步骤：

1.　For $i=1$ To n Do
2.　　将 D 中的训练图像 d_i 缩放为 448×448×3 的图像 d'_i，并划分为 7×7 个网格
3.　End For
4.　根据图 16.6 构建 YOLO 网络模型
5.　随机初始化 W 和 b
6.　Repeat
7.　　For $i=1$ To n Do
8.　　　输入图像 d'_i 在网络模型中前向传播，得到输出特征图 O
9.　　　根据特征图 O、标注数据 Q、式(16-10)～(16-14)计算损失函数值
10.　　　根据式(16-6)和式(16-7)计算梯度误差项 $\delta^{(l,p)}$
11.　　　根据式(16-4)和式(16-5)计算梯度
12.　　　根据式(16-8)和式(16-9)采用梯度下降法优化网络参数 W 和 b

13.　　End For

14.　Until 达到停止条件

15.　Return $\boldsymbol{W}$，b　　//训练完成后保存网络权重矩阵

设 YOLO 网络模型包含 G 层，则算法 16.1 的时间复杂度为所有层级的时间复杂度之和，即 $O\left(\sum_{l=1}^{G}(M_l^2 \times K_l^2 \times H_{l-1} \times H_l)\right)$，其中，$G$ 为网络模型的深度$(l=1,2,\cdots,G)$，M_l 为 l 层每个卷积核输出特征图的边长，K_l 为 l 层每个卷积核的边长，H_{l-1} 为 l 层的输入通道数（即上一层的输出通道数），H_l 为 l 层的输出通道数。

YOLO 算法的空间复杂度通常根据网络模型的参数数量和网络各层输出的特征图进行衡量，只与卷积核的尺寸 K 和通道数 H 有关，而与输入图片的尺寸无关，即 $O\left(\sum_{l=1}^{G}(K_l^2 \times H_{l-1} \times H_l) + \sum_{l=1}^{G}(M_l^2 \times H_l)\right)$，其中，$\sum_{l=1}^{G}(K_l^2 \times H_{l-1} \times H_l)$ 表示网络模型的参数数量，$\sum_{l=1}^{G}(M_l^2 \times H_l)$ 表示网络各层输出特征图的大小。空间复杂度决定了模型的参数数量，网络模型的参数越多，训练模型所需的数据量就越大，会导致模型的训练容易过拟合。

例 16.1　以基于 YOLO 算法预测图像中的鸟类为例，如图 16.8 所示，将输入图像缩放为 $448 \times 448 \times 3$ 像素，设 $S=7$，即划分为 7×7 个网格，如 Image1 所示。

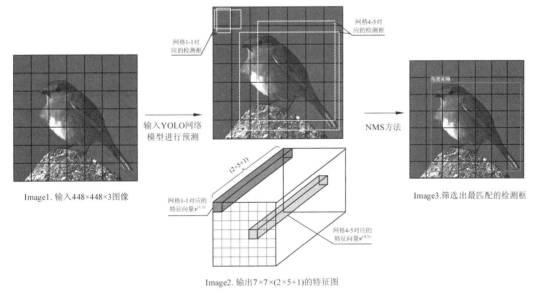

图 16.8　基于 YOLO 算法的预测示例

将处理后的特征图输入经过训练的 YOLO 网络模型中进行前向传播，每个网格采用 2 个检测框检测目标物体$(B=2)$，由于目标物体仅有鸟类，因此 $C=1$，最终输出特征图的维度为 $7 \times 7 \times (2 \times 5 + 1)$，如 Image2 所示。

第 i 行第 j 列的网格对应维度为$(2 \times 5 + 1)$的特征向量 $\boldsymbol{v}^{(i,j)}=\{Conf_1^{(i,j)}, x_1^{(i,j)}, y_1^{(i,j)},$

$w_1^{(i,j)}, h_1^{(i,j)}, Conf_2^{(i,j)}, x_2^{(i,j)}, y_2^{(i,j)}, w_2^{(i,j)}, h_2^{(i,j)}, p^{(i,j)}\}$，其中$(Conf_1^{(i,j)}, x_1^{(i,j)}, y_1^{(i,j)}, w_1^{(i,j)}, h_1^{(i,j)})$表示该网格中第一个检测框的信息，$(Conf_2^{(i,j)}, x_2^{(i,j)}, y_2^{(i,j)}, w_2^{(i,j)}, h_2^{(i,j)})$表示该网格中第二个检测框的信息，$p^{(i,j)}$表示该网格中的对象为鸟类的概率。

输出特征图共预测出 98（即 $7 \times 7 \times 2$）个检测框及相应置信度，将 98 个检测框通过 NMS 方法进行筛选，最终得到网格 4-5 对应的检测框为最终结果，如 Image3 所示。

16.4　Python 程序示例

本节给出 Python 程序示例的关键片段，实现 YOLO 模型训练（算法 16.1），其中 YoloV1 是 YOLO 网络模型结构，load_model()函数加载 YOLO 模型，train()函数实现 YOLO 模型训练。

程序示例 16.1（关键片段）

```
1.   ...
2.
3.   #Yolo V1 结构
4.   class YoloV1(nn.Module):
5.       def __init__(self):
6.           super(YoloV1, self).__init__()
7.
8.           self.backbone = models.resnet.resnet50(pretrained=True)
9.           self.backbone = nn.Sequential(*list(\
10.              self.backbone.children())[:-2])
11.
12.          self.output = nn.Sequential(
13.              detnet_bottleneck(2048, 256),
14.              detnet_bottleneck(256, 256),
15.              detnet_bottleneck(256, 256),
16.              nn.Conv2d(256, 30, kernel_size=3, stride=2, \
17.                  padding=1, bias=False),
18.              nn.BatchNorm2d(30),
19.              nn.Sigmoid(),
20.          )
21.
22.      def forward(self, x):
23.          x = self.backbone(x)
24.          x = self.output(x)
25.          x = x.permute(0, 2, 3, 1)
26.          return x
27.
28.  ...
29.
```

```
30.   #加载模型
31.   def load_model(historical_epoch, device):
32.       yolo = YoloV1().to(device)
33.       if historical_epoch == 0:
34.           last_epoch = 0
35.           return yolo, last_epoch
36.
37.       if historical_epoch > 0:
38.           last_epoch = historical_epoch
39.       elif historical_epoch == -1:
40.           epoch_files = os.listdir(OUTPUT_MODEL_PATH)
41.           last_epoch = 0
42.           for file in epoch_files:
43.               file = file.split('.')[0]
44.               if file.startswith('epoch'):
45.                   epoch = int(file[5:])
46.                   if epoch > last_epoch:
47.                       last_epoch = epoch
48.
49.       yolo.load_state_dict(
50.           torch.load(os.path.join(OUTPUT_MODEL_PATH, \
51.               f'epoch{last_epoch}.pth')))
52.       return yolo, last_epoch
53.
54.   ...
55.
56.   #加载模型和优化器
57.   yolo, last_epoch = load_model(HISTORICAL_EPOCHS, device)
58.   criterion = YoloV1Loss(7, 2, 5, .5).to(device)
59.   optim = torch.optim.SGD(yolo.parameters(),
60.                           lr=LR,
61.                           momentum=.9,
62.                           weight_decay=5e-4)
63.
64.   ...
65.
66.   #训练模型
67.   def train():
68.       precisions, recalls = [], []
69.       avg_train_loss, train_loss, test_loss = [], [], []
70.       total_train_loss = 0.
71.       for epoch in range(last_epoch + 1, EPOCHS + last_epoch + 1):
72.
73.           #训练
```

```
74.        yolo.train()
75.        pbar = tqdm(enumerate(train_loader),
76.                total=len(train_loader),
77.                desc=f'第{epoch}次训练')
78.        for index, (data, label) in pbar:
79.            data = data.to(device)
80.            label = label.float().to(device)
81.
82.            output = yolo(data)
83.
84.            loss = criterion(output, label)
85.            if np.isnan(loss.item()):
86.                print('梯度爆炸！')
87.                exit(-1)
88.            total_train_loss += loss.item()
89.            train_loss.append(loss.item())
90.            avg_train_loss.append(
91.                total_train_loss /
92.                ((epoch - last_epoch - 1) * len(train_loader) \
93.                    + index + 1))
94.
95.            if len(train_loss) > 1000:
96.                train_loss.pop(0)
97.                avg_train_loss.pop(0)
98.            optim.zero_grad()
99.            loss.backward()
100.           optim.step()
101.
102.           viz.line(Y=train_loss,
103.                   X=list(range(len(train_loss))),
104.                   win='当前 Loss',
105.                   opts={'title': '训练 Loss'})
106.
107.           viz.line(Y=avg_train_loss,
108.                   X=list(range(len(avg_train_loss))),
109.                   win='平均 Loss',
110.                   opts={'title': '平均 Loss'})
111.
112.       yolo_lr.step()
113.
114. ...
115.
```

运行结果：

迭代训练 10 次后预测结果

16.5 小 结

目标检测是计算机视觉领域最基本的问题之一，将 CNN 引入目标检测领域，大大提高了检测效果，改变了目标检测领域的基本研究思路，深度学习技术的快速发展使目标检测的精度有了较大提升。基于这一思路，目标检测技术快速演进，学界提出了一系列有效的目标检测模型；针对不同的场景、不同的任务和不同的性能指标，新的模型和算法层出不穷。本章介绍 CNN 的模型结构和训练的步骤，并通过与全连接神经网络模型的对比，分析了 CNN 的优势和特点，为读者学习、使用和研究相关目标检测模型和算法奠定了基础。

以用于实时目标检测 YOLO 模型作为代表，本章介绍了其基本思想和模型训练算法。下面总结 YOLO 模型的优缺点，为读者学习和使用相关模型提供参考。

YOLO 广泛用于端到端的目标检测，其优点主要包括以下 3 方面。

(1) 速度快。在保证检测准确率的前提下，YOLO 算法可达到 45FPS（Frames Per Second）的检测速度，实现对视频数据的实时检测。

(2) 背景误检率低。YOLO 算法在训练和推理过程中对整张图像的信息进行处理，而 R-CNN 和 Faster R-CNN 等算法在检测过程中，仅处理候选框内的局部图像信息。因此，当图像背景（非物体）中的部分数据包含于候选框中而被送入 R-CNN 网络进行检测时，容易被错误检测为物体。因此，YOLO 相比于 R-CNN 系列算法能有效降低背景图像的误检率。

(3) 通用性强。YOLO 也适用于艺术类作品中的物体检测，对非自然图像物体的检测率远高于 R-CNN 系列检测方法。

YOLO 算法存在如下缺点：相比 R-CNN 系列算法，YOLO 算法针对小目标的定位精度不够，难以识别密集目标和具有异常宽长比的目标。

如今的目标检测算法已广泛应用于工程建设、自动驾驶、行人检测、文本检测、轨迹跟踪和医学影像等越来越多的场景。新型基础设施建设的推进、"智慧＋"应用的不断普及，以及人工智能技术的快速发展，给目标检测算法的研究和应用带来了新的机遇和挑战。不同的目标检测算法应运而生，以 YOLO 系列算法为例，基于 YOLO 中将目标定位和目标分类问题相结合的思想，YOLO 系列算法不断推陈出新，产生了 YOLO9000（YOLOv2）、YOLOv3、YOLOv4、YOLOv5，以及轻量级的 YOLO-Fastest 等算法。这些算法不断更新

优化，将许多基于 CNN 的优秀方法相结合，旨在提升目标检测的准确率，同时将模型参数不断地轻量化，满足大量边缘、轻量化芯片使用目标检测算法的需求。

思 考 题

1. 视频数据是连续的图像序列，由多张图像按时间顺序构成，每张图像称为一个视频帧。视频数据上的目标检测具有广阔的应用前景。基于 YOLO 算法，设计针对视频数据的目标检测算法。

2. 目标跟踪是计算机视觉任务的一个重要任务，旨在对视频中的物体进行连续跟踪，关键在于对运动变化目标的跟踪能力。查阅相关文献，分析目标跟踪与目标检测的异同。

3. 为了准确地检测目标物体，目标检测模型通常采用大规模的神经网络，包含大量的模型参数，检测过程会消耗大量的计算资源。给定一个已经训练好的目标检测模型，如何对该模型进行压缩，从而减少计算资源的占用？

第17章 问答系统算法

17.1 问答系统概述

问答系统(Question Answering System)是信息检索系统的一种高级形式,当用户提出一个自然语言描述的问题后,它通过理解用户意图和问题语义来获取相关的知识,再通过推理计算得到答案并返回给用户。

一个典型的问答系统场景见表 17.1,用户向通信运营商咨询所办理套餐的情况或其他套餐的详细信息时,需要将客服的回答转换为系统的回答,这是"智能客服"问答系统的任务。该场景中,问题 q_1 和 q_2 属于简单问题,可通过直接查询所构建好的知识库快速获得答案;而对于问题 q_3,首先需要根据 q_1 和 q_2 充分理解问题的语义,即提取问题的上下文语义信息:"七十八套餐流量不够,需要流量够用且资费最少的套餐",然后识别出实体"七十八套餐",并链接到知识库,确定与该实体对应的子集,从而生成候选答案集矩阵,最后计算并选择候选答案中与问题相似度最高的实体("九十八套餐")作为结果返回。

表 17.1 问答系统场景

问题编号	客　户	客　服
q_1	我当前使用的是多少的套餐?	您当前使用的是七十八套餐,包含 20GB 流量和 300 分钟通话时间
q_2	我每个月使用多少流量?	平均每个月使用 25GB 流量
q_3	目前最适合我的套餐是什么?	九十八套餐,它包含 30GB 流量和 500 分钟通话时间

问答系统的处理流程一般包括 3 步:首先从问题的成分信息、所属类别及答案类型等方面对问题进行综合分析;接着根据问题分析得到的信息,确定可能存在答案的小范围数据;最后在该范围数据中提取答案或答案集合。

概括来说,问答系统主要由问题分析、信息检索和答案抽取 3 部分组成,其中问题分析是问答系统中最核心、最困难的环节,即如何将自然语言尽可能准确地转化为计算机可表示和处理的形式。传统的方法有词性分析、句法分析、语义分析、命名实体识别(Named Entity Recognition)、语义相似度计算等。随着人工智能技术的快速发展和不断普及,深度神经网络模型广泛应用于问答系统领域,为问题分析提供了新的解决方案,显著提升了问答系统的性能。例如,利用循环神经网络(Recurrent Neural Network,RNN)对自然语言描述的问题

进行编码,可充分提取文本的序列信息,从而提高问题和候选答案之间相似度计算结果的准确性,进而选择更好的答案;利用长短期记忆网络(Long Short-Term Memory,LSTM)和条件随机场(Conditional Random Field,CRF)对自然语言描述的问题进行命名体识别;针对信息检索和答案抽取任务,基于注意力机制(Attention)提取影响答案的不同方面的信息,更好地表征答案候选集,进而通过计算答案与问题的最佳得分来确定最终答案。

鉴于 RNN 和 LSTM 在问题分析阶段中处理文本序列、提取语义特征方面的良好效果,本章以 RNN 和 LSTM 为代表,介绍面向问答系统的深度神经网络模型构建与训练算法,以及基于深度学习算法构建端到端的问答系统的关键步骤。

17.2　面向问答系统的深度学习算法

RNN 是一类用于处理序列数据的神经网络,在提取文本特征时可充分学习文本上下文的语义信息,能显著提高问题和候选答案特征提取的性能。下面以 RNN 及 LSTM 为代表,介绍模型结构、建模思想及训练算法。

17.2.1　循环神经网络

1. 模型结构

RNN 可对时序信息进行建模,主要包括输入层、输出层和隐藏层,其结构如图 17.1 所示。

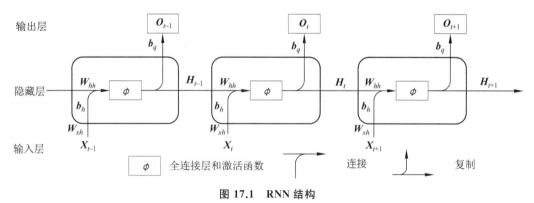

图 17.1　RNN 结构

① 输入层。

输入层即输入 RNN 的序列,通常用向量表示,用 X_t 表示序列中时间步(Time Step)t 的输入。

② 隐藏层。

隐藏层读取当前时间步的输入 X_t 和上一时间步的隐藏变量 H_{t-1},通过激活函数得到当前时间步的隐藏变量 H_t:

$$H_t = \sigma(X_t W_{xh} + H_{t-1} W_{hh} + b_h) \tag{17-1}$$

其中,φ 为激活函数,W_{hh} 和 W_{xh} 为权重,b_h 为偏置,H_t 包含之前序列 $X_0, X_1, \cdots, X_{t-1}$ 的

信息。

③ 输出层。

对于隐藏层得到的隐藏变量 $\boldsymbol{H}_t$，计算得到输出 $\boldsymbol{O}_t$：

$$\boldsymbol{O}_t = \boldsymbol{H}_t \boldsymbol{W}_{hq} + \boldsymbol{b}_q \tag{17-2}$$

其中，$\boldsymbol{W}_{hq}$ 为权重，$\boldsymbol{b}_q$ 为偏置。

2. 模型训练

由样本构成的训练集表示为 $D = \{(\boldsymbol{X}_t, \boldsymbol{y}_t)\}_{t=1}^{N}$，其中，$\boldsymbol{X}_t \in \mathbb{R}^d$ 为输入的 d 维实值向量，$\boldsymbol{y}_t \in \mathbb{R}^d$ 为 d 维实值标签向量。RNN 的训练使用时间反向传播（Back-Propagation Through Time）算法。为了简化描述，假设 RNN 的激活函数为 $\sigma(x) = x$，用交叉熵损失函数定义时间步 $t(1 \leqslant t \leqslant N)$ 的损失：

$$l(\boldsymbol{O}_t, \boldsymbol{y}_t) = -\boldsymbol{y}_t \log \boldsymbol{O}_t \tag{17-3}$$

那么，时间步数为 N 时，模型的损失函数定义如下.

$$L = \frac{1}{N} \sum_{t=1}^{N} l(\boldsymbol{O}_t, \boldsymbol{y}_t) \tag{17-4}$$

图 17.2 描述了 RNN 的变量和参数在计算过程中的依赖关系，参数包括 $\boldsymbol{W}_{xh}$、$\boldsymbol{W}_{hh}$、$\boldsymbol{W}_{hq}$、$\boldsymbol{b}_h$ 和 $\boldsymbol{b}_q$，训练过程中需计算参数的梯度 $\partial L / \partial \boldsymbol{W}_{xh}$、$\partial L / \partial \boldsymbol{W}_{hh}$、$\partial L / \partial \boldsymbol{W}_{hq}$、$\partial L / \partial \boldsymbol{b}_h$ 和 $\partial L / \partial \boldsymbol{b}_q$。

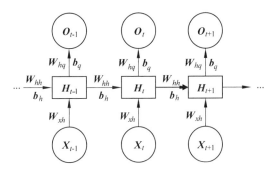

图 17.2　RNN 的变量和参数在计算过程中的依赖关系

RNN 模型训练的主要步骤如下。

① 计算各时间步输出层变量 $\boldsymbol{O}_t$ 的梯度。

$$\frac{\partial L}{\partial \boldsymbol{O}_t} = \frac{\partial l(\boldsymbol{O}_t, \boldsymbol{y}_t)}{N \cdot \partial \boldsymbol{O}_t} \tag{17-5}$$

② 计算隐藏变量 $\boldsymbol{H}_t$ 的梯度。

根据链式求导法则，有

$$\frac{\partial L}{\partial \boldsymbol{H}_t} = \boldsymbol{W}_{hh}^{\mathrm{T}} \frac{\partial L}{\partial \boldsymbol{H}_{t+1}} + \boldsymbol{W}_{hq}^{\mathrm{T}} \frac{\partial L}{\partial \boldsymbol{O}_t} = \sum_{i=t}^{N} (\boldsymbol{W}_{hh}^{\mathrm{T}})^{T-i} \boldsymbol{W}_{hq}^{\mathrm{T}} \frac{\partial L}{\partial \boldsymbol{O}_{T+t-i}} \tag{17-6}$$

③ 计算参数 $\boldsymbol{W}_{hq}$ 和 $\boldsymbol{b}_q$ 的梯度。

根据图 17.2，L 通过 $\boldsymbol{O}_1, \boldsymbol{O}_2, \cdots, \boldsymbol{O}_t$ 依赖于 $\boldsymbol{W}_{hq}$ 和 $\boldsymbol{b}_q$，即

$$\frac{\partial L}{\partial \boldsymbol{W}_{hq}} = \sum_{t=1}^{N} \frac{\partial L}{\partial \boldsymbol{O}_t} \boldsymbol{H}_t^{\mathrm{T}} \tag{17-7}$$

$$\frac{\partial L}{\partial \boldsymbol{b}_q} = \sum_{t=1}^{N} \frac{\partial L}{\partial \boldsymbol{O}_t} \tag{17-8}$$

④ 计算参数 $\boldsymbol{W}_{xh}$、$\boldsymbol{W}_{hh}$ 和 $\boldsymbol{b}_h$ 的梯度。

L 通过 $\boldsymbol{H}_1, \boldsymbol{H}_2, \cdots, \boldsymbol{H}_T$ 依赖于参数 $\boldsymbol{W}_{xh}$、$\boldsymbol{W}_{hh}$ 和 $\boldsymbol{b}_h$，根据链式求导法则，有

$$\frac{\partial L}{\partial \boldsymbol{W}_{xh}} = \sum_{t=1}^{N} \frac{\partial L}{\partial \boldsymbol{H}_t} \boldsymbol{X}_t^{\mathrm{T}} \tag{17-9}$$

$$\frac{\partial L}{\partial \boldsymbol{W}_{hh}} = \sum_{t=1}^{N} \frac{\partial L}{\partial \boldsymbol{H}_t} \boldsymbol{H}_{t-1}^{\mathrm{T}} \tag{17-10}$$

$$\frac{\partial L}{\partial \boldsymbol{b}_h} = \sum_{t=1}^{N} \frac{\partial L}{\partial \boldsymbol{H}_t} \tag{17-11}$$

⑤ 权重更新。

使用梯度下降法，以目标的负梯度方向对参数进行调整，给定学习率 $\eta(0<\eta<1)$，更新权重参数：

$$\boldsymbol{W}_{hq} \leftarrow \boldsymbol{W}_{hq} - \eta \partial L / \partial \boldsymbol{W}_{hq} \tag{17-12}$$

$$\boldsymbol{W}_{xh} \leftarrow \boldsymbol{W}_{xh} - \eta \partial L / \partial \boldsymbol{W}_{xh} \tag{17-13}$$

$$\boldsymbol{W}_{hh} \leftarrow \boldsymbol{W}_{hh} - \eta \partial L / \partial \boldsymbol{W}_{hh} \tag{17-14}$$

$$\boldsymbol{b}_h \leftarrow \boldsymbol{b}_h - \eta \partial L / \partial \boldsymbol{b}_h \tag{17-15}$$

$$\boldsymbol{b}_q \leftarrow \boldsymbol{b}_q - \eta \partial L / \partial \boldsymbol{b}_q \tag{17-16}$$

基于上述步骤(1)中构建的模型结构，算法 17.1 给出了 RNN 的训练算法，时间复杂度为 $O(n_R \times N \times d^2 \times h)$，其中，$n_R$ 为算法总迭代次数，$\boldsymbol{H}_t \in \mathbb{R}^h$，$\mathbb{R}^h$ 表示 h 维的向量空间。

算法 17.1 RNN 训练

输入：

    $D = \{(\boldsymbol{X}_t, \boldsymbol{y}_t)\}_{t=1}^{N}$：训练数据集；$\eta(0<\eta<1)$：学习率；$n_R$：总迭代次数

输出：

    $\boldsymbol{W}_{xh}, \boldsymbol{W}_{hh}, \boldsymbol{W}_{hq}$：权重矩阵；$\boldsymbol{b}_h, \boldsymbol{b}_q$：偏置矩阵

步骤：

1. 随机初始化网络的权重参数 $\boldsymbol{W}_{xh}$、$\boldsymbol{W}_{hh}$ 和 $\boldsymbol{W}_{hq}$，使其均服从正态分布，初始化 $i=1$
2. While $i \leqslant n_R$ Do
3.   For each $(\boldsymbol{X}_t, \boldsymbol{y}_t) \in D$ Do
4.   根据式(17-1)计算时间步 t 的隐藏变量 $\boldsymbol{H}_t$
5.   根据式(17-2)计算时间步 t 的输出 $\boldsymbol{O}_t$
6.   根据式(17-3)计算时间步 t 的损失函数 $l(\boldsymbol{O}_t, \boldsymbol{y}_t)$
7.   根据式(17-4)计算损失函数 L
8.   根据式(17-5)计算时间步 t 变量 $\boldsymbol{O}_t$ 的梯度 $\partial L / \partial \boldsymbol{O}_t$
9.   根据式(17-6)计算时间步 t 变量 $\boldsymbol{H}_t$ 的梯度 $\partial L / \partial \boldsymbol{H}_t$
10.   End For
11.   根据式(17-7)计算第 i 次迭代参数 $\boldsymbol{W}_{hq}$ 的梯度
12.   根据式(17-8)计算第 i 次迭代参数 $\boldsymbol{b}_q$ 的梯度

13.　　根据式(17-9)计算第 i 次迭代参数 $\boldsymbol{W}_{xh}$ 的梯度

14.　　根据式(17-10)计算第 i 次迭代参数 $\boldsymbol{W}_{hh}$ 的梯度

15.　　根据式(17-11)计算第 i 次迭代参数 $\boldsymbol{b}_h$ 的梯度

16.　　根据梯度 $\partial L/\partial \boldsymbol{W}_{xh}$、$\partial L/\partial \boldsymbol{W}_{hh}$、$\partial L/\partial \boldsymbol{W}_{hq}$、$\partial L/\partial \boldsymbol{b}_h$ 和 $\partial L/\partial \boldsymbol{b}_q$，以及式(17-12)～(17-16)，更新参数 $\boldsymbol{W}_{hq}$、$\boldsymbol{W}_{xh}$、$\boldsymbol{W}_{hh}$、$\boldsymbol{b}_h$ 和 $\boldsymbol{b}_q$

17.　End While

18.　Return $\boldsymbol{W}_{hq}$，$\boldsymbol{W}_{xh}$，$\boldsymbol{W}_{hh}$，$\boldsymbol{b}_h$，$\boldsymbol{b}_q$

在问答系统场景中，当问题和答案均为短文本序列时，传统 RNN 可很好地提取序列的特征。由算法 17.1 可知，隐藏变量 $\boldsymbol{H}_t$ 的梯度 $\partial L/\partial \boldsymbol{H}_t$ 存在指数项，当处理较长序列的信息（即 N 值较大时），梯度 $\partial L/\partial \boldsymbol{H}_t$ 容易出现衰减和爆炸，也会影响其他包含 $\partial L/\partial \boldsymbol{H}_t$ 项的梯度（如隐藏层中模型参数的梯度 $\partial L/\partial \boldsymbol{W}_{xh}$ 和 $\partial L/\partial \boldsymbol{W}_{hh}$），从而导致模型训练时梯度不能在较长序列中一直传递下去，使传统的 RNN 无法捕捉到长序列的依赖关系。因此，传统的 RNN 并不能很好地处理实际应用中较长的序列。

17.2.2　长短期记忆网络

当面对阅读理解式问答系统时，需在一篇文章中进行阅读并提取问题与答案的特征，传统的 RNN 也很难捕捉到这种长序列之间的相关性，无法学习到文章内容中足够长的历史信息，且会产生梯度消失和梯度爆炸问题。LSTM 通过向 RNN 中加入门控机制，可很好地处理长序列之间的依赖关系。

1. 模型结构

LSTM 在 RNN 基础上引入输入门（Input Gate）、遗忘门（Forget Gate）、输出门（Output Gate）和记忆细胞，从而记录额外信息，图 17.3 给出了 LSTM 的结构示意图。

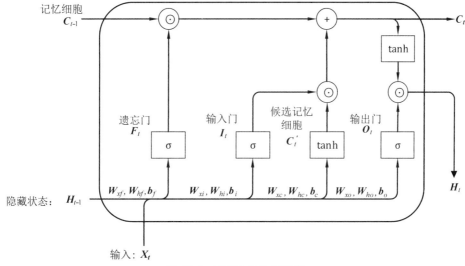

图 17.3　LSTM 结构示意图

对于时间步 t 的输入词向量 $\boldsymbol{X}_t$，LSTM 首先根据遗忘门决定丢弃的信息，该门会读取时间步 $t-1$ 的输出 $\boldsymbol{H}_{t-1}$ 和时间步 t 的输入 $\boldsymbol{X}_t$，通过 Sigmoid 函数（记为 σ）来计算遗忘门 $\boldsymbol{F}_t$：

$$\boldsymbol{F}_t = \sigma(\boldsymbol{X}_t\boldsymbol{W}_{xf} + \boldsymbol{H}_{t-1}\boldsymbol{W}_{hf} + \boldsymbol{b}_f) \tag{17-17}$$

输入门通过 Sigmoid 函数决定值的更新，通过 tanh 函数创建新的候选值 $\boldsymbol{C}'_t$，计算方法如下。

$$\boldsymbol{I}_t = \sigma(\boldsymbol{X}_t\boldsymbol{W}_{xi} + \boldsymbol{H}_{t-1}\boldsymbol{W}_{hi} + \boldsymbol{b}_i) \tag{17-18}$$

$$\boldsymbol{C}'_t = \tanh(\boldsymbol{X}_t\boldsymbol{W}_{xc} + \boldsymbol{H}_{t-1}\boldsymbol{W}_{hc} + \boldsymbol{b}_c) \tag{17-19}$$

然后将 $\boldsymbol{C}_{t-1}$ 更新为 $\boldsymbol{C}_t$：

$$\boldsymbol{C}_t = \boldsymbol{F}_t \odot \boldsymbol{C}_{t-1} + \boldsymbol{I}_t \odot \boldsymbol{C}'_t \tag{17-20}$$

再通过 Sigmoid 函数得到初始输出 $\boldsymbol{O}_t$：

$$\boldsymbol{O}_t = \sigma(\boldsymbol{X}_t\boldsymbol{W}_{xo} + \boldsymbol{H}_{t-1}\boldsymbol{W}_{ho} + \boldsymbol{b}_o) \tag{17-21}$$

最后通过 tanh 函数计算时间步 t 的隐藏变量 $\boldsymbol{H}_t$：

$$\boldsymbol{H}_t = \boldsymbol{O}_t \odot \tanh(\boldsymbol{C}_t) \tag{17-22}$$

其中，$\boldsymbol{W}_{xi}$、$\boldsymbol{W}_{xf}$、$\boldsymbol{W}_{xo}$、$\boldsymbol{W}_{hi}$、$\boldsymbol{W}_{hf}$、$\boldsymbol{W}_{ho}$、$\boldsymbol{W}_{xc}$ 和 $\boldsymbol{W}_{hc}$ 为权重矩阵，$\boldsymbol{b}_i$、$\boldsymbol{b}_o$、$\boldsymbol{b}_c$ 和 $\boldsymbol{b}_f$ 为偏置，符号 $\odot$ 表示按元素相乘。

2. 模型训练

给定训练集 $D = \{(\boldsymbol{X}_t, \boldsymbol{y}_t)\}_{t=1}^N$，$\boldsymbol{X}_t \in \mathbb{R}^d$，$\boldsymbol{y}_t \in \mathbb{R}^d$，即输入样本由 d 个特征描述，输出 d 维实值向量，$\boldsymbol{H}_k \in \mathbb{R}^h$，$\boldsymbol{I}_k \in \mathbb{R}^h$，$\boldsymbol{F}_k \in \mathbb{R}^h$，$\boldsymbol{O}_k \in \mathbb{R}^h$，$\boldsymbol{C}_k \in \mathbb{R}^h$，$h$ 表示向量空间的维度，根据式（17-4）计算样本的损失函数 L。

时间步 t 的隐藏变量为 $\boldsymbol{H}_t$，计算 t 时刻的误差项 $\boldsymbol{\delta}_t$：

$$\boldsymbol{\delta}_t = \frac{\partial L}{\boldsymbol{H}_t} \tag{17-23}$$

为了便于描述梯度计算方法，下面首先定义 $\mathbf{net}_{f,t}$、$\mathbf{net}_{i,t}$、$\mathbf{net}_{c,t}$ 和 $\mathbf{net}_{o,t}$。

$$\mathbf{net}_{f,t} = \boldsymbol{X}_t\boldsymbol{W}_{xf} + \boldsymbol{H}_{t-1}\boldsymbol{W}_{hf} + \boldsymbol{b}_f \tag{17-24}$$

$$\mathbf{net}_{i,t} = \boldsymbol{X}_t\boldsymbol{W}_{xi} + \boldsymbol{H}_{t-1}\boldsymbol{W}_{hi} + \boldsymbol{b}_i \tag{17-25}$$

$$\mathbf{net}_{c,t} = \boldsymbol{X}_t\boldsymbol{W}_{xc} + \boldsymbol{H}_{t-1}\boldsymbol{W}_{hc} + \boldsymbol{b}_c \tag{17-26}$$

$$\mathbf{net}_{o,t} = \boldsymbol{X}_t\boldsymbol{W}_{xo} + \boldsymbol{H}_{t-1}\boldsymbol{W}_{ho} + \boldsymbol{b}_o \tag{17-27}$$

从而计算梯度 $\partial L/\partial\mathbf{net}_{f,t}$、$\partial L/\partial\mathbf{net}_{i,t}$、$\partial L/\partial\mathbf{net}_{c,t}$ 和 $\partial L/\partial\mathbf{net}_{o,t}$。

$$\frac{\partial L}{\partial\mathbf{net}_{f,t}} = \delta_t^{\mathrm{T}} \odot \boldsymbol{O}_t \odot (1 - \tanh(\boldsymbol{C}_t)^2) \odot \boldsymbol{C}_{t-1} \odot \boldsymbol{F}_t(1 - \boldsymbol{F}_t) \tag{17-28}$$

$$\frac{\partial L}{\partial\mathbf{net}_{i,t}} = \delta_t^{\mathrm{T}} \odot \boldsymbol{O}_t \odot (1 - \tanh(\boldsymbol{C}_t)^2) \odot \boldsymbol{C}'_t \odot \boldsymbol{I}_t(1 - \boldsymbol{I}_t) \tag{17-29}$$

$$\frac{\partial L}{\partial\mathbf{net}_{c,t}} = \delta_t^{\mathrm{T}} \odot \boldsymbol{O}_t \odot (1 - \tanh(\boldsymbol{C}_t)^2) \odot \boldsymbol{I}_t(1 - (\boldsymbol{C}'_t)^2) \tag{17-30}$$

$$\frac{\partial L}{\partial\mathbf{net}_{o,t}} = \delta_t^{\mathrm{T}} \odot \tanh(\boldsymbol{C}_t) \odot \boldsymbol{O}_t(1 - \boldsymbol{O}_t) \tag{17-31}$$

再将各个时间步的梯度进行累加，得到 $\boldsymbol{W}_{hf}$、$\boldsymbol{W}_{hi}$、$\boldsymbol{W}_{hc}$ 和 $\boldsymbol{W}_{ho}$ 的梯度。

$$\frac{\partial L}{\partial\boldsymbol{W}_{hf}} = \sum_{t=1}^N \frac{\partial L}{\partial\mathbf{net}_{f,t}} \boldsymbol{H}_{t-1}^{\mathrm{T}} \tag{17-32}$$

$$\frac{\partial L}{\partial \boldsymbol{W}_{hi}} = \sum_{t=1}^{N} \frac{\partial L}{\partial \mathbf{net}_{i,t}} \boldsymbol{H}_{t-1}^{\mathrm{T}} \tag{17-33}$$

$$\frac{\partial L}{\partial \boldsymbol{W}_{hc}} = \sum_{t=1}^{N} \frac{\partial L}{\partial \mathbf{net}_{c,t}} \boldsymbol{H}_{t-1}^{\mathrm{T}} \tag{17-34}$$

$$\frac{\partial L}{\partial \boldsymbol{W}_{ho}} = \sum_{t=1}^{N} \frac{\partial L}{\partial \mathbf{net}_{o,t}} \boldsymbol{H}_{t-1}^{\mathrm{T}} \tag{17-35}$$

同样将各个时刻的梯度进行累加，得到 $\boldsymbol{b}_f$、$\boldsymbol{b}_i$、$\boldsymbol{b}_c$ 和 $\boldsymbol{b}_o$ 的梯度：

$$\frac{\partial L}{\partial \boldsymbol{b}_f} = \sum_{t=1}^{N} \frac{\partial L}{\partial \mathbf{net}_{f,t}} \tag{17-36}$$

$$\frac{\partial L}{\partial \boldsymbol{b}_i} = \sum_{t=1}^{N} \frac{\partial L}{\partial \mathbf{net}_{i,t}} \tag{17-37}$$

$$\frac{\partial L}{\partial \boldsymbol{b}_c} = \sum_{t=1}^{N} \frac{\partial L}{\partial \mathbf{net}_{c,t}} \tag{17-38}$$

$$\frac{\partial L}{\partial \boldsymbol{b}_o} = \sum_{t=1}^{N} \frac{\partial L}{\partial \mathbf{net}_{o,t}} \tag{17-39}$$

根据相应的梯度，直接计算 $\boldsymbol{W}_{xf}$、$\boldsymbol{W}_{xi}$、$\boldsymbol{W}_{xc}$ 和 $\boldsymbol{W}_{xo}$ 的梯度。

$$\frac{\partial L}{\partial \boldsymbol{W}_{xf}} = \sum_{t=1}^{N} \frac{\partial L}{\partial \mathbf{net}_{f,t}} \boldsymbol{X}_{t}^{\mathrm{T}} \tag{17-40}$$

$$\frac{\partial L}{\partial \boldsymbol{W}_{xi}} = \sum_{t=1}^{N} \frac{\partial L}{\partial \mathbf{net}_{i,t}} \boldsymbol{X}_{t}^{\mathrm{T}} \tag{17-41}$$

$$\frac{\partial L}{\partial \boldsymbol{W}_{xc}} = \sum_{t=1}^{N} \frac{\partial L}{\partial \mathbf{net}_{c,t}} \boldsymbol{X}_{t}^{\mathrm{T}} \tag{17-42}$$

$$\frac{\partial L}{\partial \boldsymbol{W}_{xo}} = \sum_{t=1}^{N} \frac{\partial L}{\partial \mathbf{net}_{o,t}} \boldsymbol{X}_{t}^{\mathrm{T}} \tag{17-43}$$

使用梯度下降法，以目标的负梯度方向对参数进行调整，给定学习率 $\eta(0 < \eta < 1)$，更新权重矩阵和偏置。

$$\boldsymbol{W}_{hf} \leftarrow \boldsymbol{W}_{hf} - \eta \frac{\partial L}{\partial \boldsymbol{W}_{hf}} \tag{17-44}$$

$$\boldsymbol{W}_{hi} \leftarrow \boldsymbol{W}_{hi} - \eta \frac{\partial L}{\partial \boldsymbol{W}_{hi}} \tag{17-45}$$

$$\boldsymbol{W}_{hc} \leftarrow \boldsymbol{W}_{hc} - \eta \frac{\partial L}{\partial \boldsymbol{W}_{hc}} \tag{17-46}$$

$$\boldsymbol{W}_{ho} \leftarrow \boldsymbol{W}_{ho} - \eta \frac{\partial L}{\partial \boldsymbol{W}_{ho}} \tag{17-47}$$

$$\boldsymbol{W}_{xf} \leftarrow \boldsymbol{W}_{xf} - \eta \frac{\partial L}{\partial \boldsymbol{W}_{xf}} \tag{17-48}$$

$$\boldsymbol{W}_{xi} \leftarrow \boldsymbol{W}_{xi} - \eta \frac{\partial L}{\partial \boldsymbol{W}_{xi}} \tag{17-49}$$

$$W_{xc} \leftarrow W_{xc} - \eta \frac{\partial L}{\partial W_{xc}} \tag{17-50}$$

$$W_{xo} \leftarrow W_{xo} - \eta \frac{\partial L}{\partial W_{xo}} \tag{17-51}$$

$$b_f \leftarrow b_f - \eta \frac{\partial L}{\partial b_f} \tag{17-52}$$

$$b_i \leftarrow b_i - \eta \frac{\partial L}{\partial b_i} \tag{17-53}$$

$$b_c \leftarrow b_c - \eta \frac{\partial L}{\partial b_c} \tag{17-54}$$

$$b_o \leftarrow b_o - \eta \frac{\partial L}{\partial b_o} \tag{17-55}$$

算法 17.2 给出了 LSTM 的训练算法，其时间复杂度为 $O(n_L \times N \times d^2 \times h^5)$，其中 n_L 为算法的总迭代次数。

算法 17.2 LSTM 训练

输入：

$D = \{(\boldsymbol{X}_t, \boldsymbol{y}_t)\}_{t=1}^N$：训练数据集；$\eta(0 < \eta < 1)$：学习率；$n_L$：总迭代次数

输出：

$\boldsymbol{W}_{hf}, \boldsymbol{W}_{hi}, \boldsymbol{W}_{hc}, \boldsymbol{W}_{ho}, \boldsymbol{W}_{xf}, \boldsymbol{W}_{xi}, \boldsymbol{W}_{xc}, \boldsymbol{W}_{xo}$：权重矩阵；$\boldsymbol{b}_f, \boldsymbol{b}_i, \boldsymbol{b}_c, \boldsymbol{b}_o$：偏置

步骤：

1. 随机初始化参数 $\boldsymbol{W}_{hf}$、$\boldsymbol{W}_{hi}$、$\boldsymbol{W}_{hc}$、$\boldsymbol{W}_{ho}$、$\boldsymbol{W}_{xf}$、$\boldsymbol{W}_{xi}$、$\boldsymbol{W}_{xc}$、$\boldsymbol{W}_{xo}$、$\boldsymbol{b}_f$、$\boldsymbol{b}_i$、$\boldsymbol{b}_c$ 和 $\boldsymbol{b}_o$，使其均服从正态分布，初始化 $i = 1$

2. While $i \leqslant n_L$ Do

3.   For each $(\boldsymbol{X}_t, \boldsymbol{y}_t) \in D$ Do

4.   根据式(17-17)计算时间步 t 的遗忘门 $\boldsymbol{F}_t$

5.   根据式(17-18)计算时间步 t 的输入门 $\boldsymbol{I}_t$

6.   根据式(17-19)计算时间步 t 的候选记忆细胞 $\boldsymbol{C}_t'$

7.   根据式(17-20)计算时间步 t 的记忆细胞 $\boldsymbol{C}_t$

8.   根据式(17-21)计算时间步 t 的输出 $\boldsymbol{O}_t$

9.   根据式(17-22)计算时间步 t 的隐藏变量 $\boldsymbol{H}_t$

10.   根据式(17-3)计算时间步 t 的损失函数 $l(\boldsymbol{O}_t, \boldsymbol{y}_t)$

11.   根据式(17-4)计算损失函数 L

12.   根据式(17-23)计算时间步 t 的隐藏变量误差项 $\boldsymbol{\delta}_t$

13.   根据式(17-28)～式(17-31)计算时间步 t 的梯度 $\partial L/\partial \mathbf{net}_{f,t}$、$\partial L/\partial \mathbf{net}_{i,t}$、$\partial L/\partial \mathbf{net}_{c,t}$ 和 $\partial L/\partial \mathbf{net}_{o,t}$

14.   End For

15. 根据式(17-32)～式(17-35)和式(17-40)～式(17-43)计算第 i 次迭代时权重矩阵 $\boldsymbol{W}_{hf}$、$\boldsymbol{W}_{hi}$、$\boldsymbol{W}_{hc}$、$\boldsymbol{W}_{ho}$ 和 $\boldsymbol{W}_{xf}$、$\boldsymbol{W}_{xi}$、$\boldsymbol{W}_{xc}$、$\boldsymbol{W}_{xo}$ 的梯度

16. 根据式(17-36)～式(17-39)计算第 i 次迭代时偏置 $\boldsymbol{b}_f$、$\boldsymbol{b}_i$、$\boldsymbol{b}_c$ 和 $\boldsymbol{b}_o$ 的梯度

17. 根据式(17-44)～式(17-51)更新权重矩阵 $\boldsymbol{W}_{hf}$、$\boldsymbol{W}_{hi}$、$\boldsymbol{W}_{hc}$、$\boldsymbol{W}_{ho}$、$\boldsymbol{W}_{xf}$、$\boldsymbol{W}_{xi}$、$\boldsymbol{W}_{xc}$ 和 $\boldsymbol{W}_{xo}$

18.　　　根据式(17-52)～式(17-55)更新偏置 $\boldsymbol{b}_f$、$\boldsymbol{b}_i$、$\boldsymbol{b}_c$ 和 $\boldsymbol{b}_o$。

19.　End While

20.　Return $\boldsymbol{W}_{hf}$,$\boldsymbol{W}_{hi}$,$\boldsymbol{W}_{hc}$,$\boldsymbol{W}_{ho}$,$\boldsymbol{W}_{xf}$,$\boldsymbol{W}_{xi}$,$\boldsymbol{W}_{xc}$,$\boldsymbol{W}_{xo}$,$\boldsymbol{b}_f$,$\boldsymbol{b}_i$,$\boldsymbol{b}_c$,$\boldsymbol{b}_o$

下面通过一个简单的例子展示 LSTM 提取文本序列特征的过程。

例 17.1　有问答对 $q=$ "世界最高峰"、$a=$ "珠穆朗玛峰",对该问答对中的自然语言文本去重后组成词典 $E=\{$ "世","界","最","高","峰","珠","穆","朗","玛","峰"$\}$。首先将其中的每个词转换为词向量,记为 $\boldsymbol{q}'=(\boldsymbol{X}_1,\boldsymbol{X}_2,\cdots,\boldsymbol{X}_5)$,$\boldsymbol{a}'=(\boldsymbol{Y}_1,\boldsymbol{Y}_2,\cdots,\boldsymbol{Y}_5)$。LSTM 在问答系统中将输入的词向量转换为整个句子的向量(包含整个句子的信息)。以问题向量 $\boldsymbol{q}'$ 为例,图 17.4 展示了提取文本序列"世界最高峰"特征的过程。

① 将词向量 $\boldsymbol{X}_1,\boldsymbol{X}_2,\cdots,\boldsymbol{X}_5$ 依次输入 LSTM,对应每个时间步,输出 $\boldsymbol{O}_1,\boldsymbol{O}_2,\cdots,\boldsymbol{O}_5$,经 Softmax 函数归一化后得到词典 E 中词的概率分布,再利用损失函数计算 $\boldsymbol{O}_t(1\leqslant t\leqslant 5)$ 与标签向量的误差。

② 背景变量是输入序列最终时间步的隐藏变量,经过 5 个时间步后得到背景向量 $\boldsymbol{C}=\boldsymbol{H}_5$,包含输入序列"世""界""最""高""峰"的全部信息。对答案向量 $\boldsymbol{a}'=(\boldsymbol{Y}_1,\boldsymbol{Y}_2,\cdots,\boldsymbol{Y}_5)$ 使用同样的方法,将词向量输入 LSTM 中,可得到包含整个答案"珠""穆""朗""玛""峰"全部信息的背景向量 $\boldsymbol{C}'$。

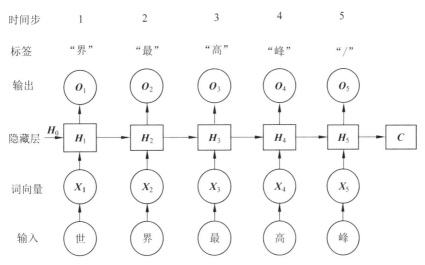

图 17.4　LSTM 提取特征的过程

17.3　基于 LSTM 的问答系统构建

基于 LSTM 的问答系统,首先根据问题分析,通过与知识库链接生成候选答案集;然后利用 LSTM 将问题和答案映射到低维空间,从而得到相应的分布式向量(Distributed Embedding);最后对分布式向量进行训练,使得问题向量与正确答案向量之间的相似度得分最高。本节介绍基于 LSTM 构建端到端问答系统的主要步骤,以知识图谱(Knowledge

Graph,KG)形式构建知识库,支持问答系统的信息检索和答案抽取;利用 TransE 表示学习算法将 KG 中的实体映射到低维向量空间。

知识图谱 $G=(V,E)$ 中,V 表示节点(实体)的集合,E 表示边的集合,G 由三元组 $<h,r,t>(h,t\in V,r\in E)$ 构成。$TransE$ 是 KG 上常用的知识表征方法,其基本思想是:KG 中一个正确的三元组映射到低维空间后应该满足 $\boldsymbol{h}+\boldsymbol{r}=\boldsymbol{t}(\boldsymbol{h}、\boldsymbol{r}$ 和 $\boldsymbol{t}$,分别为头实体 h、关系 r 和尾实体 t 对应的向量,$\boldsymbol{t}$ 为 $\boldsymbol{h}$ 与 $\boldsymbol{r}$ 之和,反映 h、r 和 t 之间的对应关系),其主要步骤包括表示向量初始化、批训练数据集构建和表示向量更新。相关知识不是本书的重点,在此不做详细介绍,读者可查阅相关文献学习。

下面给出基于 LSTM 构建问答系统的主要步骤。

(1) 通过训练集 $D_{qa}=\{(q_i,a_i)\}_{i=1}^{N}$,使用以下方法学习参数 θ_1 和 θ_2。

$$\arg\max_{\theta_1,\theta_2}\frac{1}{N}\sum_{i=1}^{N}\log\Big(\sum_{y\in V(G)}P_{\theta_1}(y\mid q_i)P_{\theta_2}(a_i\mid y,q_i)\Big) \tag{17-56}$$

(2) 在已有知识图谱中寻找问题对应的主题实体。

① 利用 LSTM 学习问题 q 的表示,将问题 q 映射到 d 维实值向量空间 $\mathbb{R}^d$,记为 $\boldsymbol{M}_q$。

② 利用 TransE 算法将知识图谱 G 中的每个实体映射到低维向量空间,记为 $\boldsymbol{M}_G$。

③ 基于 M_q 和 M_G,使用以下方法计算 G 中实体作为问题 q 主题实体的概率。

$$P_{\theta_1}(y\mid q)=\mathrm{Softmax}(\boldsymbol{W}_y^{\mathrm{T}}\boldsymbol{M}_q)=\frac{\exp(\boldsymbol{W}_y^{\mathrm{T}}\boldsymbol{M}_q)}{\sum\limits_{y'\in V(G)}\exp(\boldsymbol{W}_{y'}^{\mathrm{T}}\boldsymbol{M}_q)} \tag{17-57}$$

其中,$\boldsymbol{W}_y\in R^d$ 为 LSTM 中最后一个分类层的权重。

④ 当概率 $P_{\theta_1}(y|q)$ 达到最大时,则对应实体为 G 中对应的主题实体,即 $\arg\max_y(P_{\theta_1}(y|q))$。

(3) 利用主题实体构造推理子图。

对于步骤(2)中概率最大时找到的主题实体 y_{tp},对 G 中 y_{tp} 邻域内的所有实体 $A_y=\{a_1,a_2,\cdots,a_m\}$ 进行拓扑排序,得到一个有序节点构成的子图 G_y,即针对 y_{tp} 的推理子图。

(4) 计算主题实体对应的推理子图向量表示。

对于推理子图中的任一实体 $a(a\in V_y,V_y$ 为子图 G_y 的实体集合),采用递归的思想,基于 a 的父节点向量表示来计算 a 的推理子图的向量表示,当 $y=a$ 时 $\boldsymbol{g}(G_{y\rightarrow a})=\boldsymbol{0}$,作为递归计算的唯一递归返回条件,定义如下。

$$\boldsymbol{g}(G_{y\rightarrow a})=\frac{1}{\#\mathrm{Parent}(a)}\sum_{a_j\in\mathrm{Parent}(a),(a_j,r,a)or(a,r,a_j)\in G_y}\tau(\boldsymbol{V}\times[\boldsymbol{g}(G_{y\rightarrow a}),\boldsymbol{e}_r]) \tag{17-58}$$

其中,$\boldsymbol{e}_r$ 为子图 G_y 中关系的 one-hot 编码,$\boldsymbol{V}\in\mathbb{R}^{d\times(d+|R|)}$ 为模型的参数,$\tau(\cdot)$ 为 ReLU 函数,$\#\mathrm{Parent}(a)$ 为推理子图 G_y 中 a 的父节点数量,$j=1,2,\cdots,m$。

(5) 计算推理子图中每个实体作为答案的概率。

根据步骤(4)计算推理子图中任一实体的向量表示,进而计算推理子图 G_y 中每个实体作为答案的概率。

$$P_{\theta_2}(a\mid y,q)=\mathrm{Softmax}(\boldsymbol{M}_q'\boldsymbol{g}(G_{y\rightarrow a}))=\frac{\exp(\boldsymbol{M}_q'\boldsymbol{g}(G_{y\rightarrow a}))}{\sum\limits_{a'\in V(G_y)}\exp(\boldsymbol{M}_q'\boldsymbol{g}(G_{y\rightarrow a'}))} \tag{17-59}$$

其中,$\boldsymbol{M}_q'$ 是将问题 q 与第(2)步得到的主题实体 y_{tp} 经过 LSTM 处理后得到问题的新的表示。

当 $P_{\theta_2}(a|y,q)$ 的概率达到最大时,对应实体 a 即为问题 q 的答案,即 $\mathrm{argmax}_a P_{\theta_2}(a|y,q)$。算法 17.3 给出了以上基于 LSTM 构建问答系统的方法。

算法 17.3　基于 LSTM 的问答系统构建

输入:

　　$D_{qa}=\{(q_i,a_i)\}_{i=1}^N$:训练数据集;$q$:用户提出的问题;$G$:知识图谱

输出:

　　a:问答系统的答案

步骤:

1.　根据式(17-56)学习参数 θ_1 和 θ_2

2.　根据式(17-57)计算 G 中实体是 q 对应主题实体的概率,选取概率最大的实体 y_{tp} 为主题实体

3.　对 y_{tp} 邻域 2 跳以内的所有实体 $A_y=\{a_1,a_2,\cdots,a_m\}$ 进行拓扑排序,得到一个有序节点的子图,进而构造推理子图 G_y

4.　根据式(17-58)计算 y_{tp} 的推理子图 G_y 中任一实体的向量表示,记为 $\boldsymbol{g}(G_{y\to y_{tp}})$

5.　$a\leftarrow\mathrm{argmax}_a\left(P_{\theta_2}(a|y,q)\right)$　　//使用式(17-59)计算 G_y 中每个实体是答案的概率,并选取概率最大时的实体作为答案

6.　Return a

下面通过一个例子展示算法 17.3 的执行过程。

例 17.2　长序列复杂问题 q 为"在遥远的东方有个国家叫中国,美丽富饶、山川壮丽,其最高的山峰叫什么?"。

(1) 根据步骤(2),首先使用 LSTM 对问题进行编码,得到问题的编码矩阵:

$$
\boldsymbol{M}_q=\begin{bmatrix} x_1 & \cdots & x_{1d} \\ \vdots & & \vdots \\ x_{d1} & \cdots & x_{dd} \end{bmatrix}
$$

使用 TransE 将知识图谱图 G 中的每个实体映射到低维空间中,再根据式(17-57)计算 G 中每个实体为 q 的主题实体的概率,若 y 表示"中国"时有 $P_{\theta_1}(y|q)=0.9273$,此时概率最大,则问题 q 的主题实体为"中国"。

(2) 根据步骤 3,从主题实体"中国"开始,在 G 中选取邻域 2 跳以内的所有实体进行拓扑排序,得到如图 17.5 所示的推理子图(不包含图中实体旁的数字)。

(3) 根据步骤 4 计算从实体"中国"对应的推理子图中任一实体的向量表示,从而计算推理子图中的实体为最终答案的概率。

(4) 根据步骤 5 计算推理子图中每个实体是问题 q 所对应答案的概率(见图 17.5),概率最大的实体即为问题的最终答案,得出实体"珠穆朗玛峰"对应的 $P_{\theta_2}(a|y,q)$ 概率最大,则问题的最终答案为"珠穆朗玛峰"。

上述基于 LSTM 构建的问答系统,优点是能处理问题中不确定的主题实体和多跳推理,其中使用的概率模型不仅可用来确定具有噪声情形下问题中的主题实体,并链接到知识库,还可用来进行逻辑推理,并得到最终答案;缺点是仅考虑问题中只一个主题实体的情况,当问题中有多个主题实体时,准确率会明显降低。

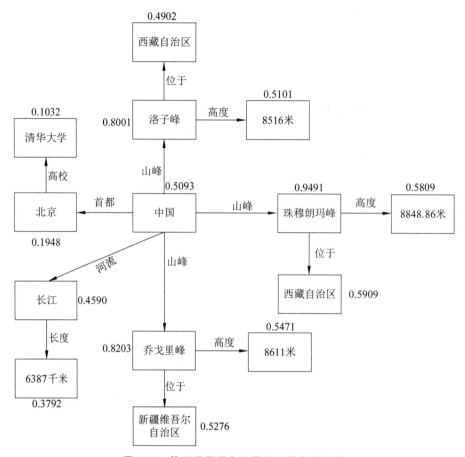

图 17.5　推理子图及各实体作为答案的概率

17.4　Python 程序示例

　　本节首先给出 Python 程序示例 17.1，实现 RNN 训练（算法 17.1）的关键片段，其中 PTBModel 类定义 RNN 模型。然后给出 Python 程序示例 17.2，实现 LSTM 训练和问答系统（算法 17.2 和算法 17.3）的关键片段，其中 QA_LSTM 类定义 LSTM 模型，train() 函数实现 LSTM 训练。

　　程序示例 17.1（关键片段）

```
1.   ...
2.
3.   class PTBModel(object):
4.       def __init__(self, is_training, config, input_, \
5.           answering=False):
6.           size = config.hidden_size
7.           vocab_size = config.vocab_size
```

```
8.
9.          def lstm_cell():
10.             return rnn_cell.BasicLSTMCell(size,
11.                                           forget_bias=0.0,
12.                                           state_is_tuple=True)
13.
14.         attn_cell = lstm_cell
15.         cell = rnn_cell.MultiRNNCell(
16.             [attn_cell() for _ in range(config.num_layers)],
17.             state_is_tuple=True)
18.         self._initial_state = cell.zero_state(batch_size, \
19.             data_type())
20.         embedding = tf.get_variable("embedding", \
21.             [vocab_size, size], dtype=data_type())
22.         documents = tf.nn.embedding_lookup(\
23.             embedding, input_.documents)
24.         questions = tf.nn.embedding_lookup(\
25.             embedding, input_.questions)
26.         doc_outputs = []
27.         cell_output_fws = []
28.         cell_output_bws = []
29.         documents_reverse = tf.reverse(documents, [1])
30.         questions_reverse = tf.reverse(questions, [1])
31.         doc_weights = []
32.
33.         with tf.variable_scope("documents"):
34.             for time_step in range(document_steps):
35.                 if time_step > 0:
36.                     tf.get_variable_scope().reuse_variables()
37.                 (cell_output_fw, state_fw) = \
38.                     cell(documents[:, time_step, :],\
39.                     self._initial_state,\
40.                     scope="doc_fw")
41.                 (cell_output_bw,
42.                   state_bw) = cell(documents_reverse[:, time_step, :],
43.                                 self._initial_state,
44.                                 scope="doc_bw")
45.                 cell_output_fws.append(cell_output_fw)
46.                 cell_output_bws.append(cell_output_bw)
47.             for time_step in range(document_steps):
48.                 doc_outputs.append(
49.                     tf.concat([
50.                         cell_output_fws[time_step],
51.                         tf.reverse(cell_output_bws, [0])[time_step]
```

211

```
52.                    ], 1))
53.                doc_outputs = tf.convert_to_tensor(doc_outputs)
54.
55.        with tf.variable_scope("questions"):
56.            for time_step in range(question_steps):
57.                if time_step > 0:
58.                    tf.get_variable_scope().reuse_variables()
59.                (cell_output_fw, state_fw) = \
60.                    cell(questions[:, time_step, :],\
61.                    self._initial_state, \
62.                    scope="que_fw")
63.                (cell_output_bw,
64.                  state_bw) = cell(questions_reverse[:, time_step, :],
65.                                    self._initial_state,
66.                                    scope="que_bw")
67.            que_output = tf.concat([cell_output_fw, cell_output_bw], 1)
68.        matrix_w = tf.get_variable("W", [2 * size, 2 * size],
69.                                    dtype=data_type())
70.
71.        for batch in range(batch_size):
72.            temp_vector = tf.matmul(
73.                tf.matmul(doc_outputs[:, batch, :], matrix_w),
74.                tf.reshape(que_output[batch, :], [2 * size, 1]))
75.            doc_weights.append(tf.nn.softmax(temp_vector, 0))
76.        doc_weights = tf.convert_to_tensor(doc_weights)
77.        doc_weights = tf.transpose(
78.            tf.reshape(doc_weights, [batch_size, document_steps]))
79.        self.doc_weights = doc_weights
80.        logits = []
81.
82.        for batch in range(batch_size):
83.            tmp = tf.one_hot(input_.documents[batch],
84.                            config.vocab_size,
85.                            on_value=1.0,
86.                            off_value=0.0,
87.                            axis=-1,
88.                            dtype=data_type())
89.            tmp = tf.transpose(tmp)
90.            tmp2 = tf.matmul(
91.                tmp, tf.reshape(doc_weights[:, batch], \
92.                    [document_steps, 1]))
93.            tmp2 = tf.reshape(tmp2, [vocab_size])
94.            logits.append(tmp2)
95.
```

```
96.          logits = tf.convert_to_tensor(logits)
97.          self.word_index = tf.argmax(tf.nn.softmax(logits)[0], 0)
98.          self.logits = tf.nn.softmax(logits[0])
99.          self.vanswer = input_.vanswers[0]
100.         self._cost = tf.reduce_mean(
101.             tf.nn.softmax_cross_entropy_with_logits(\
102.                 labels=input_.vanswers, logits=logits))
103.         self.first_loss = tf.nn.softmax_cross_entropy_with_logits(
104.             labels=tf.cast(input_.vanswers, data_type()), \
105.                 logits=logits)[0]
106.         self.actual = input_.answers[0]
107.         self.correct_prediction = tf.reduce_mean(
108.             tf.cast(
109.                 tf.equal(tf.argmax(logits, 1),
110.                     tf.cast(input_.answers, tf.int64)), \
111.                     data_type()))
112.         self._lr = tf.Variable(0.0, trainable=False)
113.         tvars = tf.trainable_variables()
114.         grads, _ = tf.clip_by_global_norm(tf.gradients(\
115.             self._cost, tvars), config.max_grad_norm)
116.         self._train_op = tf.train.GradientDescentOptimizer(
117.             self._lr).apply_gradients(
118.                 zip(grads, tvars),
119.                 global_step=\
120.                     tf.contrib.framework.get_or_create_global_step())
121.         self._new_lr = tf.placeholder(tf.float32,
122.                                 shape=[],
123.                                 name="new_learning_rate")
124.         self._lr_update = tf.assign(self._lr, self._new_lr)
125.
126. ...
127.
128. def main(_):
129.     train_data, test_data, vocab = QAreader.prepare_data(
130.         FLAGS.data_path, FLAGS.data_type)
131.
132.     with tf.Graph().as_default():
133.         initializer = tf.random_uniform_initializer(\
134.             -config.init_scale, config.init_scale)
135.         train_input = PTBInput(config=config,
136.                             vocab=vocab,
137.                             data=train_data,
138.                             name="TrainInput")
139.         with tf.variable_scope("Model", reuse=None, \
```

```
140.            initializer=initializer):
141.        m = PTBModel(is_training=True, config=config, \
142.            input_=train_input)
143.        tf.summary.scalar("Training Loss", m.cost)
144.        tf.summary.scalar("Learning Rate", m.lr)
145.        sv = tf.train.Supervisor()
146.        if FLAGS.save_path:
147.            sv.saver.save(session, \
148.                "./model_weight/model_weights_" \
149.                + FLAGS.data_type)
150.            print("模型训练完成,保存路径 %s" % \
151.                "./model_weight/model_weights_" +
152.                FLAGS.data_type)
153.
154. ...
155.
156. if __name__ == "__main__":
157.    tf.compat.v1.app.run()
```

运行结果：

模型训练完成,保存路径 ./model_weight/model_weights_1

程序示例 17.2（关键片段）

```
1.  ...
2.
3.  class QA_LSTM(nn.Module):
4.      def __init__(self, args):
5.          super(QA_LSTM, self).__init__()
6.          self.word_embd = WordEmbedding(args)
7.          #LSTM 模型
8.          self.shared_lstm = nn.LSTM(args.embd_size,
9.                                     args.hidden_size,
10.                                    batch_first=True,
11.                                    bidirectional=True)
12.          #使用 cos 计算问题和答案的相似度
13.          self.cos = nn.CosineSimilarity(dim=1)
14.
15. ...
16.
17. def train(model, data, test_data, optimizer, \
18.     n_epochs=4, batch_size=256):
19.     for epoch in range(n_epochs):
20.         model.train()
```

```
21.        random.shuffle(data)
22.        losses = []
23.
24.        for i, d in enumerate(tqdm(data)):
25.            q, pos, negs = d[0], d[1], d[2]
26.            vec_q = make_vector([q], w2i, len(q))
27.            vec_pos = make_vector([pos], w2i, len(pos))
28.            pos_sim = model(vec_q, vec_pos)
29.
30.            for _ in range(50):
31.                neg = random.choice(negs)
32.                vec_neg = make_vector([neg], w2i, len(neg))
33.                neg_sim = model(vec_q, vec_neg)
34.                loss = loss_fn(pos_sim, neg_sim)
35.                if loss.data[0] != 0:
36.                    losses.append(loss)
37.                    break
38.
39.            if len(losses) == batch_size or i == len(data) - 1:
40.                loss = torch.mean(torch.stack(\
41.                    losses, 0).squeeze(), 0)
42.                optimizer.zero_grad()
43.                loss.backward()
44.                optimizer.step()
45.                losses = []
46.
47.        filename = '{}/Epoch-{}.model'.format('./checkpoints', \
48.            epoch)
49.        save_checkpoint(
50.            {
51.                'epoch': epoch + 1,
52.                'state_dict': model.state_dict(),
53.                'optimizer': optimizer.state_dict(),
54.            },
55.            filename=filename)
56.
57.    #问答测试
58.    for d in test_data:
59.        q = d[0]
60.        print('输入问题:', ' '.join(q))
61.        labels = d[1]
62.        cands = d[2]
63.
```

```
64.        label_indices = [cands.index(l) for l in labels if l \
65.            in cands]
66.        print("答案标签: ", label_indices)
67.
68.        q = make_vector([q], w2i, len(q))
69.        cands = [label_to_ans_text[c] for c in cands]
70.        max_cand_len = min(args.max_sent_len, max([len(c) for c \
71.            in cands]))
72.        cands = make_vector(cands, w2i, max_cand_len)
73.
74.        #答案预测
75.        scores = [model(q, c.unsqueeze(0)).data[0] for c in cands]
76.        pred_idx = np.argmax(scores)
77.        if pred_idx in label_indices:
78.            print('预测结果: 正确 ', pred_idx, label_indices)
79.        else:
80.            print('预测结果: 错误')
81.
82. ...
83.
84. if __name__ == '__main__':
85.    optimizer = torch.optim.Adam(
86.        filter(lambda p: p.requires_grad, model.parameters()))
87.    train(model, train_data, test_data, optimizer)
```

运行结果：

模型训练完成,保存地址为:checkpoints/Epoch-3.model
输入问题:What Is A Health Insurance Claim Form 1500?
答案标签:[0]
预测结果:正确 0 [0]

17.5 小　　结

随着深度学习技术的快速发展和广泛应用,深度神经网络模型广泛应用于问答系统,改进传统问答系统的各个模块,例如,LSTM 的门控机制,可处理长序列之间的依赖关系,避免了传统 RNN 存在的梯度消失和梯度爆炸问题,在问答系统的问题分析步骤中取得了很好的效果,可较好地表示较长的自然语言序列的语义信息,从而使 LSTM 可直接用于构建端到端的问答系统。如何实现基于深度学习的对话式智能问答(如智能客服、闲聊机器人等),是目前基于深度学习的问答系统研究和应用所关注的热点话题,读者可在本章内容的基础上进一步查阅相关资料学习。

思　考　题

1. 文本特征的好坏会显著影响问答系统的性能。预训练语言模型 BERT(Bidirectional Encoder Representation from Transformers)是一个性能优异的文本特征提取模型。给出基于 BERT 改进本章所介绍的问答系统的基本思想和主要步骤。

2. 本章介绍了处理单个用户提问的单轮问答系统,而实际中多轮问答系统也具有迫切的需求。如何基于 LSTM 来设计多轮问答? 需要考虑哪些因素?

第 18 章　图分析算法

18.1　图分析概述

随着数据挖掘技术和数据基础设施的快速发展,图广泛应用于文本分析、图像分析、科学研究、知识图谱、组合优化和图生成等领域。作为一种具有广泛含义的对象,图本身既是数据,也是一种分析建模的数据结构和基本框架。在不同的应用场景均能找到与之对应的图,如引用关系图、社交网络、分子结构、交通网络、知识图谱等。

学术论文分类,可通过引用关系图来预测论文类别,为论文检索提供支持。以机器学习领域的论文为例可分为"遗传算法""神经网络""理论研究"等类别。但是,面对大量论文时,标注所有论文的类别变得非常困难。针对这一问题,通过收集论文中各词出现的情况、论文之间的引用关系以及部分论文的类别,并以论文为节点,以词出现情况为节点特征,以引用关系为边构建图节点分类模型,从而预测其他论文的类别,这是典型的图节点分类问题。

图分析(Graph Analysis)包括图节点分类、链接预测、社区发现、关系抽取、目标检测及问答系统等任务,旨在挖掘图数据中的知识,为基于图数据的分析应用提供支撑。随着人工智能技术的快速发展,以图神经网络(Graph Neutral Network,GNN)为代表的深度学习模型实现了图数据与深度学习的有效结合。GNN 从节点、边和图层面实现了高效的表示学习(Representation Learning),为诸多场景下的图分析任务提供了端到端的解决方案。针对前述的论文分类问题,引入 GNN 前后,论文特征的二维空间分布如图 18.1 所示。可以看出,GNN 使得同类节点的特征在空间上距离更近,意味着更新后的特征更有利于论文分类。

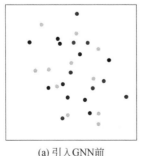 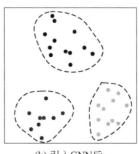

(a) 引入GNN前　　　　　　　　　(b) 引入GNN后

图 18.1　论文特征的二维空间分布图

图卷积网络（Graph Convolution Network，GCN）作为一种代表性的 GNN，是 CNN 在图数据上的自然推广。与其他 GNN 类似，GCN 不仅能从空域（Spatial Domain）角度将图卷积操作定义为对邻居节点特征的聚合，还可从频域（Spectral Domain）和图信号处理的角度将图卷积操作定义为图滤波器，即 GCN 为一个低通滤波器，能通过放大低频分量并减小高频分量来获取蕴含在数据低频分量中的有效信息。相比频域角度的 GNN，空域角度的 GNN 无须进行特征分解，在工程实践上也更具优越性。

本章以图分析任务中的图节点分类为代表，从空域角度介绍 GNN 的定义、基于 GNN 解决图分析任务的基本策略，以及基于 GCN 的图节点分类基本思想和执行步骤，并分析算法的时间复杂度。

18.2   图神经网络

GNN 是一类用于图数据建模与分析的神经网络，能利用图卷积操作聚合信息，得到节点、边和图的特征。为了更好地理解各类 GNN 模型，下面首先概括不同的 GNN 结构。消息传播神经网络（Message Passing Neural Network，MPNN）为基于聚合与更新操作的 GNN 模型，如 GCN；非局部神经网络（Non-Local Neural Network，NLNN）为基于注意力机制的 GNN 模型，如图注意力网络（Graph Attention Network，GAT）；图网络（Graph Network，GN）是对 MPNN 和 NLNN 的更一般化总结。本节分别从 GN 框架和 MPNN 框架两个角度介绍 GNN 模型。

用五元组 $G=(V,E,\boldsymbol{H},\boldsymbol{e},\boldsymbol{u})$ 表示一个图，其中 $V=\{v_1,v_2,\cdots,v_n\}$ 表示节点集合，E 表示边集合，$\boldsymbol{H}=\{\boldsymbol{h}_i\}_{i=1}^n$ 表示节点特征的集合，$\boldsymbol{e}=\{\boldsymbol{e}_{<i,j>}\mid<i,j>\in E\}$ 表示边特征的集合，$\boldsymbol{u}$ 表示全图特征，$N(v_i)$ 表示节点 v_i 的邻居集合。

（1）基于 GN 框架的 GNN 建模。

基于 GN 框架的 GNN 建模包括边更新、节点更新和图更新 3 个阶段。其中，φ 和 ρ 分别表示更新函数和聚合函数。

① 边更新。

将边 $<i,j>$ 的特征 $\boldsymbol{e}_{<i,j>}$、全图特征 $\boldsymbol{u}$、节点特征 $\boldsymbol{h}_i$ 和 $\boldsymbol{h}_j$ 作为输入，利用更新函数 ϕ^e 得到新的边特征 $\boldsymbol{e}'_{<i,j>}$。边特征的更新过程如下。

$$\boldsymbol{e}'_{<i,j>}=\phi^e(\boldsymbol{e}_{<i,j>},\boldsymbol{h}_i,\boldsymbol{h}_j,\boldsymbol{u}) \tag{18-1}$$

② 节点更新。

先聚合与节点 v_i 相关的边特征，再将聚合的边特征 $\bar{\boldsymbol{e}}'_i$、节点特征 $\boldsymbol{h}_i$ 和全图特征 $\boldsymbol{u}$ 作为输入，利用更新函数 ϕ^h 得到新的节点特征 $\boldsymbol{h}'_i$。节点特征的更新过程如下。

$$\bar{\boldsymbol{e}}'_i=\rho^{e\rightarrow h}([\boldsymbol{e}'_{<i,j>},\forall v_j\in N(v_i)]) \tag{18-2}$$

$$\boldsymbol{h}'_i=\phi^h(\bar{\boldsymbol{e}}'_i,\boldsymbol{h}_i,\boldsymbol{u}) \tag{18-3}$$

③ 图更新。

对于全图特征，先聚合所有的边特征和节点特征，再将聚合的边特征 $\bar{\boldsymbol{e}}'$、聚合的节点特征 $\bar{\boldsymbol{h}}'$ 和全图特征 $\boldsymbol{u}$ 作为输入，利用更新函数 ϕ^u 得到新的全图特征 $\boldsymbol{u}'$。更新过程如下。

$$\bar{e}' = \rho^{e \to u}([e'_{<i,j>}, \forall <i,j> \in E]) \tag{18-4}$$

$$\bar{h}' = \rho^{h \to u}([h'_i, \forall v_i \in V]) \tag{18-5}$$

$$u' = \phi^u(\bar{e}', \bar{h}', u) \tag{18-6}$$

（2）基于 MPNN 框架的 GNN 建模。

当不考虑更新边特征和全图特征时，GN 退化成更新节点特征的 MPNN。消息传播和节点更新的过程分别描述为。

$$o_i = \sum_{v_j \in N(v_i)} M(e_{<i,j>}, h_i, h_j) \tag{18-7}$$

$$h'_i = U(o_i, h_i) \tag{18-8}$$

其中，M 和 U 分别为消息传播函数和更新函数。

当基于 MPNN 框架的 GNN 为多层结构时，第 l 个图卷积层的计算过程如下。

$$o_i^{l+1} = \sum_{v_j \in N(v_i)} M^l(e_{<i,j>}, h_i^l, h_j^l) \tag{18-9}$$

$$h_i^{l+1} = U^l(o_i^{l+1}, h_i^l) \tag{18-10}$$

根据上述定义，基于 GNN 进行图分析处理的基本步骤概括如下。

① 定义损失函数。根据具体图分析任务类别定义损失函数，包括均方误差损失函数、交叉熵损失函数、负对数似然损失函数等。

② 搭建模型结构。根据任务输入和目标输出搭建 GNN 模型结构，包括输入层、图卷积层和输出层 3 部分。其中，输入层负责接收图数据，如图的邻接矩阵、节点特征矩阵、边特征矩阵等；图卷积层基于式(18-1)～式(18-6)得到边特征、节点特征和全图特征；输出层将图卷积层得到的特征映射为目标输出。

③ 训练模型。基于损失函数和梯度下降法设计模型训练算法，更新图卷积层的参数。

④ 实现图分析任务。基于训练好的 GNN 模型实现具体的图分析任务。

18.3　基于图卷积网络的图节点分类

图节点分类是一项重要的图分析任务，该任务给定图中某些节点的类别和节点之间的关系，预测其他节点的类别，因此也称为半监督分类任务，其关键在于如何利用节点之间的关系来帮助预测节点类别。

GCN 是一种以 MPNN 为基本框架、基于一阶邻居进行消息传播的 GNN，能有效利用节点之间的关系得到节点、边和图的特征。由于 GCN 具有高效且结构简单的特点，因此可用于图节点分类、边分类和图分类等图分析任务。本节以图节点分类任务为代表，介绍基于 GCN 的图节点分类算法，主要步骤如下。

（1）损失函数的定义。

损失函数用来衡量模型的预测值和真实值之间的不一致程度，对于分类问题，常用如下的交叉熵损失函数。

$$\mathcal{L}(Y, P) = -\frac{1}{|Y|} \sum_{i=1}^{|Y|} \sum_{j=1}^{C} Y_{ij} \log P_{ij} \tag{18-11}$$

其中，C 为节点类别数，$\boldsymbol{Y}$ 为节点类别矩阵，$\boldsymbol{P}$ 为预测的节点类别矩阵，Y_{ij} 为节点 i 属于类别 j 的情况，$|\boldsymbol{Y}|$ 表示样本数，P_{ij} 表示节点 i 属于类别 j 的概率。

（2）模型结构的搭建。

GCN 主要包括输入层、图卷积层和输出层，用于图节点分类的 GCN 模型通过图卷积层将同类节点的特征变换为相似特征，输出层将其映射为同类结果。用于图节点分类的 GCN 模型结构如图 18.2 所示（其中 L 为图卷积层数）。

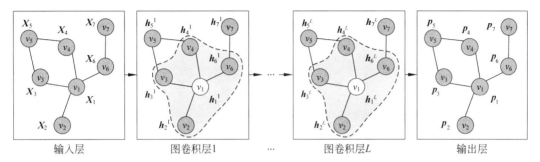

图 18.2　用于图节点分类的 GCN 模型结构

① 输入层。

接收图的邻接矩阵 $\boldsymbol{A}$ 和节点特征矩阵 $\boldsymbol{X}$。

② 图卷积层。

基于式(18-9)和式(18-10)对邻居节点特征进行聚合操作，再通过更新函数得到新的节点特征：

$$\boldsymbol{h}_i^{l+1} = U^l\Big(\sum_{v_j \in N(v_i)} M^l(\boldsymbol{h}_i^l, \boldsymbol{h}_j^l), \boldsymbol{h}_i^l\Big) \tag{18-12}$$

其中，$\boldsymbol{h}_i^{l+1}(1 \leqslant l \leqslant L)$ 表示第 l 个图卷积层输出的节点 v_i 特征。

图卷积操作本质上是对节点 v_i 及其邻居的特征先变换再聚合，描述如下。

$$\boldsymbol{h}_i^{l+1} = \Phi^l(v_i)\boldsymbol{h}_i^l + \sum_{v_j \in N(v_i)} \Psi^l(v_j)\boldsymbol{h}_j^l \tag{18-13}$$

其中，Φ^l 和 Ψ^l 为第 l 个图卷积层中的权重函数。

式(18-13)仅更新节点 v_i 的特征，而实际中图卷积操作要更新图中所有节点的特征。对图中所有节点的一阶邻居特征进行聚合，等价于将邻接矩阵与特征矩阵相乘；对所有节点的特征变换，等价于将特征矩阵和权重矩阵相乘。因此，式(18-13)可写为

$$\boldsymbol{H}^{l+1} = \sigma(\boldsymbol{A}\boldsymbol{H}^l\boldsymbol{W}^l) \tag{18-14}$$

其中，$\boldsymbol{H}^{l+1}$ 表示第 l 个图卷积层输出的节点特征矩阵，且 $\boldsymbol{H}^1 = \boldsymbol{X}$；$\boldsymbol{W}^l$ 表示第 l 个图卷积层待学习的权重矩阵，σ 表示形如 ReLU 的非线性激活函数。

为了提升 GCN 的泛化能力，避免训练过程中产生梯度爆炸或梯度消失的问题，通常在图卷积操作中对图的邻接矩阵进行归一化，式(18-14)可写为

$$\boldsymbol{H}^{l+1} = \sigma(\widetilde{\boldsymbol{A}}\boldsymbol{H}^l\boldsymbol{W}^l) \tag{18-15}$$

其中，$\widetilde{\boldsymbol{A}}$ 为归一化邻接矩阵，$\boldsymbol{D}$ 为 $\boldsymbol{A}$ 的度矩阵。

若采用随机游走归一化(Random Walk Normalization)，则 $\widetilde{\boldsymbol{A}} = \boldsymbol{D}^{-1}\boldsymbol{A}$，表示节点接收到的一

阶邻居信息的平均值；若采用对称归一化（Symmetric Normalization），则 $\widetilde{A} = D^{-\frac{1}{2}} A D^{-\frac{1}{2}}$，表示对节点一阶邻居的信息进行加权聚合，且权重与节点的度成反比。考虑到聚合过程中节点自身特征的消息传播，可在归一化中增加自循环，也就是使用 $I + A$ 代替 A。

③ 输出层。

利用 Softmax 函数将最后一个卷积层输出的节点特征矩阵 H^{L+1} 映射为节点类别矩阵 P：

$$P = \text{Softmax}(H^{L+1}) \tag{18-16}$$

（3）模型训练。

使用梯度下降法的 GCN 训练过程通常包括前向传播和反向传播两部分。前向传播将 X 作为输入，利用式（18-15）和式（18-16）得到节点类别矩阵 P；反向传播先利用式（18-11）计算损失函数值，再计算权重矩阵的梯度，最后基于梯度更新权重，更新过程如下。

$$W^l \leftarrow W^l - \eta \frac{\partial \, \mathcal{L}(Y, P)}{\partial W^l} \tag{18-17}$$

其中，$\eta(0 < \eta < 1)$ 为学习率。

算法 18.1 给出了 GCN 的训练算法，其时间复杂度为 $O(T \times n^2 \times r)$，其中，T 为算法总迭代次数，n 和 r 分别为节点数和特征维度。

算法 18.1　GCN 训练

输入：

　　$\widetilde{A}$：归一化邻接矩阵；X：节点特征矩阵；Y^{tr}：训练集对应的节点类别矩阵

变量：

　　L：图卷积层数；d：图卷积层输出维度向量；$\eta(0 < \eta < 1)$：学习率；

　　T：总迭代次数

输出：

　　$\{W^l\}_{l=1}^{L}$：图卷积层的权重

步骤：

1.　令 X 的行数和列数分别为 n 和 r　　　　//节点数和特征维度

2.　令 Y^{tr} 的列数为 C　　　　　　　　　　//类别数

3.　随机初始化图卷积层中的所有权重矩阵 $W^1_{r \times d_1}, W^2_{d_1 \times d_2}, \cdots, W^L_{d_{L-1} \times C}$

4.　For $t = 1$ To T Do　　　　　　　　　//模型训练

　　//正向传播

5.　　　$H^2 \leftarrow \sigma(\widetilde{A} X W^1)$　　　　　　　　//根据式（18-15）计算图卷积层结果

6.　　　For $l = 2$ To L Do　　　　　　　　//根据式（18-15）计算图卷积层结果，L 为图卷积层数

7.　　　　　$H^{l+1} \leftarrow \sigma(\widetilde{A} H^l W^l)$

8.　　　End For

9.　　　$P \leftarrow \text{Softmax}(H^{L+1})$　　　　　　//根据式（18-16）计算输出层结果

　　//反向传播

---

10.   从 $\boldsymbol{P}$ 中取出与 $\boldsymbol{Y}^{\mathrm{tr}}$ 对应的 $\boldsymbol{P}^{\mathrm{tr}}$

11. $\mathcal{L}(\boldsymbol{Y}^{\mathrm{tr}}, \boldsymbol{P}^{\mathrm{tr}}) \leftarrow -\dfrac{1}{|\boldsymbol{Y}^{\mathrm{tr}}|} \sum\limits_{i=1}^{|\boldsymbol{Y}^{\mathrm{tr}}|} \sum\limits_{j=1}^{C} \boldsymbol{Y}_{ij}^{\mathrm{tr}} \log \boldsymbol{P}_{ij}^{\mathrm{tr}}$ // 根据式(18-11)计算损失函数值

12.   For $l = 1$ To L Do

13. $\boldsymbol{W}^{l} \leftarrow \boldsymbol{W}^{l} - \eta \dfrac{\partial \mathcal{L}(\boldsymbol{Y}^{\mathrm{tr}}, \boldsymbol{P}^{\mathrm{tr}})}{\partial \boldsymbol{W}^{l}}$ //根据式(18-17)更新图卷积层的权重矩阵

14.   End For

15. End For

16. Return $\{\boldsymbol{W}^{l}\}_{l=1}^{L}$

（4）图节点类别预测。

基于训练好的 GCN 模型,利用前向传播得到节点类别矩阵。算法 18.2 给出了基于 GCN 的图节点类别预测方法,时间复杂度为 $O(n^2 \times r)$,其中,n 和 r 分别为节点数和特征维度。

算法 18.2   基于 GCN 的图节点类别预测

输入：

    $\widetilde{\boldsymbol{A}}$：归一化邻接矩阵；$\boldsymbol{X}$：节点特征矩阵($\boldsymbol{X}$ 的行数和列数分别为 n 和 r)；

    $\boldsymbol{Y}^{\mathrm{te}}$：测试集对应的节点类别矩阵；$\{\boldsymbol{W}^{l}\}_{l=1}^{L}$：图卷积层的权重

输出：

    $\boldsymbol{P}^{\mathrm{te}}$：节点类别矩阵

步骤：

1. $\boldsymbol{H}^{2} \leftarrow \sigma(\widetilde{\boldsymbol{A}} \boldsymbol{X} \boldsymbol{W}^{1})$ //根据式(18-15)计算图卷积层结果

2.   For $l = 2$ To L Do   //根据式(18-15)计算图卷积层结果,L 为图卷积层数

3. $\boldsymbol{H}^{l+1} \leftarrow \sigma(\widetilde{\boldsymbol{A}} \boldsymbol{H}^{l} \boldsymbol{W}^{l})$

4.   End For

5. $\boldsymbol{P} \leftarrow \mathrm{Softmax}(\boldsymbol{H}^{L+1})$ //根据式(18-16)计算输出层结果

6.   从 $\boldsymbol{P}$ 中取出与 $\boldsymbol{Y}^{\mathrm{te}}$ 对应的 $\boldsymbol{P}^{\mathrm{te}}$

7.   Return $\boldsymbol{P}^{\mathrm{te}}$

例 18.1   采用具有两个图卷积层的 GCN 构建图节点分类模型,输入层的邻接矩阵和节点特征矩阵分别为 $\boldsymbol{A}_{n \times n}$ 和 $\boldsymbol{X}_{n \times r}$,节点类别数为 C,两个图卷积层输出的维度分别为 d_1 和 C,激活函数是 ReLU 函数。

首先,根据式(18-15)定义的两个图卷积层,分别表示为 $\boldsymbol{H}_{n \times d_1}^{2} = \mathrm{ReLU}(\widetilde{\boldsymbol{A}}_{n \times n} \boldsymbol{X}_{n \times r} \boldsymbol{W}_{r \times d_1}^{1})$ 和 $\boldsymbol{H}_{n \times C}^{3} = \mathrm{ReLU}(\widetilde{\boldsymbol{A}}_{n \times n} \boldsymbol{H}_{n \times d_1}^{2} \boldsymbol{W}_{d_1 \times C}^{2})$,根据式(18-16)定义的输出层表示为 $\boldsymbol{P}_{n \times C} = \mathrm{Softmax}(\boldsymbol{H}_{n \times C}^{3})$。然后,利用交叉熵损失函数和算法 18.1 训练得到 GCN 图卷积层的权重矩阵 $\boldsymbol{W}^{1}$ 和 $\boldsymbol{W}^{2}$。最后,在训练好的 GCN 模型基础上利用算法 18.2 预测节点类别,结果如图 18.3 所示。

人工智能算法(Python 语言版)

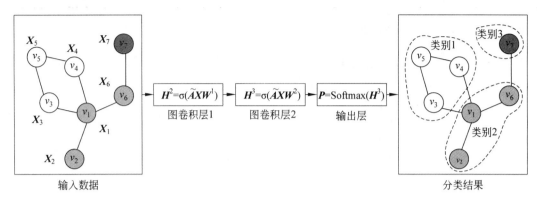

图 18.3   GCN 模型输入数据和类别预测结果

18.4   Python 程序示例

本节给出 Python 程序部分示例,实现 GCN 训练和图节点分类(算法 18.1 和算法 18.2)的关键片段,其中 load_data()函数对数据进行加载和预处理,GCN 类定义节点分类模型,train()函数实现 GCN 训练。

程序示例 18.1(关键片段)

```
1.  ...
2.
3.  def load_data(dataset):
4.      data = CoraGraphDataset()
5.      g = data[0]
6.      features = g.ndata['feat']
7.      labels = g.ndata['label']
8.      train_mask = g.ndata['train_mask']
9.      val_mask = g.ndata['val_mask']
10.     test_mask = g.ndata['test_mask']
11.
12.     nxg = g.to_networkx()
13.     #稀疏矩阵转换到稀疏张量
14.     adj = nx.to_scipy_sparse_matrix(nxg, dtype=np.float)
15.
16.     #邻接矩阵预处理
17.     adj = preprocess_adj(adj)
18.     adj = sparse_mx_to_torch_sparse_tensor(adj)
19.
20.     return adj, features, labels, train_mask, val_mask, \
21.         test_mask
22.
23. ...
```

```
24.
25. class GCN(nn.Module):
26.     def __init__(self, nfeat, nhid, nclass, dropout):
27.         super(GCN, self).__init__()
28.         self.gc1 = GraphConvolution(nfeat, nhid)
29.         self.gc2 = GraphConvolution(nhid, nclass)
30.         self.dropout = nn.Dropout(p=dropout)
31.         self.nums = 0
32.
33.
34. #定义损失函数
35. criterion = torch.nn.NLLLoss()
36.
37. ...
38.
39. def train(epoch, model, optimizer, adj, features, labels, \
40.     idx_train, idx_val):
41.     model.train()
42.     optimizer.zero_grad()
43.     output = model(features, adj)
44.
45.     #损失值计算
46.     loss_train = criterion(output[idx_train], labels[idx_train])
47.     loss_train.backward()
48.     optimizer.step()
49.     with torch.no_grad():
50.         model.eval()
51.         output = model(features, adj)
52.         loss_val = criterion(output[idx_val], labels[idx_val])
53.     return loss_val
54.
55. ...
56.
57. def main(dataset, times):
58.     adj, features, labels, idx_train, idx_val, \
59.         idx_test = load_data(dataset)
60.     features = features.to(device)
61.     adj = adj.to(device)
62.     labels = labels.to(device)
63.     idx_train = idx_train.to(device)
64.     idx_val = idx_val.to(device)
65.     nclass = labels.max().item() + 1
66.
```

```
67.      for seed in random.sample(range(0, 100000), times):
68.          np.random.seed(seed)
69.          torch.manual_seed(seed)
70.          torch.cuda.manual_seed(seed)
71.
72.          model = GCN(nfeat=features.shape[1],
73.                      nhid=args.hidden,
74.                      nclass=nclass,
75.                      dropout=args.dropout)
76.
77.          optimizer = optim.Adam(model.parameters(),
78.                                 lr=args.lr,
79.                                 weight_decay=args.weight_decay)
80.
81.          model.to(device)
82.
83.          for epoch in range(args.epochs):
84.              train(epoch, model, optimizer, adj, features, \
85.                    labels, idx_train,
86.                    idx_val)
87.
88.          print("模型训练完成。")
89.          ind = random.sample(range(1, 100), 10)
90.          out = torch.argmax(model(features, adj), dim=1)
91.
92.          print("从验证集中随机抽取 10 个节点的结果进行对比")
93.          print("节点索引 ", ind)
94.          print("真实类别编号 ", labels[idx_val][ind].tolist())
95.          print("预测类别编号 ", out[idx_val][ind].tolist())
96.
97.  ...
98.
99.  if __name__ == '__main__':
100.     main(dataset=args.dataset, times=args.times)
```

运行结果：

模型训练完成。
从验证集中随机抽取 10 个节点的结果进行对比
节点索引　[29, 50, 58, 34, 86, 26, 35, 10, 56, 5]
真实类别编号　[3, 6, 4, 2, 3, 4, 6, 3, 4, 6]
预测类别编号　[3, 6, 4, 2, 3, 4, 6, 3, 4, 6]

18.5　小　　结

随着人们对多模态数据融合认知的不断深入、大数据分析成功案例的不断落地应用、计算社会科学研究的不断推进,图分析已成为当代信息系统建模和数据分析中必不可少的任务,基于图分析可发现许多具有潜在价值的知识。本章给出了基于图神经网络进行图分析计算的技术路线和一般步骤,基于本章内容,读者可较容易地学习其他图神经网络模型及算法。

基于 GNN 的图分析方法的优缺点概括如下。

- 优点:相比传统图分析方法,GNN 利用图卷积操作对图数据中的信息进行聚合,得到节点、边和图的特征,在多数任务上取得更优异的性能。同时,GNN 将深度学习扩展到图数据上,从节点、边和图层面实现高效学习,为端对端地解决图分析任务提供了支撑。相比基于关系三元组的建模方法,GNN 能对表征语义关系网络进行整体建模,学习到更加丰富的语义信息,从而改善推理任务的效果。

- 缺点:GNN 无法像其他深度学习模型一样通过堆叠图卷积层来获得更好的性能,反而当层数较深时,过平滑问题导致 GNN 在相关任务下的效果急剧下降,这使得在某些场景中 GNN 的学习能力较有限。因此,目前实际应用中的 GNN 以浅层结构为主。另一方面,从效率的角度看,对节点和边的特征进行聚合是一个具有较大开销的过程,若图中包含过多的节点,节点特征计算的代价将非常高昂。因此,可采用邻居采样的策略或扩展聚合邻居的操作来提升效率。针对以上 GCN 存在的不足之处,目前已有 GraphSAGE(Graph Sample and Aggregate)等许多改进的模型,并广泛应用于实际中。

随着链接数据分析需求的日益迫切、图模型在数据分析与人工智能领域的深入研究和广泛应用,图分析方法方兴未艾,新技术层出不穷,端到端的图分析技术是近年来学界和业界关注的热点问题。基于本章的基础,读者可进一步学习适配动态图的图分析、非结构化场景下的最优图生成、大图表示与分析等方法。

思　考　题

1. ICA(Iterative Classification Algorithm)是一个经典的图节点分类算法。查阅相关文献,分析 ICA 与本章介绍的基于 GCN 的节点分类算法的区别。

2. 链接预测是另一类重要的图分析任务,其目标是预测任意两个节点间产生新链接的可能性。一种常用的链接预测方法将图节点表示为向量,然后计算向量之间的相似性。两个节点的向量越相似,则这两个节点间产生新链接的可能性越大。基于图神经网络模型设计一个链接预测算法。

附录 A 在线编程平台和案例库使用指南

　　作者自主开发的基于 Git 的在线编程平台和案例库(https://case.artificial-intelligence-algorithm.site/)中,案例以开源项目的形式托管在 GituHub(https://github.com/),并遵循 MIT 开源软件许可协议(https://opensource.org/licenses/MIT),在线案例均使用基于 VS Code(https://code.visualstudio.com)编辑器的 GitPod(https://www.gitpod.io)进行开发,读者可查阅帮助文档了解详细内容,建议读者使用以上平台学习在线案例。

　　各个在线案例,除示例代码外,还包括基于示例代码的自测练习,旨在帮助读者检测是否正确理解并掌握了相关算法在编程实现和应用开发等环节的知识点。平台使用 Python 语言编写在线案例的示例程序和自测练习,采用 Python 自动测试框架来检测读者自测练习程序执行结果的正确性。

　　常用的 Python 自动测试框架主要包括 pytest、nose 和 unittest 等,本书的自测练习采用了通用性较好的 pytest 框架(https://pytest.org)。图 A-1 展示了一个 pytest 自动测试示例,首先新建一个 Python 源文件 increment.py,编写一个对输入数字以一递增的待测函数 increment(),接着编写对该函数的测试用例 test_increment(),在命令行中运行"python3 -m pytest increment.py"命令来执行自动测试,输出结果如图 A-2 所示。可以看出,测试未通过,并指出了测试失败的具体位置,为进一步调试提供了线索。

```
#increment.py

#待测试程序
def increment(x):
    return x + 2                    #为了展示测试结果,故意将 x+1 误写作 x+2

#测试用例
def test_increment():
    assert increment(8) == 9        #判断输出结果,预期 increment(8)应该为 9
```

图 A-1 pytest 自动测试示例

下面以第 2 章的分治法为例,介绍在线编程平台和案例库的使用方法。

(1) 打开在线案例。

在浏览器地址栏输入在线编程平台和案例库的网址 https://case.artificial-intelligence-algorithm.site/case/1.2-1.html，即可打开相应的在线案例（建议使用 Chrome 浏览器或 Edge 浏览器），上半部分是算法执行过程的演示，下半部分是案例在线开发环境及 GitHub 仓库入口（见图 A-3）。

```
$ python3 -m pytest increment.py
============ test session starts ============
platform darwin -- Python 3.9.9, pytest-6.2.5, py-1.11.0, pluggy-1.0.0
rootdir: /Users/thiswind
collected 1 item


increment.py F                          [100%]


================= FAILURES =================
_____ test_increment _____

    def test_increment():
>       assert increment(8) == 9
E       assert 10 == 9
E        +  where 10 = increment(8)


increment.py:5: AssertionError
========== short test summary info ==========
FAILED increment.py::test_increment - asse...
============= 1 failed in 0.04s =============
```

图 A-2　pytest 自动测试执行结果

```
在线案例

[点击打开在线案例]  [点击查看在线案例GitHub仓库]  [点击下载案例资源]

注:
1. 按下"点击打开在线案例"按钮，可在浏览器中通过GitPod直接打开、编辑和运行案例，并进行自测练习。
2. 按下"点击查看在线案例GitHub仓库"按钮，可在GitHub上查看案例代码(案例使用MIT开源协议)，可自行拷贝、
   修改和分享。
3. 按下"点击下载案例资源"按钮，可下载案例相关资源。
4. 若需保存编写的代码，请先在GitHub上Fork本案例，并通过GitPod在线开发环境打开所Fork的案例副本，以便保存
   自测练习。操作步骤如下:
   操作步骤如下:
    (1) 在GitHub上Fork本案例;
    (2) 在所Fork案例副本的URL前加上 https://gitpod.io# 前缀。例如，若案例副本仓库URL为
   https://github.com/yourname/yourproject，则加上前缀后的URL为
   https://gitpod.io#https://github.com/yourname/yourproject，将此URL粘贴到浏览器地址栏，即可在GitPod中
   打开案例副本(更多信息请参阅GitPod帮助文档https://www.gitpod.io/docs/getting-started#start-your-first-
   workspace)。
5. 建议在PC和平板电脑等大屏幕设备上使用本在线案例。

🏠返回首页
```

图 A-3　打开在线案例

（2）运行在线案例。

使用"点击打开在线案例"按钮，即可在网页上打开在线开发环境。案例以开源项目的形式托管在 GitHub 网站，登录后即可打开该案例的在线开发环境窗口，如图 A-4 所示。

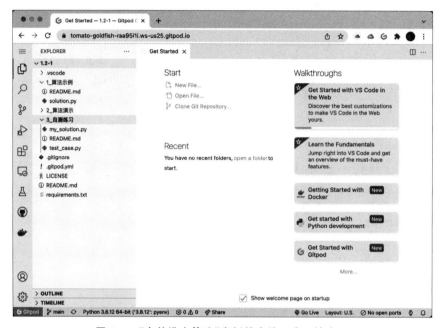

图 A-4　"合并排序算法"案例的在线开发环境窗口

打开"1_算法示例"目录下的 solution.py，即可查看并运行该案例。也可在代码中设置断点，在调试模式下对案例进行单步调试，更细致地了解案例的执行过程，如图 A-5 所示。

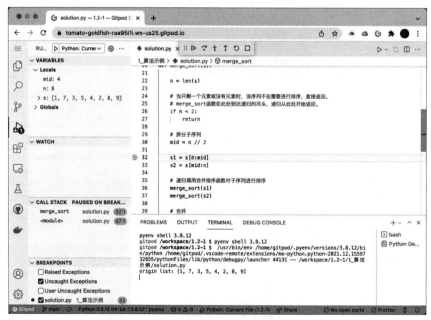

图 A-5　通过对案例设置断点进行单步调试

案例以单元测试的方式自动测试。掌握算法原理并理解其示例程序后,可打开"3_自测练习"目录进行自测。本案例中,需根据所学的算法知识补全 my_solution.py 程序中缺失的内容。打开在线开发环境的命令行,进入"3_自测练习",运行"python3 -m pytest test_case.py"命令,调用 pytest 执行单元测试,如图 A-6 所示。从而验证读者所编写的程序是否正确实现了预期功能,如图 A-7 所示。

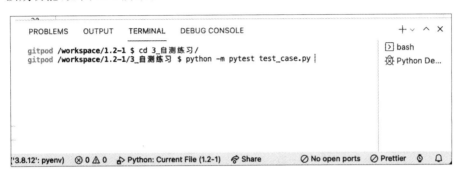

图 A-6　在命令行中输入"python3 -m pytest test_case.py"命令

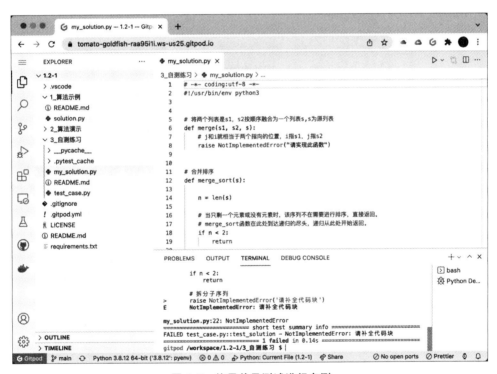

图 A-7　使用单元测试进行自测

(3) 查看在线案例源代码。

在图 A-3 的案例页面中,使用"点击查看在线案例 GitHub 仓库"按钮即可查看案例的源代码,如图 A-8 所示。

案例遵循 MIT 开源软件许可协议,读者可将其 Fork 到自己账户下并根据 MIT 许可证

人工智能算法（Python 语言版）

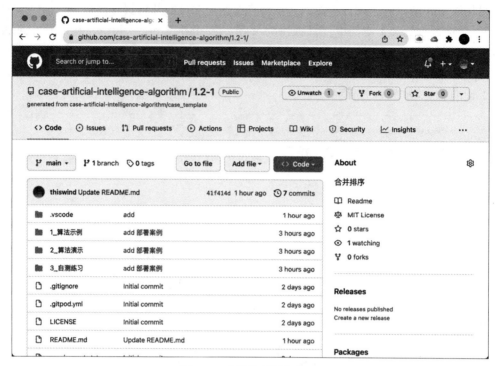

图 A-8　查看案例的源代码

的授权来使用该案例的代码。Fork 的项目可参照附录 A2 介绍的方式，将前缀"https://gitpod.io♯"加到项目的 URL 前，通过 GitPod 在线开发环境进行项目开发。

（4）下载案例资源。

在图 A-3 的案例页面中单击"点击下载案例资源"按钮即可下载案例的课件、视频、数据集、文献等资源。

参 考 文 献

[1] AGRAWAL R, IMIELINSKI T, SWAMI A. Mining Association Rules between Sets of Items in Large Databases[C]. SIGMOD 1993: 207-216.

[2] ALSUWAIYEL M. 算法设计技巧与分析[M]. 吴伟昶, 方世昌, 等译. 北京: 电子工业出版社, 2004.

[3] BAHMANI B, CHAKRABARTI K, XIN D. Fast Personalized Pagerank on Mapreduce[C]. SIGMOD 2011: 973-984.

[4] BHARDWAJ B, PAL S. Data Mining: A prediction for performance improvement using classification [J]. CoRR abs/1201.3418, 2012.

[5] BORDES A, CHOPRA S, WESTON J. Question Answering with Subgraph Embeddings [C]. EMNLP 2014: 615-620.

[6] BREUNIG M, KRIEGEL H, NG R, et al. LOF: Identifying Density-Based Local Outliers [C]. SIGMOD 2000: 93-104.

[7] CHALAPATHY R, TOTH E, CHAWLA S. Group Anomaly Detection Using Deep Generative Models[C]. ELML/PKDD 2018(1): 173-189.

[8] CHANG C, LIN C. LIBSVM: A library for support vector machines[J]. ACM Transactions on Intelligent Systems and Technology, 2011, 2(3): 1-27.

[9] CHEESEMAN P, STUTZ J. Bayesian classification (AutoClass): Theory and Results[M]. Menlo Park, Calif: Advances in Knowledge Discovery & Data Mining, AAAI Press, 1996: 153-180.

[10] CHRISTOPHER M. Pattern Recognition and Machine Learning[M]. Berlin: Springer, 2011.

[11] CHO K, MERRIENBOER B, GÜLÇEHREÇ, et al. Learning Phrase Representations using RNN Encoder-Decoder for Statistical Machine Translation[C]. EMNLP 2014: 1724-1734.

[12] CHUNG F. A Brief Survey of PageRank Algorithms[J]. IEEE Transactions on Network Science and Engineering, 2014, 1(1): 38-42.

[13] CORMEN T, LEISERSON C, RIVEST R, et al. Introduction to Algorithms[M]. Cambridge: 3rd ed. MIT Press, 2009.

[14] CORTES C, VAPNIK V. Support-Vector Networks[J]. Machine Learning, 1995, 20(3): 273-297.

[15] DAFIR Z, LAMARI Y, SLAOUI S. A Survey on Parallel Clustering Algorithms for Big Data[J]. Artificial Intelligence Review, 2021, 54(4): 2411-2443.

[16] DEFFERRARD M, BRESSON X, VANDERGHEYNST P. Convolutional Neural Networks on Graphs with Fast Localized Spectral Filtering[C]. NIPS 2016: 3837-3845.

[17] DENG C, LIU Y, XU L, et al. A MapReduce-based parallel k-means clustering for large-scale CIM data verification [J]. Concurrency and Computation Practice and Experience, 2016, 28 (11): 3096-3114.

[18] DEVLIN J, CHANG M, LEE K, et al. BERT: Pre-training of Deep Bidirectional Transformers for Language Understanding[C]. NAACL-HLT 2019(1): 4171-4186.

[19] DUAN L, YUE K, CHEQING JIN, et al. Tracing Errors in Probabilistic Databases Based on the Bayesian Network[C]. DASFAA 2015(2): 104-119.

[20] GEMAN S, GEMAN D. Stochastic Relaxation, Gibbs Distributions, and the Bayesian Restoration of Images[J]. IEEE Transactions on Pattern Analysis and Machine Intelligence, 1984, 6(6): 721-741.

[21] GIRSHICK R，DONAHUE J，DARRELL T，et al. Rich Feature Hierarchies for Accurate Object Detection and Semantic Segmentation[C]. CVPR 2014：580-587.

[22] GOLDSTEIN M. FastLOF：An Expectation-Maximization Based Local Outlier Detection Algorithm [C]. ICPR 2012：2282-2285.

[23] GONG D，LIU L，LE V，et al. Memorizing Normality to Detect Anomaly：Memory-Augmented Deep Autoencoder for Unsupervised Anomaly Detection[C]. ICCV 2019：1705-1714.

[24] GOODFELLOW I，BENGIO Y，COURVILLE A. 深度学习[M]. 赵申剑，黎彧君，符天凡，等译. 北京：人民邮电出版社，2017.

[25] GOODFELLOW I，POUGET-ABADIE J，MIRZA M，et al. Generative Adversarial Nets[C]. NIPS 2014：2672-2680.

[26] GUO R，NIU D，QU L，et al. SOTR：Segmenting Objects with Transformers[C]. ICCV 2021：7157-7166.

[27] HAMILTON W，YING Z，LESKOVEC J. Inductive Representation Learning on Large Graphs[C]. NIPS 2017：1024-1034.

[28] HAN J，CHENG H，XIN D，et al. Frequent pattern mining：Current status and future directions [J]. Data Mining and Knowledge Discovery，2007，15：55-86.

[29] HAN J，KAMBER M，PEI J. 数据挖掘：概念与技术[M]. 范明，孟小峰，译. 3 版. 北京：机械工业出版社，2012.

[30] HAO Y，ZHANG Y，LIU K，et al. An End-to-End Model for Question Answering over Knowledge Base with Cross-Attention Combining Global Knowledge[C]. ACL 2017(1)：221-231.

[31] HARRINGTON P. 机器学习实战[M]. 李锐，李鹏，曲亚东，等译. 北京：人民邮电出版社，2013.

[32] HE Z，XU X，DENG S. Discovering cluster-based local outliers[J]. Pattern Recognition Letters，2003，24(9-10)：1641-1650.

[33] HECKERMAN D，GEIGER D，CHICKERING D. Learning Bayesian Networks：The Combination of Knowledge and Statistic Data[J]. Machine Learning，1995，20(3)：197-243.

[34] HINTON G，SALAKHUTDINOV R. Reducing the dimensionality of data with neural networks[J]. Science，2006，313(5786)：504-507.

[35] HOCHREITER S，SCHMIDHUBER J. Long Short-Term Memory[J]. Neural Computation，1997，9(8)：1735-1780.

[36] 胡浩基. MOOC 课程：机器学习[EB/OL]. https：//www. icourse163. org/course/0807ZJU123-1206573810，浙江大学，2021.

[37] HUANG X，ZHANG J，LI D，et al. Knowledge Graph Embedding Based Question Answering[C]. WSDM 2019：105-113.

[38] JAIN A，MURTY M，FLYNN P. Data Clustering：A Review[J]. ACM Computing Surveys，1999，31(3)：264-323.

[39] KEERTHI S，SHEVADE S，BHATTACHARYYA C，et al. Improvements to Platt's SMO Algorithm for SVM Classifier Design[J]. Neural Computation，2001，13(3)：637-649.

[40] KINGMA D，WELLING M. Auto-Encoding Variational Bayes[EB/OL]. arXiv：1312. 6114，2013.

[41] KIPS T，WELLING M. Semi-Supervised Classification with Graph Convolutional Networks[C]. ICLR 2017.

[42] KLEINBERG J. Authoritative Sources in a Hyperlinked Environment[J]. Journal of the ACM，1999，46(5)：604-632.

[43]　LAN Y, HE G, JIANG J, et al. A Survey on Complex Knowledge Question Answering：Methods，Challenges and Solutions[C]. IJCAI 2021：4483-4491.

[44]　LEVITIN A. 算法设计与分析基础[M]. 潘彦，译. 3 版. 北京：清华大学出版社，2015.

[45]　李德毅，杜鹢. 不确定性人工智能[M]. 北京：国防工业出版社，2014.

[46]　李航. 统计学习方法[M]. 北京：清华大学出版社，2019.

[47]　LI J, YUE K, DUAN L, et al. Ranking Associative Entities in Knowledge Graph by Graphical Modeling of Frequent Patterns[C]. DASFAA 2021：224-239.

[48]　LI J, YUE K, LI J, et al. A Probabilistic Inference Based Approach for Querying Associative Entities in Knowledge Graph[C]. APWeb/WAIM 2021(2)：75-89.

[49]　LIU L, OUYANG W, WANG X, et al. Deep Learning for Generic Object Detection：A Survey[J]. International Journal of Computer Vision，2020，128(2)：261-318.

[50]　LIU W, ANGUELOV D, ERHAN D, et al. SSD：Single Shot MultiBox Detector[C]. ECCV 2016(1)：21-37.

[51]　LIU W, LUO W, LIAN D, et al. Future frame prediction for anomaly detection——a new baseline[C]. CVPR 2018：6536-6545.

[52]　LIU W, YUE K, YUE M, et al. A Bayesian Network Based Approach for Incremental Learning of Uncertain Knowledge[J]. International Journal of Uncertainty，Fuzziness，and Knowledge-based Systems，World Scientific，2018，26(1)：87-108.

[53]　LIU W, YUE K, LI J, et al. Inferring Range of Information Diffusion Based on Historical Frequent Items[J]. Data Mining and Knowledge Discovery，Springer，2021，DOI：10. 1007/s10618-021-00800-5.

[54]　刘忠雨，李彦霖，周洋. 深入浅出图神经网络：GNN 原理解析[M]. 北京：机械工业出版社，2020.

[55]　PALO H, SAHOO S, SUBUDHI A. Dimensionality Reduction Techniques：Principles，Benefits，and Limitations[M]. New Jersey：John Wiley & Sons，2021.

[56]　PASCANU R, MIKOLOV T, BENGIO Y. On the difficulty of training recurrent neural networks[C]. ICML 2013(3)：1310-1318.

[57]　QI Z, YUE K, DUAN, L, et al. Matrix Factorization Based Bayesian Network Embedding for Efficient Probabilistic Inferences[J]. Expert Systems With Applications，2021，169：114294.

[58]　邱锡鹏. 神经网络与深度学习[M]. 北京：机械工业出版社，2020.

[59]　REDMON J, DIVVALA S, GIRSHICK R, et al. You Only Look Once：Unified，Real-time Object Detection[C]. CVPR 2016：779-788.

[60]　REN S, HE K, GIRSHICK R, et al. Faster R-CNN：Towards Real-Time Object Detection with Region Proposal Networks[J]. IEEE Transactions on Pattern Analysis and Machine Intelligence，2017，39(6)：1137-1149.

[61]　RIFAI S, VINCENT P, MULLER X, et al. Contractive Auto-Encoders：Explicit Invariance During Feature Extraction[C]. ICML 2011：833-840.

[62]　Rumelhart D, Hinton G, Williams R. Learning Representations by Back-Propagating Errors[J]. Nature，1986，323：533-536.

[63]　RUSSELL S, NORVIG P. Artificial Intelligence——A Modern Approach[M]. 3rd ed. New York：Pearson Education，2010.

[64]　SCHWARZ G. Estimating the dimension of a model[J]. The Annals of Statistics，1978，6(2)：461-464.

［65］ 眭俊明，姜远，周志华. 基于频繁项集挖掘的贝叶斯分类算法［J］. 计算机研究与发展，2007(8)：1293-1300.

［66］ 孙吉贵，刘杰，赵连宇. 聚类算法研究［J］. 软件学报，2008，19(1)：48-61.

［67］ SUTSKEVER I，VINYALS O，LE Q. Sequence to Sequence Learning with Neural Networks［C］. NIPS 2014：3104-3112.

［68］ VELIČKOVIĆ P，CUCURULL G，CASANOVA A，et al. Graph Attention Networks［C］. ICLR 2018.

［69］ VINCENT P，LAROCHELLE H，BENGIO Y，et al. Extracting and Composing Robust Features with Denoising Autoencoders［C］. ICML 2008：1096-1103.

［70］ 王晓东. 算法设计与分析［M］. 北京：清华大学出版社，2003.

［71］ 袁非牛，章琳，史劲亭，等. 自编码神经网络理论及应用综述［J］. 计算机学报，2019，42(1)：203-230.

［72］ 岳昆. 数据工程——处理、分析与服务［M］. 北京：清华大学出版社，2013.

［73］ YUE K，FANG Q，WANG X，et al. A Parallel and Incremental Approach for Data-Intensive Learning of Bayesian Networks［J］. IEEE Transactions on Cybernetics，2015，45(12)：2890-2904.

［74］ YUE K，LIU W，WU H，et al. Discovery and Fusion of Uncertain Knowledge in Data［M］. Singapore：World Scientific，2017.

［75］ YUE K，LI J，WU H，et al. Probabilistic Approaches for Social Media Analysis［M］. Singapore：World Scientific，2020.

［76］ YUN S，JEONG M，KIM R，et al. Graph transformer networks［C］. NeurIPS 2019，32：11960-11970.

［77］ 张连文，郭海鹏. 贝叶斯网引论［M］. 北京：科学出版社，2006.

［78］ ZHANG N，POOLE D. Exploiting Causal Independence in Bayesian Network Inference［J］. Journal of Artificial Intelligence Research，1996，5：301-328.

［79］ ZHANG Y，DAI H，KOZAREVA，Z，et al. Variational Reasoning for Question Answering with Knowledge Graph［C］. AAAI 2018：6069-6076.

［80］ ZHAO H，XU X，SONG Y，et al. Ranking Users in Social Networks with Motif-Based PageRank［J］. IEEE Transactions on Knowledge and Data Engineering，2019，33(5)：2179-2192.

［81］ ZHOU J，CUI G，HU S，et al. Graph neural networks：A review of methods and applications［J］. AI Open，2020，1：57-81.

［82］ 周志华. 机器学习［M］. 北京：清华大学出版社，2016.